我们身处的宇宙
究竟有多古怪？

[美] 伊拉·马克·爱格多尔　著

杨立汝　译

海南出版社

·海口·

版权所有 不得翻印
版权合同登记号：图字：30-2018-059 号
图书在版编目（CIP）数据

我们身处的宇宙究竟有多古怪？ /（美）伊拉·马克·爱格多尔著；杨立汝译 . -- 海口：海南出版社，2020.1
书名原文：EINSTEIN RELATIVELY SIMPLE OUR UNIVERSE REVEALED IN EVERYDAY LANGUAGE
ISBN 978-7-5443-9048-4

Ⅰ.①我… Ⅱ.①伊…②杨… Ⅲ.①相对论－普及读物 Ⅳ.① O412.1-49

中国版本图书馆 CIP 数据核字 (2019) 第 279755 号

我们身处的宇宙究竟有多古怪？
WOMEN SHENCHU DE YUZHOU JIUJING YOU DUO GUGUAI？

作　　者：[美]伊拉·马克·爱格多尔
译　　者：杨立汝
监　　制：冉子健
责任编辑：张　雪
策划编辑：李继勇
封面设计：@吾然设计工作室
责任印制：杨　程
印刷装订：三河市祥达印刷包装有限公司
读者服务：武　铠
出版发行：海南出版社
总社地址：海口市金盘开发区建设三横路 2 号 邮编：570216
北京地址：北京市朝阳区黄厂路 3 号院 7 号楼 102 室
电　　话：0898-66830929　010-87336670
电子邮箱：hnbook@263.net
经　　销：全国新华书店经销
出版日期：2020 年 1 月第 1 版　2020 年 1 月第 1 次印刷
开　　本：787mm×1092mm　1/16
印　　张：19.75
字　　数：280 千
书　　号：ISBN 978-7-5443-9048-4
定　　价：58.00 元

序　踏光而行

1995 年，上初中二年级的我偶然间从市图书馆借到了一本爱因斯坦的传记。那是一本改革开放前出版的古董书，书皮已残破得不像样子，定价只有 7 毛钱。然而我却被书中叙述的爱因斯坦生平深深地吸引，从此一发不可收拾，一步步踏上了物理学这条充满理想主义色彩的求学"不归路"。

2000 年我上大学，中国已进入互联网时代。随着获取信息的途径的越来越多样化，我渐渐发现那本传记里讲述的故事未必都是事实。但爱因斯坦的形象却深深地印在了我脑海中，成为我求知求学道路上的偶像和榜样。一转眼二十年过去，我拿到了理论物理学专业的博士学位，走上了工作岗位，但那些年少时就深深印刻于脑海中的爱因斯坦的逸事与名言、思想和模型、疑问和解答始终都没有被生活的琐事磨蚀，成为我心中一片永存的绿洲。我谨慎怀疑，爱因斯坦"有毒"。这位物理学大师在我的心中是一种象征热爱的图腾，它一经确立，就永远不会消退，不能被忘怀。

这些年，市面上的科普图书数量在飞速增长，爱因斯坦的传记和译著也层出不穷，我经常会买一些，却都因为书太厚、故事太熟、语句太生硬而没有读完，放在书架上仅做收藏之用。直到拿到这本海南出版社出版的《我们身处的宇宙究竟有多古怪？》，我的双眼终于被点亮，似乎看到了多年前的那个下午，一个少年在书本上第一次认识自己日后多年的偶像时的欣喜和激动。

我必须公开赞扬这部书的文字，译者杨立汝老师的翻译如行云流水，让人完全看不出这是一部翻译的作品。作为一个同样爱好翻译的科普作家，面对杨老师的译文我自叹不如。

在内容方面，这本书并非简单的人物传记。书中将爱因斯坦的生平与相对论的理论叠加在一起，读者可以清晰地看到，当爱因斯坦走在他人生的道路上时，他的生活给了理论什么样的灵感，他的理论又给了他的生活怎样的支撑。这本书既讲故事又做科普，在历史的背景中探究物理学的奥妙，使读者的时间凝固，专注于伟大的思想实验。即使是阅读过多种类型的科普书的我，也不得不感慨阅读这本书实在是一段宁静而奇妙的旅程。

除了赞扬，我还有些许补充，本书聚焦于爱因斯坦的相对论以及由相对论衍生出的诸多物理学概念，但爱因斯坦一生中的伟大工作远不止于此。比如，爱因斯坦1905年发表的《关于光的产生和转化的一个启发性观点》论文，提出了光量子说，解释了光电效应（一定频率的光照射到某种金属表面会产生电流），使爱因斯坦获得了1921年度的诺贝尔物理学奖（1922年补发）。我们今天使用的绝大多数太阳能电池，就是利用光电效应制造的。而人的眼睛之所以能看到物体，也是因为视细胞底层发生的光电效应将可见光转化为电信号，再通过神经元告诉大脑，大脑才知道它看到了东西。又比如，爱因斯坦在1917年左右提出了光的受激辐射理论，而在43年之后的1960年，才由物理学家梅曼做出了世界上第一台红宝石激光器，亦即我们今天家喻户晓的激光（镭射），这也算是爱因斯坦的伟大杰作。虽然本书忽略了一些爱因斯坦的重要理论，但总体来说，这还是一本非常优秀的科普和传记著作。

爱因斯坦的一生充满传奇色彩，了解他的故事，可以让我们看到一个伟大的科学家如何在人生道路上走过坎坷与辉煌，在科研道路上攀登最高最远的山峰，用思想和智慧开辟出物理学，甚至是人类如何看待世界的新纪元。

人类踏光前行，一代又一代的人追寻着自己内心的光明与火种、好奇与渴望，认识世界，发现世界，也改变着世界。懵懵懂懂的少年走向科学的道路，也许有某个风华正茂的青年在未来遥远的一天站在天文台上找到了暗物质存在的迹象，也许有某个在黑夜的灯火下冥思苦想的中年人用新的数学工具实现了引力与电磁相互作用的真正统一……我想他们都不会忘记，在多年前的一天下午，那个少年从图书馆的缝隙中找出一本介绍物理学大师或物理学理论的科普著作，从此点燃他心中追寻真理的火。他抬起头来，看得见的物理学世界的漫天星光，照亮着他前行的路。

吴宝俊

2019年11月11日于北京

目　录

第二部分
宇宙的奇迹

第一部分

时间变古怪了，空间也变古怪了

——

爱因斯坦所发现的：

狭义相对论、$E=mc^2$ 与时空

第 1 章
一切从那个高中辍学生开始说起

人类最美妙的体验均源自那些神秘未知的事物，
它们是一切真正的艺术和一切科学的源泉。

——阿尔伯特·爱因斯坦

　　那是 1905 年。位于伯尔尼粮食仓储处与日内瓦街交接拐角处的瑞士专利局里，一个对物理学怀有满腔热忱的年轻人正埋首于案前，苦心钻研。不过，此刻的他正深陷困境，在过去的近 10 年间，他断断续续地在努力攻克这个纠缠他已久的难题。

　　他对物理学的喜爱早已升华为难以自拔的迷恋。他利用在专利局工作的间隙，争分夺秒地进行研究；甚至在步行回家的这段时间里，也常和朋友热烈地讨论问题；回到居住的小公寓后，伴着妻子忙碌的身影和摇篮中儿子的啼哭，他更是将身心全情地投入科研之中。

　　5 月的某一天，那一刻终于来临。他告诉他的朋友："我已经将那个问题彻底解决了。""我的解决方法就是对时间这一概念进行再剖析。"在四轮马车"嗒嗒嗒嗒"的马蹄声与新近流行的汽车的轰隆声中，他如是宣布道。凭借着这一领悟，问题的答案开始渐次浮出水面。

　　在那个灵感迸发的瞬间，伯尔尼的大街上车水马龙，人来人往，而26 岁的阿尔伯特·爱因斯坦则永久地改变了我们对于"现实"的看法。爱因斯坦开始带头发起一场"相对论革命"——一个看待时间与空间本质的全新惊人的视角。

一个古怪的理论

爱因斯坦提出的古怪理论之所以被称为"狭义相对论"，其原因在于它只针对一种特殊运动情况，即匀速直线运动。什么是匀速直线运动呢？若一个物体正以恒定的速率沿着某个不变的方向运动，那么它就是在做匀速直线运动。

假设你正驾驶一辆朝北行驶、车速为每小时 90 千米的汽车，只要你不加速或不减速，并且不掉转车头行进的方向，那么，这辆车就是在做匀速直线运动。（因为在物理学中，速度是由速率与方向两者共同决定的，所以我们也可将匀速直线运动理解为速度恒定的运动。）

狭义相对论完全不涉及非匀速运动（即速率或方向有所变化的运动），同时，它也不考虑重力的影响。尽管有诸多限制条件，但爱因斯坦依然成功地揭露了一个事实，即那个已被众多物理学家和外行广泛认可了数个世纪的基础科学体系，其实是谬误百出的。时间与空间并不是绝对的，在不同的人眼中，它们可以有差异——它们是相对的。

这又意味着什么呢？下面就让我们来仔细了解一番。不过，诸位读者可要坐稳了——这可真的是怪异至极！

时间是相对的

狭义相对论认为，时钟穿越空间进行运动时，会出现慢走的现象。

假设你正在参加我的一个十分吸引人的讲座，我们两人所戴的手表毫无二致且具有超高的精确度。此时我正以稳定不变的步速自教室的前部朝你走去，而你则坐在座位上保持不动。

根据爱因斯坦的理论，你将会看到，我的手表比你的手表走得慢了一些。为什么呢？因为相对于你，我正处于运动的状态。

以我的步速来说，我所戴的手表相对于坐着的你所戴的手表，其延缓的时间是微乎其微的——小于十亿分之一秒，这就是它未曾引起我们的注意的原因。不过，它确实是真实存在的。

当运动速度趋近光速时，时间的减慢就会变得十分明显了。假设我走向你的速度为光速的 87% 或者每小时约 9.3 亿千米，由于我的速度极快，你将看到，我的手表指针转动的速度只有你的一半，即是说，你的手表走过一秒时，我的手表只走了半秒。这是你双眼所见的情况。

下一个问题是——我所见的又是何种情形呢？我看见的是完全相反的情况——你的手表走得比我的慢！乍听之下，不免觉得十分诡异，但这正是爱因斯坦创立的狭义相对论所预言的内容。

那么，究竟谁的看法是正确的呢？——都正确，因为时间是相对的。如果此时的你已经伤透了脑筋，那么恭喜你，因为这意味着你已然开始领会相对论中那些有违直觉的论断。

依据爱因斯坦理论的主张，空间也会受到运动的影响。

空间是相对的

假设我还是在这间教室里走动，不过这一次我的手中多了一支钢笔，笔尖指向我前进的方向。此时的你又会看见什么呢？依据你的目测，你会觉得我的钢笔缩短了——因为相对你，我是运动的。根据狭义相对论，物体的长度会沿其运动的方向缩短。

同样，在人类步行速度下，这一效应极小，而这也是我们忽略它的原因所在。然而，假如我是以相当于光速的 87% 的速度飞驰过教室的，那么你将会观察到，我手中钢笔的长度足足缩短了一半！

站在我的角度看，又是怎样一番景象呢？我所见到的依然是完全相反的状况。如果你也握着一支钢笔（笔尖朝向相同），在我眼中，它也缩短了一半。

也就说是，当我相对于你进行运动时，你会观察到我的钢笔变短了——同时，从我的角度目测，你的钢笔也变短了。谁的视角是正确的呢？都正确，因为空间是相对的。

在爱因斯坦横空出世之前，为什么从未有人注意到这些效应呢？那是因为，正如前文所指出的，它们只有在"相对论性速度"下才有意义。所谓"相对论性速度"，指的是达到可观察的部分光速的速度。

相对论性速度

光的传播速度可达惊人的每小时 10.8 亿千米（近似值）。按照爱因斯坦提出的计算公式，我们只有在速度高达每小时几亿千米的运动中方可感知上述提及的这些相对论效应，但是在日常生活中，我们是不可能体验到这样的速度的。以商用喷气式飞机为例，相对于地面，其飞行速度约为每小时 966 千米，仅为光速的百万分之一。

狭义相对论预言了牛顿经典物理学所没有论及的一系列新效应（即相对论效应），如上文描述的时间膨胀、长度收缩等等。但就日常生活中可能接触的速度而言，这些效应都极其微弱，因而难以引起人们的注意，但它们的确是真实存在的。正如我们即将看到的，截至今日，已有大量证据——从飞机、火箭和卫星上装载的原子钟，到已经测量证实的亚原子微粒的生命周期，再到数不清的实验室实验数据——证明了爱因斯坦所提出的一系列惊人预言的准确性。

证实了相对论效应的种种证据数量庞大，时间前后跨越了一个世纪，那么，从中我们又能得出一个什么样的结论呢？阿尔伯特·爱因斯坦设想中的古怪宇宙便是我们身处的真实宇宙！

爱因斯坦是如何创立狭义相对论的？他又是如何从一个无名小卒脱颖而出成为令同时期的杰出物理学家皆黯然失色的一代宗师的？为了更深刻地理解这些问题，首先我们必须对爱因斯坦本人有所了解，包括其早年生活经历、所受的（包括正式和非正式的）教育以及最重要的——其性格、品质的形成。接下来，就让我们对这些内容进行一番简要回顾。

光荣的联邦雇员

1879 年 3 月 14 日，星期五。这一天，爱因斯坦在德国城市乌尔姆出生了。这座小城位于与巴伐利亚州相邻的巴登－符腾堡州，坐落于多瑙河畔，其人口构成中仅有 2% 为犹太人，爱因斯坦就是其中一员。不过，爱因斯坦的父母都不是十分狂热的宗教信徒。

爱因斯坦出生时，他的父亲赫尔曼 32 岁，母亲玻琳则正值 21 岁的美好年华。玻琳出生在一个富裕的家庭，她的父亲是一名粮食批发商。赫尔曼则称得上是一名自由思想家，他对此亦十分自豪。爱因斯坦在后来的回忆中称，父亲是一位"十分温和且充满智慧的人"。

随和的赫尔曼是一名电气工程师，"对数学有着浓厚的兴趣"，玻琳是一位琴艺精湛的钢琴家，且个性鲜明。爱因斯坦似乎是从父亲那儿继承了技术能力，又在母亲的言传身教下，培养了不屈不挠的坚韧品格。

据说爱因斯坦直到三岁才学会说话，之后他有了一个古怪的爱好，喜欢自言自语。"他所讲的每一个句子……他都会轻声地对自己重复一遍。"他的妹妹玛娅（图 1.1）回忆道。家里的女佣还因此给他取了一个绰号，叫他"小呆瓜"。

爱因斯坦与科学的初次邂逅缘于父亲赠予他的一件袖珍罗盘仪。彼时，年幼的爱因斯坦十分好奇，指南针指针所指的方向到底是如何被真空里那双"无形的手"影响的？"这个经历对我产生了深远的影响，"

图 1.1　爱因斯坦与他的妹妹玛娅

爱因斯坦回忆道，"在世间可见的事物背后，必定隐藏着某些可追溯的规律。"

10 岁那年，爱因斯坦的父母将他送进在慕尼黑享有盛誉的路易波尔德中学就读。这所学校管理严苛，规矩甚多，教学方式十分机械，只会让学生死记硬背，因此，爱因斯坦对这所中学满怀憎恶。而对于老师们而言，爱因斯坦就如同一个噩梦——他聪明、傲慢、无趣、固执，并且从不将所谓的师者权威放在眼里。

12 岁时，在好奇心的驱使下（在往后的岁月里，这股好奇心逐渐升温，并最终演变成为探索万物规律的毕生追求），爱因斯坦开始学习犹太教教义，并成了一名虔诚的信徒，不过时间很短，很快便转移了兴趣。当时，爱因斯坦的家人资助了一名贫困的犹太裔学生，叫麦克斯·塔尔梅，他向爱因斯坦介绍了许多有关科学与数学的通俗科普读物以及一些哲学著作。

"通过阅读（这些科普读物），我很快便意识到，《圣经》中所叙述的那些故事不可能是真的，"爱因斯坦如是总结道，"正是这一点催生了我之后对各类权威的怀疑，而这种批判反思的态度也伴随了我终生。"

15 岁时，由于爱因斯坦总是扰乱课堂以及对老师不敬，路易波尔德中学的校长忍无可忍开除了他。一年之后，连高中学业都还未全部完成的爱因斯坦竟报名参加了瑞士一所师范院校的入学考试。这所高校正是位于苏黎世的瑞士联邦理工学院，它的师范类专业被视为中欧最好的专业，为周边地区输送了大量优秀的数学与科学教师。

在法语、化学与生物这三个科目的考试中，爱因斯坦均未及格，因为对这几个科目，他未曾用心苦学，不过在数学和物理考试中，他成绩优异，名列前茅。基于此，瑞士理工学院的校长推荐并安排爱因斯坦前往瑞士阿劳的一所先进的非宗教中学就读。一年之后，即 1896 年，爱因斯坦（图 1.2）再一次参加了瑞士理工学院的入学考试，并成功被物理与数学专业录取。

此时的爱因斯坦对其大学生活又有怎样的反应呢？他抱怨设置的课程过时落后，连麦克斯韦方程组这一揭露电场与磁场之间关系的新进理

图 1.2　年轻的阿尔伯特·爱因斯坦

论都没有教授。于是，这位叛逆的年轻人——据爱因斯坦后来亲口讲述的——"开始频繁逃课，然后蜗居在家中自习理论物理，心无旁骛，如痴如醉。"

　　干扰我学习的唯一障碍，就是我所接受的教育。

　　　　　　　　　　　　　　　　　　——阿尔伯特·爱因斯坦

　　爱因斯坦以 4.91 分的平均成绩从瑞士理工学院毕业，满分成绩为 6.0 分，因而他的成绩仅为 B-。爱因斯坦的班上共有六名毕业生，他排名第五，而他那位性格忧郁内向的塞尔维亚女友米列娃·玛丽克则名列最末，且未获准毕业。

　　时间来到 1900 年 7 月，此时，这位 21 岁的大学毕业生正忙着四处应聘，但爱因斯坦过往放肆无礼的课堂表现成了其求职路上的绊脚石，比如他的物理教授海因里希·韦伯就写下了许多对他十分不利的评语。爱因斯坦处处碰壁，难以找到一份理想的工作，很快便陷入了财务危机。

　　此后两年间，爱因斯坦一直在求职的道路上苦苦挣扎，好在他的大学同窗——数学家马塞尔·格罗斯曼（Marcel Grossman）向他伸出了援手。马塞尔的父亲与瑞士专利局的主管是旧交，他为爱因斯坦在专利局谋得了一个工资尚算可观的职位，于是，爱因斯坦进入专利局成了一名技术员，而他的专业也正好能够满足这个岗位的要求——一个能够看懂电磁学领域相关发明专利的物理学人士。

> 我现在干得挺好的，我现在是个光荣的联邦雇员，
> 整天只须用墨水笔签签写写，到月底就能拿到稳定的薪水。
>
> ——爱因斯坦写给友人的信

这就是那个即将成为我们这个时代最伟大的科学家之一的人，而彼时的他只是一个三级技术员（最低的等级），日复一日地在桌前审阅着不计其数的专利申请。那一年是 1902 年，23 岁的爱因斯坦还是一如既往，一有空闲便埋头钻进物理研究之中。

"我很享受专利局的那份工作，因为它涉及的内容十分多样化，"爱因斯坦回忆道，"而且，我每天只须花两三个小时就能完成一天的工作量，余下的时间我都可以用来干我自己的事情。如果有人经过，我就迅速地把笔记本塞到抽屉里，然后假装认真工作。"

同年，爱因斯坦的父亲赫尔曼不幸离世，这是"我所经历过的最沉重的打击"，爱因斯坦追忆道。临终之际，赫尔曼终于勉强同意了爱因斯坦与其女友米列娃·玛丽克的婚事，1903 年初，他们携手走入婚姻殿堂——但他们的家庭成员没有任何一位出席婚礼。

这对新婚夫妇在伯尔尼开始了平静的家庭生活，并在第二年迎来了他们的第一个儿子汉斯·阿尔伯特。初为人父的爱因斯坦很喜欢为儿子制作玩具，许多年之后，他的儿子依然清晰地记得父亲曾用家里的零碎物件为他做了一辆缆车。"那应该是我拥有的最好的玩具之一了，而且它还能动，"汉斯回想道，"他只用一些绳索和小火柴盒，就能做出世界上最美妙的东西。"

1900 ~ 1904 年，爱因斯坦在欧洲权威的物理学期刊、德国的《物理学年鉴》（*Annalen der Physik*）上发表了 5 篇物理学论文，但都没有引起学界的关注。他写给妹妹玛娅的信件中真切地流露了他对自己未来究

竟是否能够取得成功的犹疑与彷徨。

不过，在这一时期，伟大思想的种子已经在年轻的爱因斯坦心底悄然扎根、萌芽，而滋养这颗种子的土壤就是与时间相关的重大科学疑难问题。

1900 年，一套全新自然法则的诞生

20 世纪初期，绝大多数物理学家都是站在伽利略、牛顿和麦克斯韦（图 1.3）这三位巨人的肩膀上开展研究的。智慧过人的托斯卡纳科学家伽利略在 1638 年发表的论文中奠定了经典力学的根基——力是如何影响物体的运动的。他首次提出了自由落体运动的数学公式。

大约 50 年后，伟大的英国天才艾萨克·牛顿横空出世。他的研究在某种程度上可视为伽利略思想的一种延续，他在力学、光学和万有引力等领域提出了许多极具开拓性的理论，同时，他还发明了微积分。他于 1687 年发表的《自然哲学的数学原理》一书被公认为是物理学历史上最具影响力的著作之一。

时光又匆匆走过了两个世纪。英国物理学家詹姆斯·克拉克·麦克斯韦一手缔造了经典物理学的第三个核心架构。1864 年，他发表了一篇在其学术生涯中具有重要地位的论著——《电磁场的动力学理论》，将电场与磁场统一起来，正式创立了电磁学理论。

世纪之交（1900 年），科学界迎来了春天。首先是艾萨克·牛顿所提出的几大物理定律取得了空前的成功，两百年之后，基于牛顿理论的种种预测——从气体及日常物体的运动情况，到太阳、行星、月亮及彗星的运行轨迹，再到地球的扁球体形状及地球上潮汐的起落规律——终于一一得到验证。

在牛顿定律难以覆盖的领域，麦克斯韦的理论体系发挥了重大作用。麦克斯韦方程组为人们掌握电场与磁场的本质奠定了坚实的基础，而且事实证明，它所做出的预测是十分伟大的——它揭示了光实质上是一种

伽利略·伽利雷　　　　艾萨克·牛顿　　　　詹姆斯·克拉克·麦克斯韦
（1564—1642）　　　　（1643—1727）　　　　（1831—1879）

图 1.3　经典物理学巨匠

电磁波。到 19 世纪末期，科学家们进一步明确了热量与能量之间的关系，光学、化学以及分子理论等领域也取得了许多振奋人心的进展。

在当时的许多人看来，物理学的基础框架似乎已经建构完毕。1900 年，物理学家威廉·汤姆孙（亦称为开尔文勋爵）宣称："如今的物理学领域已经不会再有什么新的发现了，余下的仅是更加精确的测量工作罢了。"在量子力学的创立者之一马克斯·普朗克立志成为物理学家之初，他的导师就曾劝告他"尽早换一个新的研究领域，因为物理学领域的研究工作已经基本结束了"。

不过，还是存在那么一些"反常现象"是当时的科学理论无法解释的。1887 年，海因里希·赫兹注意到，若用紫外线光束照射金属表面，金属表面会很快失去它所携带的电荷，即金属的电性质会发生改变。当时，没有人能为这个奇特的"光电效应"提供一个合理的解释。9 年之后，亨利·贝可勒尔（Henri Becquerel）发现，铀盐会持续不断地发出某种未知辐射，那时，对于这种所谓的放射现象的运作原理，人们不得而知。

受热物体只会发出某几种特定颜色的光，比如烧红了的火棍就只泛红光，对于这一现象，无人知晓其根源所在。著名的迈克耳孙－莫雷实验则否认了以太（ether，人们想象中的可传播光的介质）的存在。同时，人们对水星运行轨道的测算结果也与牛顿的预测有少许不同。

在众多令科学家束手无策的"反常现象"中，有一个与本书的讨论密切相关，那就是牛顿定律与麦克斯韦理论之间存在的固有分歧——一个有关匀速运动所产生的影响的根本性冲突。

犹如地震之初的微弱振动，经典物理学领域的变革轰鸣已然隐隐作响。20 世纪初期的科学家们为探寻这些反常现象背后的深层原因所做出的种种努力，将最终促成一套全新自然法则的诞生。这些新生理论散发着诡异而绮丽的光辉，对人们关于真实本身的最基本假定提出了质疑，这些理论包括：

·量子力学

·狭义相对论

·广义相对论

量子力学是由 20 世纪早期包括爱因斯坦在内的若干物理学家共同创立的，显然，它已大大超出了本书的讨论范畴——须用另一整本书才能清楚阐明其缘起及内涵。

与量子力学不同，狭义相对论和广义相对论的瑰丽世界只有一位造世主，他就是阿尔伯特·爱因斯坦。

无论是在苏黎世那段时常旷课的日子，还是在伯尔尼专利局工作的空隙，抑或是在家中陪伴妻子米列娃和儿子汉斯·阿尔伯特的空闲时间，爱因斯坦的脑子里无时无刻不充斥着各个物理谜题。终于，人类迎来了科学历史上的"奇迹之年"，在那一年，爱因斯坦向世界公开了他多年研究的成果。

奇迹在一支铅笔、一沓白纸之间

1905 年，26 岁的阿尔伯特·爱因斯坦在《物理学年鉴》第 17 卷上（图 1.4）公开发表了三篇论文，这三篇论文旨在解决一些其他科学家未曾注意到的物理学矛盾，并为人类提供一个看待所谓真实的全新视角。爱因斯坦写信给友人道，这些论文都是他在空闲时间完成的。这三篇论文分别涉及：

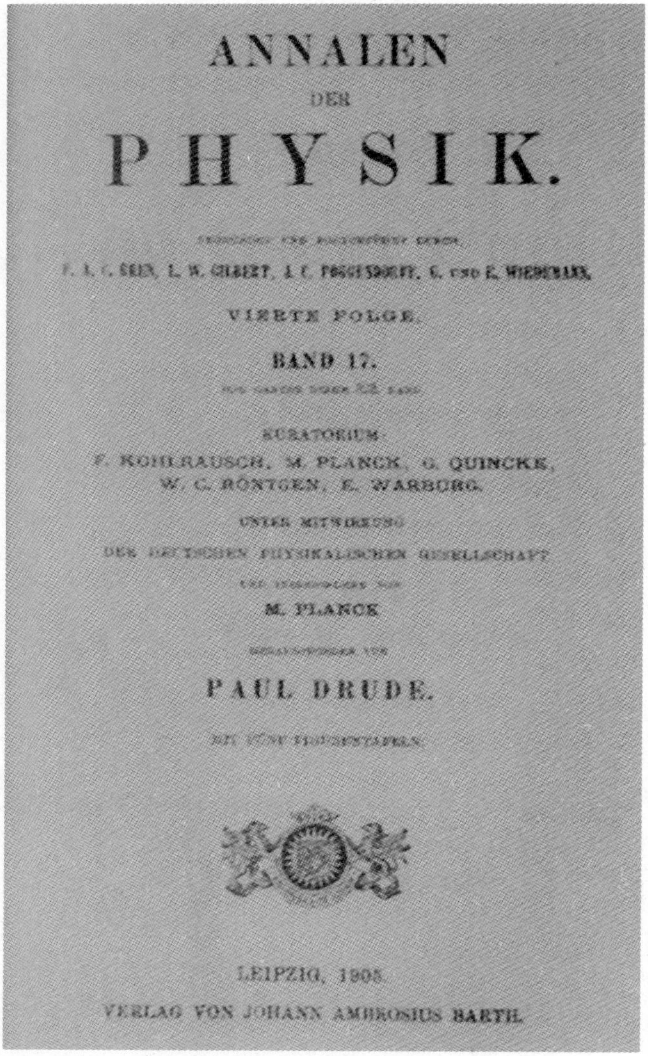
ANNALEN

DER

PHYSIK.

F. A. C. GREN, L. W. GILBERT, J. C. POGGENDORFF, G. UND E. WIEDEMANN.

VIERTE FOLGE.

BAND 17.

KURATORIUM:

F. KOHLRAUSCH, M. PLANCK, G. QUINCKE,

W. C. RÖNTGEN, E. WARBURG.

UNTER MITWIRKUNG

DER DEUTSCHEN PHYSIKALISCHEN GESELLSCHAFT

M. PLANCK

PAUL DRUDE.

LEIPZIG, 1905.

VERLAG VON JOHANN AMBROSIUS BARTH.

图 1.4 《物理学年鉴》第 17 卷的封面

此书刊登了爱因斯坦闻名于世的三篇关于光电效应、布朗运动以及狭义相对论的论文。

光电效应定律——在这篇具有开创性意义的论文中，爱因斯坦提出了光量子假说，以解释光电效应的发生原理。爱因斯坦以马克斯·普朗克的构想为基础，大胆断言，光既具有波的性质，也具有粒子的性质。爱因斯坦认为这一假设“极具革命性”，而事实上也的确如此。普朗克和爱因斯坦的研究成果为量子力学的诞生奠定了坚实的科学根基。

布朗运动——科学家们早在至少一百年前便已观察到，悬浮于水中、小如尘埃的微粒会持续不停地进行不规则运动，但他们却始终无法解释这种运动产生的原因。爱因斯坦提出，这类运动产生的根源在于个体水分子的热振动——这是对原子与分子的真实存在性的首次有力证明。

狭义相对论——在这篇论文中，爱因斯坦提出了一个颠覆性的概念，即空间与时间是相对的。传记作家罗兰·克拉克称其为"人类历史上最伟大的科学论文之一……它推翻了人类长期以来对时间和空间的既有观念，伦敦《泰晤士报》甚至认为它是'对人类常识的冒犯'"。

爱因斯坦认为，这篇有关狭义相对论的论文"目前仅是一个较为粗糙的初稿……对有关空间和时间的理论作了稍许修改"。

爱因斯坦没有实验室，因此，其论文提及的所有实验他都未曾亲自做过。他有的，仅是指间的铅笔以及一沓白纸。他是一个真真正正的理论物理学家，所有关于光电效应、布朗运动以及相对论的理论假设皆为纯粹的思维产物。

爱因斯坦之所以能在科学领域取得如此不凡的成就，其性格特质所发挥的作用丝毫不亚于他卓越的科研能力。他的独立自主、倔强执着以及对普遍思想的排斥虽然在学生时代给他造成了不小的麻烦，但对于他之后取得的众多革命性突破却是至关重要的。

爱因斯坦究竟是如何做到这一切的？这位籍籍无名的专利局雇员是怎样发现时空相对性的？爱因斯坦即将踏上通往狭义相对论的伟大征途，而这条道路的起点便始于伽利略、牛顿和麦克斯韦构筑的物理学世界——他们的成就以及他们的分歧。

而这将是第二章主要讲述的内容。

第 2 章

伟大的分歧

三桅帆船在水面飞掠，
船上乘客则感觉河水正湍急奔流。
我们从世上走过，
却觉得世界正离我们远去。
——哲拉鲁丁·穆罕默德·鲁米
（13 世纪波斯诗人）

你是否乘过帆舟平稳悠缓地顺流而下？当时的你也许会感觉自己正静止端坐，而两岸的风景、舟下的水流以及头顶的天空则在朝着相反的方向缓缓移动。或者，你曾坐过火车，在火车进站停靠的短暂时间里，你透过窗口往外看去，正巧旁边的另一列火车在轰隆启动，准备驶离出站，此时，你或许会突然感觉自己正在向后移动。在那一刻，你无法判断，正在移动的到底是你所乘坐的火车还是旁边的那列火车。

为了更好地理解这一点，你也可以想象自己正置身于一艘驶往加勒比海的豪华游轮。然而，你觉得，在惬意品味鸡尾酒和大快朵颐之前，得先补充精神上的食粮，拓展自己的思维，所以，你决定报名参加我的一个有关相对论的课程。该课程的授课地点是游轮内部的一间封闭课室。

此时的游轮正以一个固定的速度、朝着一个固定的方向平稳前行，也就是说，游轮正在做匀速直线运动。今天的海面尤为平静，无风无浪，没有外物会扰乱游轮的匀速运动。另外，这间内部课室的四周是没有窗户的，入口和出口也都严实紧闭着。

那么，问题来了：身处这间封闭课室的人有什么方法可以判断，此时游轮究竟是处于静止状态还是处于运动状态呢？

（你可以使用任何你能想到的测量仪器，也可以做任何你想做的实验，但你无法接收一切来自课室之外的讯号或信息，如光线、广播、电话等。该课室业已隔绝一切外部信息。）

这不是一个无足轻重的问题，相反，它一直困扰着伽利略这位伟大的物理学家。他在 1632 年出版的《关于托勒密和哥白尼两大世界体系的对话》（下文简称《对话》）一书中这样写道：

"把你自己和几个朋友一起关在某艘大船的甲板下的小船舱里，并且在里面放几只苍蝇、蝴蝶和其他一些小型飞行生物；再找一个大缸，盛满水，放几条鱼进去；最后吊起一个装满液体的瓶子，然后在瓶子下面放一个广口容器，让瓶子里的液体一滴一滴地流到容器中。

此时的大船是静止不动的，请仔细观察这些小昆虫是如何以相等的速度在船舱里四散漫飞的，同时，鱼也在水缸里毫无二致地往各个方向潜游，水滴仍在接连不断地滴落到容器里。如果你要扔什么东西给你的朋友，务必确保扔向每个方向的力度与距离保持一致；如果你想在船舱里移动，请使用并脚跳跃的方式，并确保在所有方向上跨越的空间是相同的。

你仔细地观察着这一切……然后令大船以任意你指定的速度航行，随后你会发现，只要大船保持匀速运动（且速度不起伏波动），其上所述的这些现象将不会有丝毫改变，而你也无法从它们的行迹中找到任何一丝线索帮助你判断，大船是在移动抑或静止……"

换句话说，在密闭房间的内部是无法确定你的（均匀）速度的（物理学家称其为封闭系统），唯一能判定你是否正在运动的方法是通过观察房间外部的事物，比如相对于水流正处于移动状态的大船。

事实上，可从两种角度来看待大船的运动状态：对于站在岸上的观察者来说，大船是运动的；可对于船舱中的观察者来说，大船是静止的，同时，堤岸正在朝相反方向移动。

哪种视角是正确的呢？都正确。匀速运动是相对的，换句话说，不存在绝对的"静止"。

伽利略所言之意是，那些支配着万物运动规律（包括昆虫的飞行、水缸鱼群的游弋、瓶中流水的滴落、物体的抛掷、身体的跳跃等）的物理法则，从两个角度看其实是毫无二致的。这就是伽利略有关匀速运动的种种理论的本质所在。

人们对现实的认知始于经验，也终于经验……伽利略意识到了这一点……他由此成了现代物理学之父，或者称他为现代科学之父也不为过。

——阿尔伯特·爱因斯坦

现在，我想请你做一个简单的实验。请你保持静立，把容器里的水或其他液体倒进另一个杯子里。液体自然是毫无阻滞地流泻而下，不过你务必确保自己丝毫没有移动。（我常在我的物理课上进行这一奇妙的展示，不过我总是不小心把水洒到衣服上。）

倘若你身处的是一艘巨大到可产生重力的宇宙飞船，而这艘飞船正以相对太阳 10.8 万千米 / 小时的速度等速前进，倒水实验的结果是否仍保持不变？

难道离开瓶口的液体不会飞洒溅满四周吗？毕竟你正以 10.8 万千米 / 小时的速度移动。

伽利略给出的答案是，不会。

为什么呢？因为你、容器瓶、液体、杯子和飞船的移动速度是相同的。由于所有这些物体和你之间的相对速度为 0，所以你好像是静止不动的，而从瓶口倾倒出的液体也会径直落入杯子中。

你仍对这个结论抱有疑问？好吧，倘若我告诉你，你置身的这艘航行速度为 10.8 万千米 / 小时的宇宙飞船的名字其实就是"地球"呢？此时此刻，你、容器瓶、液体、杯子和地球正以 10.8 万千米 / 小时的速度绕太阳运行[1]。

---

[1] 大致上讲，地球的运动状态近似于匀速运动。在这里，并未考虑地球自转和在椭圆轨道上绕太阳公转所造成的影响，因为它们对我们实验的影响微乎其微，可忽略不计。

从某种程度上讲，我们对于静止的感知其实只是一种假象或错觉。是的，相对于地球来说，我们确实是静止的，但地球本身存在自转，同时也在沿着椭圆轨道绕太阳公转。此外，我们、地球、太阳以及太阳系中的万事万物都在以大约78万千米／小时的速度围绕银河系中心运行。

而且，我们和整个银河系正以约51万千米／小时的速度朝着离我们最近的星际邻居（仙女座星系）移动。最后，我们、银河系和仙女座星系又以相对宇宙微波背景（宇宙大爆炸之后散布于宇宙空间的微波辐射）约193万千米／小时的速度在宇宙间穿行。即使我们正同时进行着如此繁多的相对运动，但我们依然认为，我们是静止的。这绝佳地反映了伽利略有关匀速运动的观点。

所以，匀速运动是相对的，它取决于你所取的视角。爱因斯坦深受这种思维方式的影响。据传，有一次，他搭乘火车从瑞士前往巴登－巴登，途中竟询问售票员："巴登－巴登什么时候到这辆列车？"

在1632年出版的《对话》一书中，伽利略用匀速运动的例子为哥白尼的激进理论进行辩护。哥白尼认为，地球并非静止不动，它和其他行星一起环绕太阳运转。当时的人们对这一革命性的观点抱有极大的怀疑。

"这怎么可能呢？"他们质疑道，"假如地球真的时刻处于运动状态，为什么我们感觉不到？"地球势必正居宇宙中心，且静止不动，不然，地球上的人与物肯定会因地球的运动而被甩离地面。

为了回应这个问题，伽利略指出，所有"静止"于地球表面的事物实际上都在运动，其速度与地球相同。因此，我们无法感受到地球正在运动（就像身处一艘匀速运动的飞船一样）。

……不管地球在进行何种运动，对于我们而言（只要我们只着眼于陆地上的事物），它们都是难以察觉的存在，因为作为地球上的定居者，我们总是参与到相同的运动之中。

——伽利略，《对话》

当时的罗马天主教会认为，"地球在运动，且地球不处于世界中心"

这一主张有违圣经教义，于是，教皇发出指令，要求伽利略必须前往罗马宗教裁判所接受审判。1633 年，10 名枢机主教中的 7 位联席宣判伽利略有罪，罪名是宣扬异端邪说、违背教义。

伽利略被禁止"传播和讲授异端邪说"，也不准许他为此类学说提供任何形式的辩护，彼时已是 70 岁高龄的他还被判处终身居家监禁。同时，《对话》一书被列入"违禁书籍索引"，直到将近 200 年后才得以解禁。

据传，伽利略在被迫当众默认自己已摈弃哥白尼学说之后，压低了声音喃喃道："但它依然在动。"有不少史学家认为，伽利略其实从未说过这样的话，又或者，这些话是之后在私底下向密友吐露的。但我依旧喜欢这个故事，无论其真假。

两艘穿过暗夜的太空飞船

现在请你想象一下，你正驾驶一艘飞船匀速在外太空穿梭。此时，你看到飞船前方遥远处出现了一个小圆点（见图 2.1）。

圆点朝你径直而来，你发现那竟是一艘外星飞船。你随即打开船载雷达，对愈来愈近的飞船进行测速。雷达显示，这所外星飞船正以约 10 058 千米 / 小时的恒速向你靠拢。

很快，飞船便填满了你的显示屏。外星飞船经过时，你仔细地观察了一番船上的指令长，发现如果不看头顶那两根醒目的突出触须，其实她长得还算别致可爱。

从你的视角看，这段经历会带给你什么样的感受？你也许会觉得，你和你的飞船中的一切事物悬停于太空中，而外星飞船正在朝你接近。

外星人在她的飞船中观察到的又是怎样的情况呢？她感觉自己仿佛凝固在太空中，太空飞船中的所有事物也都是静止的。她观察到你正驾驶着飞船向她移动，而后飞速经过。她感觉你在移动，而她自身是静止不动的。她的船载雷达测量显示，你的飞船速度为 10 058 千米 / 小时。

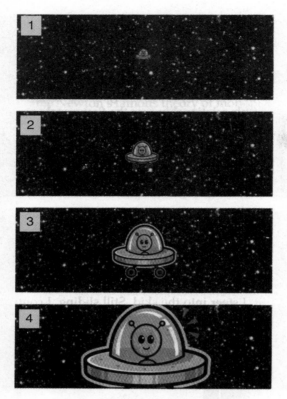

图 2.1　在外太空朝你驶来的外星飞船

　　换句话说，你和外星人观测到了同样的状况。（唯一的不同或许是，你觉得她十分可爱，但她却没有觉得你伶俐可人。）那么，究竟应该以谁的视角为准呢？都可以。因为匀速运动是相对的。

　　物理学家把这些不同的视角称为参考系或参照物。若以你掌舵的飞船为参考系，外星飞船是运动的；若以外星飞船为参考系，你的飞船是运动的。

　　参考系是相对论中的一个核心概念，将贯穿本书始终。

　　你反应过来了吗？一个处于静止状态的物体正在进行匀速运动。在你的参考系中，它是静止的，但在另一位观察者的参考系中，它是运动的。正是这个看似简单的关系，开启了爱因斯坦迈向相对论的伟大征途。

　　而伽利略对于匀速运动的洞见为这趟探索之旅的第二步——艾萨

克·牛顿的运动定律——打下了坚实的基础。牛顿的运动定律始于"惯性"这一概念。

冰上的牛顿

1967 年，波士顿。那是隆冬里的一个深夜，我在马萨诸塞大道上驾车往北行驶。路面结满光滑炫目的冰层，十分危险。临近贝肯大街时，路口的交通灯恰好转红，于是我赶忙刹车，没想到车子竟向右打滑，我继续猛踩刹车，但依然刹不住向外滑移的车子。我的双手如老虎钳般紧紧攥住方向盘，心底不住哀号："天哪！车子怎么还不停下来！"最终，我的淡绿色雪佛兰犹如一艘无人掌舵的船只，径直滑行穿过十字路口，猛地撞上积满雪堆的路肩，一个趔趄，往右侧倾斜着停下了。

在年少莽撞的日子里，我经历了不少如上所述的惊恐时刻，也切身体会了何谓"惯性"。是来自何处的力量将车辆紧缚于路面？是汽车轮胎与道路表面之间的摩擦力。而在摩擦力近似于 0 的结冰路面上，几乎没有什么可以遏止急转的轮胎，令车子停下。

因此，一旦打滑，车子就会沿着原来的行进方向、以相同的速度（即以匀速）继续前行，直至有外力（猛烈撞进去的雪堆）阻遏——这就是惯性。惯性是物体的一种固有属性：除非有外力（雪堆）作用，迫使物体改变运动状态，否则物体（我的车子）将一直保持匀速直线运动状态。

惯性的概念由来已久。中国哲学家墨子就曾这样说过："止，以久也，无久之不止。"意思是，运动的停止应归因于反方向的力，若不存在反方向的外力，运动将永远不会停止。10 ~ 11 世纪伟大的伊斯兰科学家伊本·海塞姆（Ibn al-Haytham）也提出过相似的观点："物体将永远保持运动状态，除非有（外）力使其停止或变更方向。"

率先在欧洲提出"惯性"概念的是伽利略和笛卡儿（法国科学家、数学家）。事实上，伽利略有关匀速运动的精辟洞见正是基于这一概念阐发的。

大约 50 年后，艾萨克·牛顿重申："匀速直线运动是运动的自然状态。"换言之，物体总是"想要"以不变的速度进行直线运动。而且，只要没有外力干扰，它就能"实现愿望"。

牛顿闻名于世的运动理论便由此而生。他提出的三条定律精练简洁，却展示出了无与伦比的强大解释力，在长达两个多世纪的时间里定义了力学这门学科，明确阐释了究竟力是如何影响物体（即实体对象）的。这三则定理的内在逻辑具有自洽一致性，合称为牛顿运动定律。为了防止你想不清楚或从未了解过，现将牛顿的三条运动定律简要列出如下：

（1）牛顿第一运动定律（惯性定律）：一切物体在没有受到力时，总保持静止状态或匀速直线运动状态。

（2）牛顿第二运动定律：物体加速度的大小与作用力成正比，与物体质量成反比（$F=ma$），加速度的方向跟作用力的方向相同。

（3）牛顿第三运动定律：相互作用的两个物体之间的作用力与反作用力总是大小相等，方向相反。

牛顿定律与伽利略格言

假设有两个小孩正在你的车后座上玩抛球游戏，那么，球在车子处于静止状态时的抛掷与车子处于匀速行驶状态时的抛掷是否有所不同？按照伽利略的主张，两者应毫无二致。车内球的抛掷或其他运动行为均遵循相同的物理规律（正如在伽利略的船舱里那样）。因为据伽利略所言，只要无法从车外接受信息，就无从判断车辆究竟是处于静止状态还是处于匀速运动状态。

问题在于，牛顿运动定律是否与伽利略的观点相左？运用牛顿运动定律对抛球运动进行分析预测的结果显示，不管车辆是静止不动抑或匀速前进，小球的运动表现应无不同。非常好——这就意味着，牛顿运动定律与伽利略的理论并不相悖。

为了用数学语言对这一点进行阐述，物理学家创建了伽利略变换。你可以把伽利略变换想象成一台数学自动售货机，只不过投入其中的不是钱币，得到的也不是糖果。在这台自动售货机跟前，你一方面输入反映车辆静止时小球投掷轨迹的数学方程式，另一方面将输出反映车辆匀速行驶时小球投掷轨迹的数学方程式。

若把牛顿运动定律的方程式投入伽利略变换这台售货机，我们得到的将是几道一模一样的等式。这又说明了什么问题呢？这说明，牛顿运动定律不受匀速运动的影响。这也意味着，它们所表征的物理现象在两种情况下是一致的。这也从数学角度证明了"牛顿运动定律遵循伽利略理论假说"这一观点。

若以更正式的语言进行表述：伽利略变换这一公式体现的是两个相对做匀速直线运动的参考系之间的转换。它也表明，牛顿运动定律在一切做匀速直线运动的参考系中均可成立。（关于伽利略变换的更多详细解释，请参见附录 A。）

伽利略有关匀速运动的创见以及牛顿运动定律的适用领域属物理学中的力学范畴。如前所述，力学所描述的是力对物体的影响。贯穿 19 世纪的一个问题是，这些定律和法则是否也同样适用于电学与磁学领域。这个问题反过来也为爱因斯坦的相对论探索之旅的最后一程创造了良好的条件。

电与磁——一枚硬币的两面

1820 年，丹麦科学家汉斯·克里斯蒂安·奥斯特设计了一个有关电场的实验，在实验装置上安放了一个磁性指南针，试图探寻电与磁之间的内在关系。物理学界对于这两者之间存在关联的猜测由来已久。

4 月的某一天，奥斯特正主持一场夜间讲座，当学生陆续坐满演讲大厅时，他突发灵感，决定要在学生面前首次进行这个实验。他接通电源，电流迅速流过通电导线。然后，他注意到，靠近通电导线的小磁针摆动了，虽然幅度极其微小，但他还是敏锐地捕捉到了这个变化（见图 2.2）。

是什么引起了磁针的微动？指南针对磁场的感应十分灵敏。地球磁场

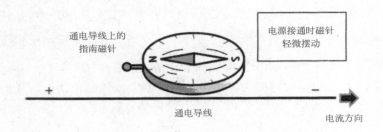

图 2.2　奥斯特实验

通电导线中的电流在周围产生了一个磁场，使放置其上的小磁针轻微摆动。

的存在使得指南针在初始时指向北方，通电后，通电导线中的电流又产生了一个相对较弱的磁场，正是这个电流自有的磁场引起了磁针的微动。

奥斯特的小实验是物理学界第一次一锤定音地证实，"流通的电流能够产生磁场"。不过，由于磁针的摆动过于微弱，并未引起当时在场学生的注意，他们完全没有意识到自己见证的这个时刻在物理史上的重要意义。

奥斯特的发现为现代电动机装置的发明奠定了理论根基。比如吊扇接通电源之后，内部的通电导线随即便有电流通过，正如奥斯特所展示的实验，这股电流会产生一个磁场，吊扇中安装的电磁铁一旦感应到磁场就会开始旋转，同时也带动风扇叶片转动起来。装载有电动机装置的机械设备，如洗衣机、干衣机、吹风机、吸尘器等，其工作原理皆是如此。

1831 年，英国伟大的实验大师迈克尔·法拉第向世人展示了一个与奥斯特的发现恰好相反的效应。他发现，若在闭合金属导线的周围反复移动磁体，该导线中会产生电流。

法拉第将机械能（磁铁的转动）转化为电能（电流），该现象被称为电磁感应。现今的发电厂、汽车（交流）发电机、移动式发电机等，均为法拉第这一发现的广泛应用实例。

总而言之，通过奥斯特和法拉第的实验，科学界终于明确，电流可产生磁场，移动的磁体反过来也可产生电流。现在所急需的是一个可为这些物理现象提供数学依托的理论。

科学家首先将目光投向了业已熟知的牛顿运动定律。鉴于牛顿物理学说在之前所取得的巨大成功，科学家不禁期望可以运用它们来解释一切物理现象，于是，他们开始尝试在牛顿定律的体系下对电磁现象进行深度剖析。但科学家们很快便察觉，他们陷入了困境。

一方面，牛顿第二运动定律适用的是处于持续接触状态的物体。比如你推动某个物体，使其运动加速，但是，你一旦与它脱离接触，它旋即停止加速，并开始进行匀速运动（假设再无其他外力作用）。牛顿第三运动定律同样只适用于相互接触的物体。

然而，电与磁在施加作用力时并不需要与物体发生接触，实际上，这些力可穿越空间实现传递，地球磁场使指南针指向磁北极便是最好的例证。物理学界将这种处于空间两个不毗邻区域的两个物体之间的相互作用称为超距作用，阿尔伯特·爱因斯坦年幼时觉得这股隐于无形的作用力十分不可思议。

再举一个例子。将两块普通的条形磁铁（比如冰箱贴）分别放在长桌的两端，推动其中一块磁铁缓慢移向另一块，然后你将发现，当两者之间的距离足够近时（但远未发生接触），第二块磁铁会自发朝趋近的那块磁铁移动。

在电学范畴，我们同样能够感受到"超距作用"的效力。拿起一块地毯在你的脚上快速摩擦，可以从组成地毯的分子和原子上摩擦下一些电子，这些电子黏附于你的皮肤，使你的身体带上净负电荷。然后缓慢移动你的手指，靠近某个金属物体，在你与该物体发生实际接触之前，你便能感觉到来自"静电"的酥麻冲击，这说明，这股电之力已由你的指尖穿越空间传递至物体。

总的来说，牛顿第二运动定律和第三运动定律均要求物体之间存在直接接触[1]，但电场与磁场的作用力是通过空间进行传递的，物体无须发生直接接触便可受到电场与磁场的影响。

经过多次尝试与失败，19 世纪中期，科学家们终于确立了几则旨在

---

[1] 与牛顿运动定律不同，牛顿提出的万有引力定律所假定的是一种超距作用状态，这一点在第九章将再作详述。

揭示电与磁的内在联系的全新定律,其中,汉斯·克里斯蒂安·奥斯特、查尔德·库伦、安德烈·马利·安培和迈克尔·法拉第等人做出了尤为卓绝的贡献。

科学家们殚精竭虑所总结出的各项数学方程等式虽然在实际应用中稳定有效,但它们代表的只是一个游离于其他物理理论框架之外的独立体系,而且,它们违背了物理学中的一个关键原则——这些方程式组并不遵循电荷守恒定律。

19 世纪物理学皇冠上的明珠

那些感官经验认为是毫无干系的复杂物理现象之间其实具有内在统一性,意识到这一点的时候,我心间应是盈满自豪的。

——阿尔伯特·爱因斯坦

理论物理学家詹姆斯·克拉克·麦克斯韦 1831 年出生于苏格兰爱丁堡。他与牛顿一样,是一位极具才智的数学家。他与爱因斯坦相仿,自小就对几何学充满热爱。他与两位科学巨匠有一个共同之处,即他们都经历过大量的自学时光。麦克斯韦在爱丁堡大学就读本科时,如饥似渴地自学并积累了广泛的课外知识。

麦克斯韦在光学、彩色摄影技术、分子运动论、热动力学及控制理论等领域均有建树,而他最为人称颂的物理著作当数出版于 1864 年的《电磁场的动力学理论》。正如先前所言,麦克斯韦与牛顿一样,是一名优秀的数学家,正是他的杰出数学才能使他得以从同时代的物理学家中脱颖而出。

他的主要杰作便是将所有有关电与磁的孤立理论与实验证据整合成一个简练而全面的数学方程组。这个方程组被赞誉为"19 世纪物理学皇冠上的明珠"。詹姆斯·克拉克·麦克斯韦逝世于 1879 年,巧合的是,在同一年,阿尔伯特·爱因斯坦出生了。

麦克斯韦的理论究竟有何特别之处？它揭示了电与磁在本质上是同一物理现象——电磁场的组成部分。他推导的数学方程组不仅与奥斯特和法拉第的实验发现（变化的电场可生成磁场，变化的磁场也可生成电场）相契合，同时也遵循电荷守恒定律。

这真的意味着电与磁确实是同一事物的不同方面吗？是的。请你试着思考一下，那些我们日常使用的冰箱磁贴，它们本身具有的磁性从何而来？

麦克斯韦方程组告诉我们，运动的电场可产生磁场。那么，在这些磁铁内部是否存在处于运动状态的电荷？肯定存在。组成磁铁的原子内部充斥着负有电荷的电子，而正是这些电子的不歇运动生成了磁铁的磁场。

不过，麦克斯韦探寻真相的脚步并未休止于此——准确来讲，是远远不止于此。在研究方程组时，他意识到，电场与磁场之间存在的应是一种极为亲密的关系：一个产生另一个。

麦克斯韦推论认为，既然变化的磁场可产生电场，而变化的电场可产生磁场，那么，它们或许是彼此依存的关系。换句话说，电场生成磁场，磁场反过来又产生电场，如此反复，不断循环，形成"周期性运动"，构成一条不停相互生成的"电磁场动态链"。

电磁场的周期性运动最终又将导致什么结果？永不停止的电磁波——可在空间中传播的电磁场。麦克斯韦预言了电磁辐射的存在！

我们可如何创造电磁波？取一带电微粒并使其加速。比如，令电子上下移动，由于电子负有电荷，其上下运动可产生变化电场，该变化电场又会生成磁场，并依次往复，所以，通过使电子上下运动，我们能够得到一个自续（self-perpetuating，即可令自身永久存在）的电磁场——也可称其为电磁辐射。

电磁辐射的具体形态可见图 2.3。处于不停变化之中的电场生成同样不停变化的磁场，反之亦然。这其中的关键词是，变化。倘若电场与磁场均没有变化，将无法产生电磁波（或电磁辐射）。而正如我们在之后的章节将看到的，这也是爱因斯坦通往狭义相对论之路的一个重要关隘。

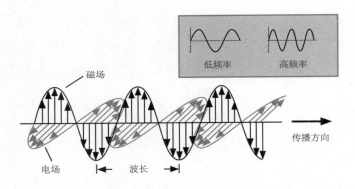

低频率　　高频率

磁场

传播方向

电场　　波长

图 2.3　电磁波
电场的方向与磁场的方向相互垂直。波动图形随着时间变化向右平移。

　　麦克斯韦对于电磁波的传播速度十分好奇。我们完全可以想象出他埋首桌前、全神贯注地根据方程组推算数值的认真模样。他一笔一画地在草稿纸上写下最终得出的那个数字，笔墨未干，他已经认出了这个数字所具有的含义，他兴奋难耐，因为演算出的结果大致为 300 000 000 米／秒，而这个速度正是光速！

　　电磁波是以光速传播的这个发现虽是麦克斯韦偶然所得，但其重要意义却是不言而喻的。就此，法拉第的猜想得到确证——光就是电磁辐射，两者确为一体。我们称为"光"的这一神秘事物，其实质是处于不停变化的电磁波。对于人类而言，"自然"是包裹着重重幕障的未知，而麦克斯韦的发现无疑为人类揭开了其中尤为重要的一幕。

　　麦克斯韦将电、磁与光统为一体，这一理论对阿尔伯特·爱因斯坦产生了深刻的影响。爱因斯坦在后来回忆道："学生时代的我认为，在众多科学理论中，最吸引人的便是麦克斯韦的论著。"在麦克斯韦的启发下，将迥然相异的各个理论整合为具备逻辑自洽性的统一整体成为爱因斯坦毕生追求的事业。

　　人们始终致力于将各项堪称物理学根基的重大发现统一成整体，而光与电磁学理论的合并正是这段奋斗征程上的一大丰碑。

——阿尔伯特·爱因斯坦

让光芒普照大地

前文提及的电磁辐射与我们日常肉眼所见的光真的是同一回事吗？是的。所谓的可见光便是处于某一特定频率范围的电磁辐射。就像我们的耳朵只能听到特定频率范围内的声音，我们的眼睛也只能感知到有限频率范围内的光（即电磁辐射）。雨后我们常能欣赏到泛着七色光的彩虹——红、橙、黄、绿、蓝、靛、紫，而事实上，这些颜色不同的光就是具有不同频率的电磁辐射（见图 2.4）。

从每秒仅振动少许几次的长波，到每秒振动高达千亿亿次的 γ 射线，包括振动频率介于两者之间的其他电磁辐射——无线电波、微波、红外线、可见光、紫外线以及 X 射线——全部都是光。

虽然这些光形式不同，呈现出的物理效应也大相径庭，但真正能将它们区别开来的特征，是它们各自独有的频率。因此，所谓"光"和"电磁辐射"其实只是同一现象的不同表述而已。而且，不管频率如何相异，所有电磁波在真空中都是以光速进行传播的。

根据马克斯·普朗克推导出的方程式，爱因斯坦提出，电磁辐射的频率越高，其能量也越高。比如由于 X 射线属于高频率电磁辐射，因此，其相应具备的高能量使这类射线可穿透人类的软组织（但无法穿透骨头）进入人体内。

1887 年，海因里希·赫兹用实验证实了电磁波的存在及传播；1901年 12 月，伽利尔摩·马可尼在英格兰康沃尔郡发射的无线电磁波在穿过浩瀚的大西洋之后，抵达了纽芬兰省圣约翰斯的接收处。这次极具历史意义的电波发送开启了信息时代的序幕。

现今常用的一切无线通信背后均潜藏着电磁辐射的身影，无线电台、电视台、手机、便携式固定电话、人造卫星、宇宙空间飞行器、电子车匙、车库门遥控开关和其他远距离控制设备都是通过电磁辐射来实现信息传递的。这些技术及设备利用的电磁辐射或许频率不同，但无一例外都是麦克斯韦宏大视野的最佳见证。

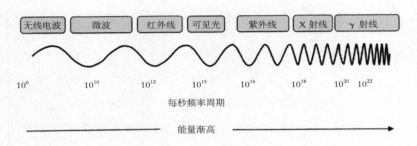

图 2.4　电磁波谱
电磁辐射虽然具备不同频率与波长，但本质上都是光。

麦克斯韦的困境

虽然麦克斯韦方程组向世人揭示了电、磁、光的本质，取得了巨大的成功，但它们并非毫无瑕疵，往后的数十年间，物理学界的许多研究者都在为解决这些瑕疵而苦苦冥思。

困境 1：伽利略的主张

前文提及，牛顿运动定律不受匀速运动的影响。牛顿运动定律所描述的一切物理现象无论是在匀速行进还是静止不动的车辆里，均表现一致。可见，牛顿运动定律和代表这些定律的方程式是依循伽利略有关匀速运动的主张的。

麦克斯韦方程组的情况则有所不同。19 世纪末的物理学家发现，麦克斯韦方程组并不遵循伽利略的理论，它们会受到匀速运动的影响。

物理学家们是如何得出这个结论的呢？他们将麦克斯韦方程组进行伽利略变换，结果显示，演算之后得到的方程组与麦克斯韦方程组并不相同。

这是否意味着，适用于电、磁、光的物理法则在匀速行进的车辆中与在静止不动的车辆中是存在区别的？是的。这也意味着，涉及电、磁、光的物理实验可以帮助我们分辨所在的密闭车辆究竟是处于匀速行驶状态还是处于静止状态。这显然违背了伽利略的观点！

但是，烦请稍等一下再做论断，因为我们的日常生活经验似乎在说，事实并非如此。比如靠电池供电的笔记本无论是放置在静止的书桌上，还是被乘客携带至时速高达约 966 千米的飞机上，都能如常运转。万幸，在地上设计、生产的电磁设备在飞机上都能正常运行。

房车里的微波炉又如何呢？不管房车是停靠在路边休整，还是正以约 97 千米的时速在高速公路上飞驰，车里安装的微波炉都将以相同的方式给茶饮加热，所以，日常生活经验表明，电磁现象不受匀速运动的影响。

不过，19 世纪末的物理学家对此并不敢妄下定论，毕竟，电磁学在当时还只是一个新兴学科，对电磁现象的实验研究相当有限。他们认为，要么电磁现象确实会受到匀速运动的影响，要么麦克斯韦的伟大理论仍需修正。

这就带来另一个问题。假设麦克斯韦的数学论断是正确的，电磁对静止物体的作用的确异于其对匀速运动物体的作用，那么，对于所谓的"静止"物体，我们又该如何准确界定呢？

我们进行实验的实验室相对于地球而言是静止的吗？是的，你可以这样认为。但地球每时每刻都在绕着太阳公转，而太阳又绕着银河系的中心转动，诸如此类的运动数不胜数。宇宙间的一切事物均在做相对运动，我们又该如何在这广袤的空间里，定位出那个相对其他一切物体处于静止状态的特殊所在呢？

在无垠的宇宙里，真的存在一个可被我们定义为正处于"静止"状态的空间吗？

此时的你或许备感困惑，其实，20 世纪初叶的物理学家对于这个问题同样充满不解。麦克斯韦理论引发的第二个争议之处便与此有关。

困境 2：以太

19 世纪末的物理学家已明确知晓，声波须通过某种介质（如空气）

进行传播。比如在外太空的真空环境下，声音是无法传递的。为什么呢？因为真空中没有介质可荷载声音。

因此，他们认为，这个原理应该也适用于光波，即光波也需要借助某种介质才能进行传播。这个神秘色彩浓厚的光波传播媒介有一个极具异国情调的名字——光以太（the luminiferous ether）。当时的观点普遍认为，所谓的以太是一种透明的"背景"物质，它们充斥宇宙的每个角落。

虽然没有任何实验证据可证明以太的真实存在，但以太理论依然受到了学界的广泛认可，生机勃发，而科学家们所要做的就是设计出一个能够证实以太确实存在的实验。

1887 年，美国物理学家阿尔伯特·迈克耳孙与爱德华·莫雷进行了一系列实验，试图探寻以太的存在痕迹。他们垂直发射两束光，而后再使这两束光反射回起点。（该实验假设以太与太阳相对静止。）

其中一束光线射向地球运动的方向，径直进入理应弥漫空间、无处不在的以太；另一束光的传播方向则与地球运动的方向相垂直。迈克耳孙与莫雷预测，两束光的传播速度应不相同。

为什么呢？因为进入以太之后再反射回起点的那束光应该会受到"以太逆风"的影响而减速，因此，与垂直方向传播的那束光线相比，其速度应有所减缓。为了更好地理解这一点，让我们分别从两个视角来看待这个问题：

从以太的视角看（即以以太为参考系）——地球以环绕太阳运行的方式围绕以太进行运动。

从地球的视角看（即以地球为参考系）——地球静止不动，以太则朝相反方向运动，因此，从地球的角度看，势必存在一股"以太逆风"持续不断地迎面吹来。（就像开车飞驰穿过静止的空气，假如你张开双手伸出车窗，掌心将会感受到呼啸而来的风力。）

所以，倘若光速确实与以太有关，那么，径直进入以太并返回的光束其速度理应慢于照射方向与以太运动方向相垂直的光束。

迈克耳孙在向其子女解释实验的预期结果时，将这两束发射方向相垂直的光束比作两个在河流中竞赛游泳的运动员。"两束光在进行竞速比赛，"他告诉女儿，"其中一束光逆流而上，之后再原路返回起点，另外一束则往返横渡河道（即运动方向与水流方向相垂直），在两者游行距离相等的情况下，假如河道中真的存在奔流不息的河水，横渡河道的游泳运动员必将赢得胜利。"

然而，迈克耳孙与莫雷设计的精密的实验显示，不管两束光射往哪个方向，它们的速度都是相同的。他们反复进行实验，把整台实验装置放在平台上，旋转装置，令相互垂直的两束光线发射至不同方向。他们甚至还苦心等待了六个月，待到地球运动方向与太阳相反时，又再次进行实验。但是，无论他们如何调整实验环境，两束光线的传播速度都是一样的。

人们苦思无解。当时的科学界对以太理论深信不疑，就算实验数据与之矛盾，科学家们也未有丝毫动摇。

他们认为，这或许是因为他们对于实验当中的某些环节了解得还不够透彻。

困境 3：不变的光速？

要想抛开"空间中存在以太"这个想法绝非易事。为什么呢？一方面，麦克斯韦方程组认为，光总是以相同的速度在空间中传播。换言之，光速是永恒不变的。好，我们不妨暂且假设光速确实是永恒不变的，但是，这个所谓的"不变"又是相对于什么而言的呢？

若以光源为参照点，光的传播速度是一直不变的吗？比如某个灯泡发出的光相对于这个灯泡而言其传播速度总是不变的吗？又或者，光的传播速度不变是相对于地球而言的？

为什么一定得是地球呢？以太阳为参照点不可以吗？若以银河系为参照点呢？天哪，我们似乎又回到原点了。现在我们或许可以理解为什么物理学家们对于究竟该如何解读麦克斯韦方程组得出的"光速是永恒不变的"这一推论一度满怀困惑。

一些物理学家提出，光速的永恒不变是相对于以太而言的，而充斥整个宇宙空间的以太则是静止不动的，所以，处于静止状态的光以太构成了一个特殊的运动参考系——一个遍布宇宙各处的绝对静止参考系。以当时的眼光来看，这个构想似乎已是最为合理的答案。（只可惜迈克耳孙－莫雷实验并未检测到以太的存在。）

而这个所谓的以太具体又是由什么物质构成的呢？问得好！以太的构成是 19 世纪末期物理学界最为关切的问题之一，1900 年，物理学家约瑟夫·拉莫尔（Joseph Larmor）在英国科学促进协会作主席报告时，就曾抛出这样一个问题：以太究竟"只是一种作为辐射能量的传播媒介而存在的无形物质"，还是"构成一切物理作用的核心"？换句话说，拉莫尔对以太的本质而非以太的存在存疑。

进退维谷的专利审查员

困居于专利局的爱因斯坦对当时物理学界的争论纠葛毫无所闻，不过，对于牛顿理论与麦克斯韦方程组之间的矛盾分歧，他却领会颇深。他意识到，牛顿运动定律是遵循伽利略关于匀速运动的主张的，但麦克斯韦方程组却是与之相悖的。

爱因斯坦还清醒地意识到，虽然迈克耳孙－莫雷实验并未探测到任何以太存在的痕迹，但物理学家们依然坚信，这样一种遍布宇宙的电磁波传播介质是真实存在的。

这些问题深深地困扰着当时的许多物理学家，而爱因斯坦这位彼时尚是无名之辈的专利审查员也同样深陷于这团浓郁的迷雾之中。牛顿定律与麦克斯韦方程组这两个伟大的物理学理论，在伽利略关于匀速运动的基本理念上意见相异，这令爱因斯坦苦恼万分。他憎恶这个明显得叫人无法忽视的理论矛盾，他在后来自述道："在长达七年的时间里，我的研究陷入瓶颈，近乎一无所获，这使我产生了精神上的焦虑情绪……"

就像其他行业的权威人士一样，老派的物理学家依旧顽固地坚持着自己的观点，认为以太是存在的。在这样的时刻，这个世界所急需的就是一个勇气与独立思考能力兼备的年轻科学家无所畏惧地站出来挑战权威。

　　1905 年，年仅 26 岁的阿尔伯特·爱因斯坦挺身而出，挑起了这个重担。他化解了牛顿与麦克斯韦之间的学术争论，并一锤定音地解决了有关以太的问题。正是由于爱因斯坦敢于冲破以往某些早已深入人心的理论学说的桎梏，敢于接受有关时空本质的新理论所传达的"怪诞"含义，这一重大突破才得以实现。下一章节将重点阐述爱因斯坦实现这一重大突破的艰辛之路。

第3章
两个基本公设对传统科学的颠覆

两个原理（公设）本身都是无害的，
但两者若合为一体，必将颠覆传统科学的根基。
——班诺什·霍夫曼（爱因斯坦晚年时的合作伙伴）

1894 年，爱因斯坦的父亲又一次生意失败，他带着家人搬到意大利的西北部村镇帕维亚定居，因为在那里有一个富有的亲戚答应资助他开办一个电化学工厂。爱因斯坦没有随家人移居意大利，而是留在一个远房亲戚家完成他在路易波尔德中学的学业，他还要继续学习三年方能毕业，对于一个不到 15 岁的少年（见图 3.1）来说，这显然是一段十分漫长难熬的时光。

图 3.1　14 岁的阿尔伯特·爱因斯坦

深陷抑郁情绪的爱因斯坦极度渴望辍学，跟随家人前往意大利。据传，路易波尔德中学的校长在听闻这件事情之后，决定采取报复手段，以破坏课堂纪律和不尊重教师为名，正式将爱因斯坦开除出校。爱因斯坦随即搭乘火车，越过阿尔卑斯山脉，前往意大利与家人会合。到达帕维亚以后，这位辍学生向满脸惊诧的父母声言，他无论如何都不会再返回德国了。

爱因斯坦在后来回忆，他在意大利度过了一段快乐的时光。离开规矩森严的中学，享受自由的清甜的空气，还有朝气蓬勃的亲友相伴，这使得爱因斯坦能够放下一切负担，轻松地放任思想的帆舟乘风远航。

某一天，16 岁的爱因斯坦骑着自行车在意大利的乡村郊野间悠闲地游逛，在山风野花的清香中，他心间蓦然起了一个疑问，一个将会动摇经典物理学理论根基的疑问——假如我能够以光速向前奔跑，我看到的将是一个怎样的世界？

这个疑问看似浅显，其实意义深远。

乘着光波前行

有一个名叫萨丽的冲浪运动员正踏着冲浪板在起伏的海浪里破风而行，假设她以及她脚下的冲浪板与奔涌的海水速度一致，那么，在萨丽看来（以萨丽自身为参考系），她与海浪均处于静止状态。

假如现在有一辆摩托艇也正以相同的速度在萨丽旁边巡航，若摩托艇上架设有摄像头，那么摄像头录下的会是怎样的画面？你将看到静止不动的萨丽、冲浪板以及海浪，也就是说，摄像头和萨丽所见的是在空间中凝固的静止水浪（见图 3.2 ）。

问题是——这个简单的类比是否适用于光波？

年轻的阿尔伯特·爱因斯坦假设自己正以光速进行极速运动，他推论道，倘若他能够以光速运动，那么他就可以跟随某道光束向前传播，此时，根据伽利略的主张，就像在萨丽眼中海水是静止的一样，这道光

图 3.2　冲浪运动员萨丽与海浪
从速度相同的摩托艇上看，萨丽和海浪均静止不动。

束在他眼中应该也是静止不动的。

　　然而，依照麦克斯韦方程组，这是不可能的。为什么呢？原因与光的产生原理有关。

　　如前文所述，之所以能够产生电磁波（即光），是因为其中变化的电场在运动时会立即"激发"磁场，而变化的磁场在运动中反过来又会产生"涌动的电场"，如此循环往复，才有了持续传播的电磁波。

　　因此，光在本质上是一种持续振动的电磁波——这里的关键词是"持续"。据麦克斯韦所言，光波必须处于运动状态方能存在。简单来说，就是"光是不可能处于静止状态的"。按照麦克斯韦的理论，如果光束静止了，电磁波也就不复存在了，也即不存在光。

　　所以，爱因斯坦心生疑问：假如我以光速与光同步齐驱，将会发生什么情况？光束应该与我处于相对静止状态吧？如此一来，我又会看到什么景象呢？难道光束会在我的眼前消失但同时又依然存在于其他人的视野之中？这怎么可能呢？

　　经过十年的认真思考，终于提出这一假设。这个假设来源于我在 16 岁时偶然想到的一个悖论：假如我能够以光速追赶一束光，那么我观察到的这束光应是一个在空间中不断振荡但又停滞不前的电磁场，然而，这样的东西似乎是不存在的……

——阿尔伯特·爱因斯坦

这一假想所引发的一系列疑问困扰了爱因斯坦整整十年，甚至将他带到"完全丧失信心的绝望边缘"。时间的车轮滚滚向前，转眼到了1905 年。在这一年，爱因斯坦的研究终于有了结论，正是这个结论成功解答了那个令爱因斯坦苦恼了十年的难题，而这个结论所蕴藏的颠覆性内涵也必将震惊学界。

爱因斯坦得出的推论究竟是什么呢？你永远不可能追上光！不管你的运动速度多快，光与你之间的相对速度都是不变的。

由于你永远也不可能追赶上光束，因此，无论你自身的运动速度多快，光线与你之间的相对速度将永远不会发生改变，始终如一。也就是说，光线的传播速度与你的运动速度完全无关！

在爱因斯坦的构想中，人们测量到的（真空中的）光速永远都将是同一个数值，不会有丝毫波动，这个数值约为约 10.8 亿千米 / 小时，与测量者或光源的运动状态均不相干。（物理学家用符号"c"代表光速，准确来说，真空中光的速度是每小时 1 079 252 846 千米。）

你永远追不上光

等等！依照牛顿经典物理学（以及我们的常识），在理论上，你是可以追上任何高速运动的物体的。假设这样一个情景，一个名叫克鲁普克的警官正驾驶一辆巡逻警车在公路上追赶一名驾车在逃的银行劫匪，此时，逃逸车辆与地面的相对速度为每小时 100 英里（约 160 千米）[①]，克鲁普克驾驶的警车与地面的相对速度为每小时 80 英里（约 128 千米）。

以克鲁普克警官的视角看，逃逸车辆的速度仅为每小时 20 英里（约32 公里），所以，从理论上讲，只要警车加足速度，就能赶上并抓获劫匪。

假设克鲁普克警官现在驾驶的是一艘超级火箭，而他追赶的也不再是劫匪，而是一道光线。如果此刻火箭的速度为光速的 80%，那么我们

---

① 本书中的英制单位数据涉及举例和计算说明的，为了便于读者直观理解，后文不再直接换算为国际单位，仅在数据首次出现时括号附注国际单位。——编注

可能会理所当然地认为,相对于克鲁普克,光线的速度应为光速的 20%,即 100% 减去 80%。

爱因斯坦却不这样认为。他主张,此时光线相对克鲁普克的速度依然是 100% 的光速。

不管克鲁普克如何加快速度,他测量到的都将是全速传播的光线。光线的速度是完全独立于克鲁普克的运动的,不管是以克鲁普克还是其他任何人为参照点,光在真空中的传播速度均为 c。这便是爱因斯坦所得出的大胆结论。

换言之,对任何处于匀速运动状态的观察者来说,真空中光的传播速度都是相同的。爱因斯坦称这一原理为"光速不变原理"。正是在这一理论公设的基础上,爱因斯坦解决了 19 世纪科学界最大的谜题——为什么迈克耳孙 – 莫雷实验无法检测到所谓以太的存在痕迹。

光速不变,这个大胆的论断的根据在哪

1905 年,爱因斯坦完全摒弃了以太这个所谓"光波传播介质"的概念,他继承了过去实验主义者的观点——如果找不到以太风存在的证据,那说明它就是不存在的。这解释了为什么迈克耳孙 – 莫雷实验无法检测到以太的存在痕迹,因为光的传播并不需要介质。也就是说,以太是不存在的!

……人们费尽心思想发现与"光波传播介质"有关的地球运动,但无一成功,这说明无论是电动力学还是力学现象,均不具备绝对静止的性质。

——阿尔伯特·爱因斯坦 1905 年有关相对论的论文

爱因斯坦还指出,由于不存在以太,所以不存在所谓的特殊参考系,因而也就不存在绝对静止的空间——宇宙中的万事万物都在进行相对运动。

不过，既然不存在以太，那么，光又是相对于什么在做恒速运动呢？爱因斯坦给出的答案是，相对于一切事物。若以规范术语进行表述，爱因斯坦的"光速不变原理"指的是，真空中的光速对于任何匀速运动参考系来说都是相同的。

换言之，光速是绝对的——它是一个常数。不管你与光源的相对速度如何，光与你的相对速度总是恒定不变的。

你的意思是，无论我以何种速度走向光束，光束总会以相同的速度 c 朝我射来？是的。即便我的速度已然接近光速？没错。要是我向远离光束的方向运动，光束也会以恒定的速度 c 朝我射来吗？即使我运动的速度已趋近光速？是的！是的！

因此，光速不变原理也可表述为，光速总是恒定不变的，与光源的运动速度无关。

现在，让我们将"情景倒置"一番，从汽车的角度来审视问题。若以汽车为参考坐标系，其前灯是静止的，而你正在朝着前灯的方向运动。但作为观察者，此时你测量到的光速依然为 c。所以我们还可以将爱因斯坦的光速不变原理表述为，光速总是恒定不变的，与观察者的运动速度无关。

这个令人惊骇的原理告诉我们的是，不管你朝哪个方向运动、运动速度多快，光的传播速度总是恒定不变的；不管光源的运动方向、运动速度如何改变，光的速度都永恒不变。虽然这个理论乍听上去似乎荒诞离奇，与我们的日常感知也相去甚远，但这就是爱因斯坦在 1905 年提出的光速不变原理。

根据狭义相对论，不管你或其他任何事物的运动速度如何，（真空中）光的传播速度都是一个恒定不变的常数。

这是我们测量得出的结论吗？假定在外太空有一艘亮着着陆灯的超级火箭〔见图 3.3（a）〕，同样身处外太空的你正操纵设备准备测量光速。开始，火箭与你处于相对静止状态，正如预期的那样，你携带的设备测量出着陆灯发出的光束其传播速度为 c（即大约为每小时 670 000 000 英里或 10.8 亿千米 / 小时）。

现在超级火箭开始启动，以每小时 100 000 000 英里（约 1.6 亿千米 / 小时）的速度朝你驶来〔见图 3.3（b）〕。此时，你的设备测量到的光速又

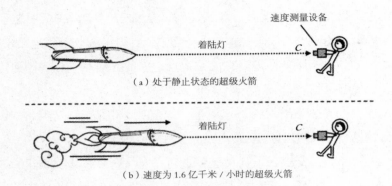

（a）处于静止状态的超级火箭

（b）速度为 1.6 亿千米／小时的超级火箭

图 3.3　爱因斯坦的光速不变原理
不管光源的运动速度如何，你测量到的光速都将是 c。

将会是多少呢？

牛顿会告诉你，是 670 000 000 英里加上 100 000 000 英里，即每小时 770 000 000 英里（约 12.4 亿千米／小时）。

但是，依照爱因斯坦提出的理论，你测量到的光速应该一直都是 c，即每小时 670 000 000 英里。火箭的运动速度对光束射向你的速度没有影响。

现在你明白了吗？不管光源的运动速度多快或多慢——逆向来说，不管你的运动速度多快或多慢——光总是以恒定不变的速度 c 在真空中进行传播。

1905 年，爱因斯坦对光速的不变性作了理论分析，其阐释逻辑严密，说服力极强，但其他物理学家依然对这一理论投以怀疑的不信任目光，毕竟这个观点彻底颠覆了他们的惯有认知。他们提出质疑，"这个大胆论断的根据在哪里？是否有实验结果可以证明光的速度确实与其光源的运动状态无关？"

在爱因斯坦发表那篇具有划时代意义的狭义相对论论文时，人们还未能找出这样的实证证据。但是，那位信心十足的 26 岁青年已然迫不及待，决定将他研究得出的光速不变理论以及该理论所蕴含的启示一并公之于世。而不久之后，一份关于某颗恒星的研究报告将证明，爱因斯坦的满怀自信绝非毫无依据的无根之木。

星之舞

1913 年，著名的德西特双子星研究分析第一次证明了爱因斯坦的光速不变原理确有其事实依据，而非空想。"双子星"指的是两颗环绕同一个引力中心运行的恒星，我们在天上所见的恒星中，至少有一半是双子星（我们之所以只能看见其中的一颗，是因为我们的肉眼没有同时处理两个图像的分辨能力，但天文望远镜可以做到）。

荷兰天文学家威廉·德西特对许多双子星系的天文望远镜图像进行了研究，他发现，对于那些运行轨道恰巧与地球处于同一平面的双子星系，当其中一颗恒星与我们趋近时，另一颗必将远离（见图 3.4）。

让我们来探讨一下这两个可能性。

爱因斯坦是错的——恒星的运动确实会影响其发出的光线的传播速度。

假如爱因斯坦提出的理论是错误的，星光的传播速度会受到其光源的运动状态的影响，那么我们将看到一些极其古怪的现象。这其中的关键点在于，只有物体发出的光波到达且进入我们的眼睛，我们才能"看到"这个物体，因此，如果恒星的运动会影响光速，那么它也会相应地影响我们看到这颗恒星的时间。也就是说，我们无法同时看到双子星系中的两颗恒星，两者出现在我们眼前时存在时间差。

当其中一颗恒星位处其运行轨道的顶点，正朝趋近我们的方向运转（见图 3.4），假如牛顿是正确的，该恒星的运动速度应叠加在光速上，所以，这颗位于运行轨道顶点的恒星朝我们趋近的速度应快于 c，而我们的眼睛也应更早地捕捉到这颗恒星。

同时，位于运行轨道底部的恒星正在朝远离我们的方向运动，所以，应从光速（即 c）中减去该恒星的运动速度，换言之，位于轨道底部的恒星所发出的光线其传播速度应慢于 c，如果实际情况确实如此，那么我们的肉眼应较迟观察到该恒星。

如此一来，在我们眼中，两颗恒星的运行将不同步，而且它们的相对位置以及运行周期也将显得毫无规律。

现在我们来看一下第二个可能性。

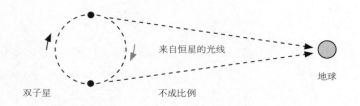

来自恒星的光线

地球

双子星　　　　　　　不成比例

图 3.4　德西特的恒星实验

围绕彼此旋转的双子星与地球的运行轨道处于同一平面，在这个例子中，
位于上方的恒星趋近地球，下方的恒星则远离地球。

爱因斯坦是对的——恒星的运动不会影响其发出的光线的传播速度。

在这种情况下，无论两颗恒星在其轨道上如何运行，它们所发射的光线都将同时到达我们眼底，因此，两颗恒星之间的间隔看起来将始终与我们预计的一样，也就是说，我们可以通过天文望远镜观测到恒星规律精准的系统运行。

那么，德西特观察到的实际情况又如何呢？他的天文望远镜观察研究显示，正如爱因斯坦的光速不变原理所预测的那样，双子星系的运行具有精准的规律性，没有观测到任何不规律或不对称的反常之处。在逻辑严密的数学分析结果的支撑下，他断定，爱因斯坦是正确的——光的传播速度确实与其光源的运动速度无关。

此后的无数检测结果也都证实，爱因斯坦的光速不变原理是正确的。比如 1964 年，欧洲核子研究组织（CERN）的科学家利用粒子研究设备进行了中性介子（一种亚原子微粒，能够随机发射速度为 c 的光波）的相关研究，他们先将中性介子的运动速度加速至 $0.99975c$（相对于实验室），然后检测这些中性介子所放射的光线的速度。

支持牛顿理论的物理学家预测，中性介子的速度将与光速叠加，使得其放射的光波净速度达到 $1.99975c$（相对于实验室）。然而，CERN 的物理学家经多次测定发现，光波的传播速度依然为 c。正如爱因斯坦的光速不变原理所预测的，光源（即中性介子）的运动状态对光速无任何影响。

1977 年，麻省理工学院（MIT）的物理学家肯尼斯·布雷彻仿照德西特的恒星观测实验，对 X 射线脉冲星（即高速自转的中子星）进行了更加精确的观察研究。这些准确度达到十亿分之一的实验结果均证实了爱因斯坦的光速不变理论。

因此，爱因斯坦提出的光速不变原理虽然看似与常理相悖，但事实上是无比正确的——（真空中的）光速是一个恒定不变的常数，与光源和观察者的运动速度无关。宇宙的真实面貌远比我们想象的古怪诡秘。

爱因斯坦的光速不变原理意义重大，影响深远，它不仅是狭义相对论的物理根基，爱因斯坦的所有伟大预言也都源于此，而这一切都始于对匀速运动的一个全新变换。

光波所揭示的全新变换

在第二章中我们了解到，伽利略变换从数学视角诠释了伽利略对于匀速运动的主张——至少爱因斯坦的前辈们都是这样认为的。1905 年 6 月，年轻气傲的爱因斯坦发表了关于相对论的论文，并指明，他提出的光速不变原理将推导出一个全新的匀速运动变换公式。

爱因斯坦推导出的这个新公式究竟有何特别之处？若将该公式应用于麦克斯韦的电磁理论，麦克斯韦方程组将保持不变。换言之，爱因斯坦提出的全新匀速运动公式能够令麦克斯韦的电磁方程组在进行变换之后保留完整原貌！

这是一个重大突破吗？是，也不是，因为爱因斯坦并不是首个提出该新公式的物理学家。

洛伦兹变换

20 世纪初叶，荷兰物理学家亨德里克·洛伦兹展开研究，试图解开为何迈克耳孙－莫雷实验始终无法检测到以太存在痕迹的谜团（此外，爱尔兰物理学家乔治·菲茨杰拉德与其他学者也在进行类似课题）。洛伦兹提出，在原子的运动过程中，"以太风"会以某种方式压缩原子，因此也会反过来缩短实验中所用的标尺。

洛伦兹认为，光线在进入以太时，其速度会减慢，但同时，依据缩短了的标尺而得出的读数是有误的。由于减慢的光速与缩短的标尺长度相抵消，所以，虽然朝以太方向运动的光线其传播速度确实有所减慢，但测定结果却保持不变。

这样的解释似乎有些牵强，洛伦兹也有同感，但他已经尽力了，这已是他所能给出的最合理的解释。

尽管洛伦兹、菲茨杰拉德等物理学家的阐释均有缺漏之处，但这并不意味着他们的研究工作没有价值。为了计算以太对原子的压缩量，他们推导得出一系列方程式，之后，洛伦兹对这些方程式进行了扩展，并最终推算出闻名于世的洛伦兹变换。

前文已有提及，变换方程组（如伽利略变换、洛伦兹变换等）的工作机制与机器类同。把一个等式放入机器，一番运作之后，机器便会吐出一道全新的、"变换后"的方程式。物理学家们之前非常好奇，当一个方程式从一个静止的载体内部（即静止的参考坐标系）"变换"至一个匀速运动的载体内部（即运动参考坐标系）时，该方程式是否会发生变化以及具体会有怎样的变化，而变换方程组则为物理学家提供了一个绝佳的数学视角让人一窥究竟。

洛伦兹等几位科学家的研究成果表明，若将麦克斯韦方程组进行洛伦兹变换，其中包含的电磁规律将不会发生变化。换句话说，麦克斯韦方程组经洛伦兹变换之后所得到的，依然是同一组方程式。

我们也可更为正式地将其描述为，洛伦兹变换令麦克斯韦方程组在不同匀速运动参考系中具有"不变性"（"不变"这个数学术语天生讨人喜爱，含义为"不发生变化或更改"）。

洛伦兹变换在数学层面取得了理想的成效，但却无人知晓它在物理层面究竟有何含义——直至爱因斯坦横空出世。

1905 年，爱因斯坦完成相对论的论文，但此时的他其实并不熟知洛伦兹与菲茨杰拉德的研究工作，毕竟他一周中有六天需要在专利局工作，与其他物理学家基本没有联络或交流，同当时的主流物理学界近乎隔绝，图书馆在他下班之时也已经悉数关闭。

所以，爱因斯坦在 1905 年的论文初稿中以光速不变原理为理论基础推导得出的变换方程，虽然与洛伦兹变换相同，但应是其独立完成的研究成果。不过，由于洛伦兹的研究结论发表在前，因此人们习惯性称其为洛伦兹变换，偶尔也有学者将该方程组称为洛伦兹－爱因斯坦变换。出于表达简洁的考虑，本书将采用前者（关于洛伦兹变换在数学方面的细节信息，详见附录 A）。

爱因斯坦提出了所谓的洛伦兹变换，将其作为从静止坐标系到匀速运动坐标系的转化公式。而且正如上文已指出的，若将麦克斯韦方程组进行洛伦兹变换，在经过一系列代数运算之后，新得到的方程组与原来初始的麦克斯韦方程组是完全一致的。这又意味着什么呢？这意味着，麦克斯韦方程组不受匀速运动的影响。

这在物理层面又有怎样的含义呢？由于转换后新得的方程组与原始的麦克斯韦方程组毫无二致，这就说明，电磁现象不受匀速运动的影响。也就是说，麦克斯韦方程组其实并不违背伽利略关于匀速运动的论断。哈利路亚！这可太好了！

因此，与牛顿运动定律一样，麦克斯韦方程组终究还是与伽利略的匀速运动理论合流了。在爱因斯坦构筑的物理世界中，这一点尤为重要。基于这个结论，爱因斯坦在 1905 年提出了另一个核心基本原理——一个负载着爱因斯坦个人信仰的理论构想。这一原理旨在揭示物理定律的普适性特征，爱因斯坦将其称为相对性原理。

一个具有宇宙普适性的法则

假设现有两个完全相同的实验室，可以进行任何已为人类所知的科学实验。第一个实验室设置在一栋处于静止状态的建筑内，该实验室既没有开放门窗，也没有电话、收音机或电视之类的物品，一旦进入实验室，便再也无法接收外部世界的任何消息或信号。

第二个实验室同样处于与世隔绝的状态，与前者不同的是，它位于一辆牵引式挂车的车厢内部，该挂车装有绝缘隔震设备，正于光滑路面以每小时 50 英里（约 80 千米）的速度朝北匀速前行。若以相对论的术语描述，这两个实验室——这两个封闭系统是两个正相对做匀速运动的参考坐标系。

爱因斯坦提出，在所谓的静止实验室中进行的任何实验，其结果与在匀速运动实验室中得到的实验结果应完全一致。换句话说，一切物理现象皆不受匀速运动的影响。这是爱因斯坦提出的相对性原理的核心要义：

一切物理定律在所有（匀速运动）参考系中都是等价的。

一旦你身处某一密闭实验室，无论你做任何测试和观察，得到的结论与在另一个密闭实验室得到的结果都是一致的。你无法由此辨别，你所在的实验室究竟是处于匀速运动状态还是处于静止不动状态。

乍看之下，这似乎就是伽利略匀速运动理论的翻版，只不过是把匀速运动的船舱改换成了匀速运动的实验室——是的，确实是这样的。但需要注意的是，伽利略提出这个洞见是在 1632 年，这一理论只适用于当时已知的力学科学，而生活在 1905 年的爱因斯坦主张，伽利略的理论也同样适用于电磁学这一新兴学科。

为了将这一观点以数学语言进行表述，爱因斯坦采取了一个激进的做法。他决定放弃伽利略变换，宣称洛伦兹变换可同时适用于牛顿运动定律和麦克斯韦方程组。换言之，他认为，洛伦兹变换应取代伽利略变换，并可应用于一切相互做匀速直线运动的力学现象与电磁现象。

这样的处理方法一举解决了牛顿运动定律和麦克斯韦方程组在伽利略匀速运动理论方面的分歧，然而，这是要付出代价的——那就是，须对牛顿的运动定律作出修改。

你感觉到这其中的讽刺意味了吗？彼时的物理学家致力于探寻一种方法，使麦克斯韦方程组可以如牛顿运动定律那样不受匀速运动影响，爱因斯坦同样认为，麦克斯韦方程组确实不受匀速运动影响，但其前提条件是要用洛伦兹变换来反映该匀速运动。

按照爱因斯坦的观点，卓越崇高、人人奉若神明的牛顿运动定律是存在漏洞的——它们只适用于运动速度远低于光速的实体。为了更加准确地描述事物的运作原理，我们必须抛弃牛顿学说，转而接受时间和空间是相对的，我们必须运用"经相对论修正过的"牛顿运动定律来反映现实世界（后文将对此再做详述）。

之后，这位无畏的专利审查员又往前迈了一大步。生性大胆的爱因斯坦提出，他的相对性原理不仅适用于力学与电磁学范畴，更可运用于一切物理现象。爱因斯坦断下如此结论的根基又在何处呢？纯粹出于直觉。这个被他称为相对性原理的理论掷地有声地宣称：（身处封闭系统的）任何人都无法依据任何日常实体、电、磁、光波或其他任何物理现象判别该系统是处于匀速运动状态还是静止状态。

本质上，爱因斯坦的相对性原理就是将伽利略提出的相对性理论的适用范围推广至一切物理现象。它告诉我们，当我们描述自身运动状态时，必须选取一个参照物。也就是说，不存在"绝对静止"的参考坐标系。它还说明，物理定律在一切匀速运动的参考系中都具有相同的数学表达形式。伽利略的相对性主张在爱因斯坦的拓展提升下，已然成为一个具有宇宙普适性的法则。

总的来说，爱因斯坦的狭义相对论是基于上文所述的两个原理而提出的。光速不变原理认为，光速不受光源或观察者的运动速度所影响。相对性原理则提出，一切物理定律（或方程组）在所有匀速运动参考系中均是等价的，即它们也不受匀速运动的影响。

深远内涵

早在 19 世纪和 20 世纪交替之际，牛顿定律与麦克斯韦方程组之间的冲突就广为物理学界所关注，寻找解决分歧的方法刻不容缓。在这条探寻答案的荆棘之路上，其实已有许多物理学家，特别是洛伦兹和法国物理学家亨利·庞加莱迈步启程，然而，走到终点的只有最终提出了狭义相对论的爱因斯坦。

为什么呢？因为要解决这个深刻的矛盾，必须大胆地丢弃一些深入人心的理论假设：（1）光的传播须以太为媒介；（2）时间和空间是绝对的。唯有爱因斯坦具备这样的视野与勇气，敢于突破这些早已根深蒂固的藩篱桎梏。

爱因斯坦以光速不变原理与相对性原理为理论框架，提出时间与空间是相对的——这些基础性实体会随着相对运动的改变而改变。下一章将正式开始探索这个古怪而又充满魅力的诡秘世界。

第 4 章

古怪而又充满魅力的诡秘世界

在同时代的人看来，
洛伦兹变换是一个十分有趣的数学工具，
而在爱因斯坦看来，它是"关于自然的启示"。

——罗兰·C.克拉克

爱因斯坦是个不折不扣的天才，他总能窥察到别人难以发现的那些奥秘：一众实验均探测不到那些本应作为电磁波的传播介质而存在的以太；麦克斯韦方程组有悖伽利略提出的关于匀速运动相对性的主张；洛伦兹（与其他科学家）推导出全新的变换公式；这个新"秘方"可在数学层面使麦克斯韦方程组独立于匀速运动，不受其影响——但却无人知晓其在物理层面的意义。

默默无闻的爱因斯坦正是在此时横空出世的，他将这些困扰学界已久的谜题一一解答。他提出：（1）以太是不存在的；（2）光总是以恒定不变的速度进行传播。哦，还有，你可以把你以往所知道的关于时空的知识全都丢到脑后了——爱因斯坦认为，时间与空间是相对的。洛伦兹变换则阐明了时空随相对运动的变化而变化的规律。至此，轰轰烈烈的相对论革命拉开了序幕。

将世界搅得天翻地覆

克拉什是一位著名的赛车手，专攻陆上赛段，他的经理人斯塔迪·艾迪则是一名引擎设计和组装方面的技术能手，同时，艾迪对物理学也有着浓厚的兴趣。某天，艾迪在无意中读到了爱因斯坦的狭义相对论——一个有关运动是如何影响时间与空间的理论，他把爱因斯坦所做的预测告诉了克拉什，但满腹狐疑的克拉什并不相信他的说法，他听完回应道："你是挺聪明的，但这听起来也太疯狂了吧！"于是，他们决定一起做个实验。他们把一辆涡轮喷气式赛车运到内华达州北部的黑岩戈壁，在那里有一条很长的直行汽车跑道。

克拉什坐进赛车，发动引擎，开始加速。他把赛车的对地速度稳定地加至每小时 600 英里（约 966 千米），然后保持该速度，疾驰驶过一条 1 英里（约 1.6 千米）长的带状赛道。斯塔迪·艾迪站在赛道外，仔细测量赛车从赛道起点飞驰到终点所经过的时间间隔。其秒表显示，所需时间为 6 秒。（当然了，这只是人们预期的结果。）

其数学计算过程如下：

> 距离 = 速度 × 时间
> 所以：　时间 = 距离 / 速度
> 　　　　　　 = 1 英里 /（600 英里 / 小时）
> 　　　　　　 = 1 英里 ×（1 小时 / 600 英里）
> 　　　　　　 = 1 英里 ×（1 小时 / 600 英里）×（3600 秒 / 1 小时）
> 　　　　　　 =（3600 / 600）秒
> 　　　　　　 = 6 秒

现在的问题在于，赛车里的克拉什用秒表测量得到的时间间隔会是多少？爱因斯坦告诉我们，由于车辆的运动，在克拉什的赛车中，时间会流动得较为缓慢，这就是所谓的时间膨胀。

根据洛伦兹变换，克拉什在赛车里测量到的赛车跑完 1 英里赛道所需要的时间应是 5.999999999998 秒（假设这里所用的秒表具有超乎寻常的精确度），这个时间间隔小于斯塔迪·艾迪的测量结果。

"好吧，你是对的，"克拉什宣布道，"不过这个差异也太小了吧！"

"嗯，这么说是没错，"艾迪答道，"但这是因为赛车的速度仅能达到每小时 600 英里，还不到光速的百万分之一。"〔真空中的光速约为每小时 670 000 000 英里（约 10.8 亿千米／小时）。〕

这就是为何我们在日常生活中丝毫察觉不到时间膨胀的原因——我们的速度实在太慢了。我们平常所能经历的最快速度（相对于地球）就是商用喷气式飞机的速度，其巡航速度还不到每小时 600 英里（除非你是一名战斗机飞行员或宇航员）。

然而，时间膨胀确实是真实存在的，并且，我们不能忽视它的存在。它是自然的一个基本特征，在它的指引下，人类对宇宙的认知将迎来巨大的转变。

这一次，克拉什和艾迪决定把审视的目光投向赛车的长度。在赛车开始前，他们测量了静止状态下的车身长度，为 28 英尺（约 8.5 米）。

与先前的情况一样，赛车仍以每小时 600 英里的速度在赛道疾驶，站在场外的艾迪在赛车飞驰而过的瞬间对赛车进行了测量。他用秒表记录下车头经过他的时间，再用秒表记录车尾经过的时间，并用赛车速度乘以时间间隔计算出车身的长度。那么，艾迪推算得出的疾驰中的赛车车身长度会是多少呢？

斯塔迪·艾迪测量得到的运动中的赛车长度为 27.999999999989 英尺，与洛伦兹变换的预计结果一致。这个由于相对运动而使测量长度变短的物理现象被称为长度收缩。

"但是这个改变依然很微小。"克拉什说道。

"我知道，这依然是因为赛车的速度与光速相比实在太过缓慢，"艾迪回应道，"不过你必须承认，爱因斯坦说的是对的。时间间隔以及车身长度的改变都是因为赛车的运动。"

以相对论的速度

当物体的运动速度趋近光速时，会产生怎样的效果呢？倘若赛车的速度能够惊人地加速至每小时 580 000 000 英里（约 933 419 518 千米，约为光速的 87%),克拉什和艾迪分别测量出的时间间隔和赛车车身长度又将是多少呢?

想象一下,克拉什正坐进堪比超级火箭的全新赛车,他扣紧安全带,启动火箭发动机,如飞般加速至光速的 87%,之后维持该速度稳定不变。当然了,现在赛道也得换到更为开阔的场地,以匹配赛车的速度。假设新的赛道长度恰好可令艾迪测出的时间间隔依然为 6 秒。

但是,在这样的极限速度下,克拉什测量得到的赛车跑完全程所需的时间又会是多少呢?到达赛道终点的克拉什坐在火箭赛车里,讶异地盯着手中的秒表,上面的读数显示——3 秒,仅为艾迪测得数据的一半!

而后,斯塔迪·艾迪又利用无比精确的秒表以及已知的赛车速度(0.87c)计算出了运动中的赛车长度,得出的数据仅为 14 英尺!赛车的车身长度竟减少了足足一半(见图 4.1)!

静止状态　　　　　　　　　　　　　V = 0.87c

28 英尺长　　　　　　　　　　　　14 英尺长

图 4.1　长度收缩
在运动方向上缩短了的赛车车身。

洛伦兹变换告诉我们,一旦速度接近光速,由于相对运动而引起的时间和距离上的变化就会变得愈加明显强烈。

对于我们在日常生活中可经历的物体运动速度,牛顿运动定律足以解决,至于那些运动速度接近光速的高速实体,那便是爱因斯坦的统辖领域了。

洛伦兹变换

上文克拉什与斯塔迪·艾迪的故事里出现的"测量"数据——克拉什测得的时间间隔与艾迪测得的运动中的赛车车身长度——究竟是如何计算得来的呢?依然是通过洛伦兹变换。洛伦兹变换的核心公式旨在告诉人们时间和空间是如何随着运动的改变而改变的，这道公式被称为洛伦兹因子。让我们来看看它具体是如何操作的。

从艾迪的角度看（以艾迪为参考坐标系），随着赛车高速移动的克拉什的时间过得比他慢。具体慢多少呢？这是由赛车的相对速度与洛伦兹因子共同决定的。因为克拉什的速度为光速的 87%，那么洛伦兹因子就是 0.5。

洛伦兹因子的计算公式，F 等于：

洛伦兹因子 =（1 减去速度的平方值）的平方根

$$F = sqrt\,(\,1 - v^2\,)$$

符号 v 表示的是相对速度与光速之间的比值。

平方根以字母"$sqrt$"表示。某个数字的平方值则等于该数与该数本身的乘积。比如，2 的平方值等于 2 乘以 2 等于 4，3 的平方值等于 3 乘以 3 等于 9。求某个数字的平方根则是求平方值的逆运算。比如，4 的平方根等于 2，9 的平方根等于 3。

所以，如果以我为参考系，你的相对速度为光速的 87%，那么 v 就等于 0.87。当速度 v 等于光速的 87% 时，洛伦兹因子 F 等于：

$$
\begin{aligned}
F &= sqrt\,(\,1 - v^2\,)\\
&= sqrt\,(\,1 - 0.87^2\,)\\
&= sqrt\,(\,1 - 0.75\,)\\
&= sqrt\,(\,0.25\,)\\
&= 0.5
\end{aligned}
$$

因此，克拉什的时间要比斯塔迪·艾迪的时间慢 0.5（即 50%）。我们已知艾迪测量得到的赛车跑完全程所需时间为 6 秒，所以坐在高速疾驰的火箭赛车里的克拉什测得的时间间隔就应该是 6 乘以 0.5 秒，即 3 秒。时间是相对的。

现在我们再来看看长度收缩。克拉什与艾迪分别测量空间中（运动方向上）两点之间的距离，得到的结果并不一致，其间的差异依然是由相对运动的速度以及洛伦兹因子共同决定的。

上文应用于时间膨胀现象的洛伦兹因子公式同样适用于长度收缩，所以，当克拉什的速度为光速的 87% 时，洛伦兹因子仍旧是 0.5 或 50%。因而，斯塔迪·艾迪测得的运动中的赛车长度应是其静止状态下车身长度的一半。静止不动时的赛车长度是 28 英尺，当赛车以 87% 光速的速度疾驰时，艾迪测量得到的长度则为 14 英尺（见图 4.1）。空间也是相对的。

（爱因斯坦提出的时间膨胀与长度收缩公式以及这些公式是如何从洛伦兹变换推导得出的，请详见附录 A。）

对于处于相对运动的人们而言，时间的流动是有差异的；空间中两点之间的距离会随着相对运动状态的改变而改变——倘若你对这些观点依然充满困惑与怀疑，别担心，并非只有你是这样的。在爱因斯坦的狭义相对论论文发表之后，当时的物理学家们也是同样的反应。我们的日常经验、我们的所谓常识在狭义相对论的领域里毫无用武之地，以平常生活中的物体运动速度，这些空间与时间的变换是极其微小而难以为人察觉的。不过，就像爱因斯坦所说的："常识不过是人到 18 岁为止所累积的各种偏见而已。"

通过洛伦兹变换，爱因斯坦还发现，我们通常将一个速度叠加至另一个速度的做法其实是不正确的，这一基于牛顿物理学说的处理方法并不能真实反映现实世界。爱因斯坦再次将世界搅得天翻地覆，他告诉我们，速度的合成并不是简单的相加——它们应以一种永远不能超越光速的方式进行合成。

速度究竟是如何合成的

撰写本书之时，标枪项目的世界纪录保持者是捷克共和国的扬·泽莱兹尼，他的最佳成绩为 98.48 米。与所有标枪运动员一样，扬总是全速跑向起点线，然后掷出标枪。为什么呢？因为助跑的速度可以增加掷出标枪的速度，而标枪的速度越快，掷出的距离自然也就越远。

出于论证的需要，我们暂且假定扬并没有助跑，而是静立在起始线〔见图 4.2（a）〕。在这里，他只利用挥臂速度投掷标枪，并且他的挥臂动作给了标枪每小时 60 英里（约 97 千米／小时）的初始掷出速度。

而后，扬改变方式，助跑冲到起始线，并在奔跑过程中掷出了标枪〔见图 4.2（b）〕。假设他的助跑速度为每小时 20 英里（约 32 千米／小时），我们应该会认为，由于挥臂速度为每小时 60 英里，助跑速度为每小时 20 英里，因此标枪投掷出去的速度应是两者叠加之和，即每小时 80（60+20）英里。

现在假设扬正站立在跑道一端，手里拿着一个激光发射器，你则站在跑道的另一端，想测量射向你的激光光束的速度。此时，静立的扬打开了发射器开关，如预期的一样，在忽略空气影响的情况下，你测得的激光光速为 c（约为每小时 670 000 000 英里）。

现在扬开始做出一些很古怪的行为，他用一根绑带将一个强力的喷气式飞行背包捆在背上，然后手里拿着激光发射器，大声喊道："冲啊！"接着启动飞行背包，以每小时 100 000 000 英里的速度朝你飞去（见图 4.3）。

那么，此时正射向你的激光光束其传播速度又应该是多少呢？艾萨克·牛顿会笃定宣称，把两个速度加起来就行了。这意味着，激光光束眼下正以每小时 770 000 000 英里（670 000 000 + 100 000 000）的速度朝你射去。爱因斯坦却不认同这种观点，其中一个原因是，它有悖光速

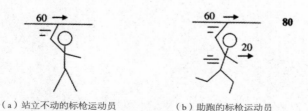

（a）站立不动的标枪运动员　　　（b）助跑的标枪运动员

图 4.2　标枪运动员
（a）挥臂动作给予标枪每小时 60 英里的初始掷出速度。
（b）每小时 60 英里的挥臂速度与每小时 20 英里的助跑速度共同作用，给予标枪每小时 80 英里的初始掷出速度。（所有速度均以地面为参考系。）

不变原理，这个速度已然远超光速，在狭义相对论的框架下这显然是不可接受的。

依照光速不变原理，光束总是以恒定不变的速度——大约为每小时670 000 000英里的光速 c ——趋近任何观察者。事实上，无论扬和激光发射器的运动速度多快，你测量得出的激光光速都是恒定的。根据爱因斯坦的光速不变原理，激光光束的传播速度与激光发射器（即激光的光源）的速度无关。

现在你心底可能会有这样的疑问——为什么计算标枪的初始投掷速度时可将两个速度简单相加，而计算激光传播速度时却不可以？爱因斯坦也曾被这个问题深深地困扰过。"光速的恒定性并不符合牛顿运动定律主张的速度相加原理，"他如此陈述道，"我花了将近一年的时间思考这个问题，却一无所获。"

之后的某一天，爱因斯坦灵感涌现，醍醐灌顶，明白过来牛顿定律下的速度简单相加其实是基于"时间是绝对的"这一假设的，而在他看来，时间应该是相对的，时间流动的速率应取决于相对运动。以这个观点为理论根据，以洛伦兹变换为数学工具，爱因斯坦重新提出了一个基于狭义相对论的速度合成公式——一个既适用于标枪也适用于激光（以及其他所有物体）的公式。

爱因斯坦告诉我们，首先我们可以仿照牛顿力学，把两个速度（这里的速度依然表示为与光速的比值）相叠加。但是，在这之后我们必须用得到的速度总和除以一个"特殊值"——1加上两个速度的乘积。那么，

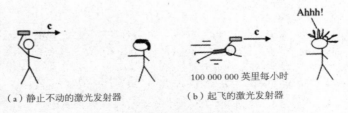

（a）静止不动的激光发射器　　　　　（b）起飞的激光发射器

图 4.3　激光发射器
（a）观察者测得静止的激光光束的传播速度为 c。
（b）观察者测得的飞行中的激光光束的传播速度依然为 c。

这个所谓的"特殊值"又是从何而来的呢？来自洛伦兹变换。（爱因斯坦的速度合成公式从洛伦兹变换推导而来，推导过程详见附录 A。）

下面就来探究一下爱因斯坦的速度合成方法与牛顿的究竟有何不同。我们来看几个例子：

极其低速——对于相对光速而言运动速度极缓慢的实体，只须根据牛顿运动定律将速度简单相加便可得到足够完美的近似值。回想一下前文提及的站立状态下扬手掷的标枪，其初始速度为每小时 60 英里，假如他以每小时 20 英里的速度助跑，那么根据牛顿运动定律，标枪最终获得的初始投掷速度应为每小时 80（60 + 20）英里。不过，爱因斯坦主张，要先把速度折算成与光速的比值，再将两者相加，然后用求得的和除以他提出的那个特殊值——1 加上两个速度的乘积。以这种方法运算所得的结果是每小时 79.9999999999998 英里。

牛顿的简单相加法得出的答案与爱因斯坦的几近无差，就算速度增至每小时几百上千英里亦是如此。这也是我们在日常生活中完全无法察觉到爱因斯坦的洞见的原因。

明显可感知的速度——对于已达每小时几百万英里的速度而言——这些速度与光速的比值已较为显著——牛顿的简便手段已难再有效解决问题。比如若两个速度已分别达到 0.8c（即光速的 80%）和 0.9c（即光速的 90%），按照牛顿运动定律，其合成速度应为 1.7c。

但这个速度显然已远超光速！这时，爱因斯坦的铿锵之言又再次于耳边响起，"再将这个叠加之和除以那个特殊值"——最后得到的结果是 0.998c。这个数值虽巨大，但终究没有大过光速。实际上，按照爱因斯坦的计算方法，任意两个小于 c 的速度其合成结果都会小于 c。

光速 c——如果两个速度之中有一个或两个都是光速，其合成速度又将是多少呢？根据爱因斯坦推导的公式，合成结果总是会等于 c。比如假设两个速度分别为 0.9c 和 c，其合成结果是多少呢？牛顿给出的答案

必然是 $1.9c$，而爱因斯坦计算得到的结果是 c，详细推算过程如下：

两个初始速度分别为：$v_1 = 0.9$ 和 $v_2 = 1.0$。其合成速度 V 为：

牛顿的速度合成公式：

$$V = v_1 + v_2$$
$$= 0.9 + 1.0$$
$$= 1.9$$

爱因斯坦的速度合成公式：

$$V = \frac{v_1 + v_2}{1 + v_1 v_2}$$
$$= \frac{0.9 + 1.0}{1 + (0.9 \times 1.0)}$$
$$= \frac{1.9}{1 + 0.9}$$
$$= \frac{1.9}{1.9}$$
$$= 1.0 \,(\text{即光速 } c \text{ 的 } 100\%)$$

按照爱因斯坦推导的计算公式，任意两个速度的合量都不会超过光速。爱因斯坦的公式巧妙地将所有合成速度都限制在了光速 c 以内。

物理学家为何如此关注速度的合成问题？因为它揭示了自然出人意料的一面——根据狭义相对论，真空中的光速是自然界一切物体运动的最大速度。这是人类科学史上第一次为宇宙万物的运行限定最高运动速度（见图 4.4）。

时间是相对的，空间也是相对的。速度的合成也不是如牛顿所说的那样可以简单相加，因为根据狭义相对论，速度的合成结果不可以超越光速。在 1905 年，这样的诡异观点还很难为大众所接受，不过，在之后

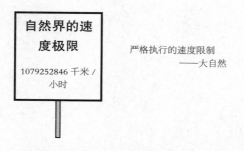

图 4.4　真空中的光速是自然界一切物体运动的最大速度

100 多年的时间里，有越来越多的相关实验和测试观察不断涌现，有力地证明着狭义相对论的公设和数学公式是无比超前而准确的，于是，这些理论逐渐被主流科学界认同采纳，并最终成为现代科学的重要基石。

下一章节

在狭义相对论这册沉甸甸厚重的大书中，最引人着迷但同时也最令人困惑和难以接受的一个概念绝对是"时间是相对的"。爱因斯坦提出，对处于不同运动状态的不同人而言，时间的流动速度并非全然相同，这个观点极大地挑战了我们对于现实世界的基本认识。

在下一章节中，我们将穿越时空，跟随爱因斯坦的脚步，一窥这一非凡洞见的深刻内涵。在这趟旅程里，我们将仔细审视那些深深困扰过爱因斯坦的关键问题，并循着爱因斯坦开拓出的逻辑路径去探寻这些问题的答案。或许在这段行程间的某个瞬间，我们可以捕捉到爱因斯坦的些许灵感火花，从而能够开始感受并理解他的广阔视野与深刻思想。

第 5 章

时间的收缩

这难道还不足以称得上是一场革命吗？
这或许是人类思想史上最伟大的一次变革。

——让·乌尔曼

....

时间是相对的，这个观点的内在含义是，有关时间的所有方面均是相对的。假设现在有一艘宇宙飞船正以 87% 的光速驶离地球，根据洛伦兹因子公式，飞船上时钟的转速会比地球上时钟的转速慢一半。

飞船里勇敢无畏的宇航员其衰老速度也会比地球上等候他归来的家人慢一半；在其他环境条件一致的情况下，飞船上微生物的存活时间比地球上同种微生物的存活时间短一半；一切随时间而变化的物理性质都会受到类似的影响。时钟转速不同只是时间相对性的一个表现。

为了弄清时间膨胀究竟是如何产生的，本章将重现爱因斯坦著名的光钟思想实验，阐明爱因斯坦提出的光速不变原理和相对性原理是如何直接导致时间收缩的，最后还将对若干个在现实中证明了时间相对性的关键实验进行总结。

光钟与时间收缩

在第三章中我们已经清楚地意识到，我们所谓的直觉其实是有误导

图 5.1　就职于专利局的爱因斯坦

性的。爱因斯坦（见 5.1）指出，光的传播速度对于任何观察者而言都是相同的。这一令人震惊的洞见究竟给我们带来了怎样的冲击呢？这个革命性的理念更替全盘推翻了我们对时间本质的已有认知。

让我们来回顾一下爱因斯坦著名的"光钟（光子—时钟）"实验。这个实验是基于物理学中的声音传播原理而展开的，它是一个思想实验，不具备现实可操作性，爱因斯坦这位伟大的物理学家常用此类思想实验来阐释自己的观点。

如图 5.2 所示，光钟实验装置由两块平行摆放的光滑平面镜组成，一个光子（根据布莱恩·格林的《优雅的宇宙》）在两面镜子间来回反射。

光子以光速不停歇地在底部镜面与顶部镜面之间来回振荡，现在不妨做个假设，每当光子击中顶部镜面，就发出一声"嘀"的声响，反射击中底部镜面时，就发出"嗒"的声音，那么，随着光子在两个镜面间来回发射，我们就能听到一连串类似旧式指针时钟发出的"嘀—嗒—嘀

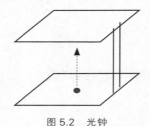

图 5.2　光钟
一个光子在两个平行镜面之间来回振荡。

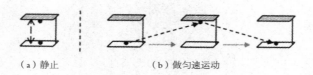

（a）静止　　　　　（b）做匀速运动

图 5.3　静止的光钟与做匀速运动的光钟

（a）光钟静止：光子上下反射；（b）光钟做匀速运动：光子以相同速度沿斜对角运动，因此路径总距离更长，距离越长所需时间越多——运动的时钟比静止的时钟走得慢。

一嗒—嘀—嗒—嘀—嗒—嘀—嗒"的声响。

倘若现在有两套一模一样的光钟实验装置，第一个装置与你相对静止，第二个则正从你的左侧向你的右侧做匀速运动（如图 5.3 所示）。

看一看这两个时钟。从你的角度看，第一个时钟是静止的，所以在这个静止时钟之间来回反射的光子只须做上下运动，而在移动时钟里的光子则须沿对角线运动。所以，移动的两面镜子间反复振荡的光子必须行进更长的距离。

其中的关键点在于，两个光子都是以相同的速度 c 进行运动的。为什么呢？因为根据光速不变原理，光子的速度不受时钟运动状态的影响，所有光子的传播速度均恒定为 c。

但是，移动时钟里的光子必须沿对角线运动，行经的路径显然更长——速度相等而距离更长，这意味着，时间更长！

因此，你会从两个时钟听到怎样的声响呢？与你相对静止的时钟发出的是"嘀—嗒—嘀—嗒—嘀—嗒—"的声音，而处于运动状态的时钟发出的则是"嘀——嗒——嘀——嗒——嘀——嗒——"的声音。为什么呢？因为相对于你而言，在运动的时钟里时间过得比较慢，即是说，在你看来，由于时钟在空间中的相对运动，时间本身的流动放缓了。

光速不变原理使得时间具有相对性

因为处于运动状态的时钟里的光子其运动速度与静止时钟里的光子相同，所以，运动时钟里的光子需要花费更长的时间方能走完路程更长的对角线线路，因而，与静止时钟相比，运动时钟里的时间流动得慢一些，就像爱因斯坦领悟到的，光速不变原理直接导致了时间膨胀现象——运动时钟其"指针"行走的速率比时钟静止时的速率慢。

以更快速率行走的时钟

倘若时钟以更快的速度从左向右运动，又会发生什么呢？随着时钟水平速度的增加，光子在两面镜子之间来回反射所需要行经的距离不断延长，因为对角斜线正变得越来越长。这会引起时钟"指针"行走速率的减缓，从而，使得时间的流动越来越慢。

事实上，运用我们高中所学的平面几何知识（欧几里得几何学与勾股定理），便可计算出运动时钟的水平速度与减慢的时间之间的关系。当我们完成这一切的时候，我们也就得到了应用于时间膨胀现象的洛伦兹变换公式！（详细推导过程请看尾注。）

全新的视角

假设你现在就端坐在"运动"时钟的顶部，那么你看到的将是怎样一番情景呢？以你自身为参考系，你和"运动"时钟处于相对静止状态，而另一个时钟，即前文所述的"静止"时钟则正朝着背离你的相反方向移动。

所以，你将看到，"运动"时钟，即你坐着的这个时钟里的光子正垂直做上下运动。然后你转头去看那个"静止"的时钟，发现"静止"时钟里的光子正以之字形反复运动。因此，从这个全新的视角来看，你坐着的时钟里时间的流速是正常的，而"静止"时钟里时间的流速则较为缓慢。

所以，当你身处那个"运动"的时钟里，你所感知的与你身处"静止"的时钟时所感知的是完全相反的。那么，哪一个视角才是真实且准确的呢？两个都是真实且准确的，因为时间是相对的。

"时间的相对性"这一概念或许一时之间很难为人全盘接受，在努力尝试领会它的过程中，你需要与你的直觉作一场艰苦而决绝的斗争，但它确实是真实存在的，是现实世界的一部分，绝不是某个科学家天马行空的猜想。那么，我们是如何确认其真实性的呢？请看以下的证据。

如雨的 μ 介子

直到 1941 年——距爱因斯坦提出时间膨胀这一观点已有 36 年之久，科学家才首次进行了对时间膨胀的明确测验，这实在令人感到讶异，这一次实验是由科罗拉多州芝加哥大学的布鲁诺·罗希和大卫·霍尔共同完成的；1963 年，麻省理工学院的大卫·弗里希和詹姆斯·H. 史密斯也做了一次类似的实验。这些著名实验都涉及对一种奇异粒子的检测，这种奇异粒子便是 μ 介子。

什么是 μ 介子呢？它的性质与电子（比如带有一个负电荷）相似，但质量比电子大许多，大约是电子质量的 200 倍。

由于质量巨大，μ 介子高度不稳定。它们只能生存几微秒（一微秒等于一百万分之一秒），之后便会自发性地转变为质量较轻的粒子。（一个 μ 介子通常会分解为一个电子和其他称为中微子的亚原子粒子。）

让我们想象一下，假设现在我们的实验室里有一罐刚刚制作完成的 μ 介子，几微秒之后，我们会发现，这些 μ 介子已然消失殆尽，渺无踪影，因为它们已经转化成了质量较轻的其他粒子。物理学家把这个转变过程称为"粒子衰变"。

此时此刻，一阵 μ 介子雨正从地球的上层大气朝我们倾泻而下。那么，它们是如何形成的呢？来自外太空的宇宙射线（大部分是来自太阳的原子核粒子，称为质子）撞击高层大气中的空气分子，碰撞之中会产生 μ 介子，在生成的 μ 介子里，有相当一部分会一直下落至地球表面。

问题在于，从上层大气落至地球表面，这可是一段相当漫长的旅程，按道理来说，大多数 μ 介子是难以坚持完全程而不发生衰变的，然而，科学家们却在海平面位置检测到了大量 μ 介子存在的痕迹。这又是怎么一回事呢?

让我们来看一看 1963 年弗里希 - 史密斯实验所得的一些数据。他们在新罕布什尔州的华盛顿山山顶附近设置了一台 μ 介子检测仪,记录每小时探测到的 μ 介子数量。之后,他们又将实验装置转移到马萨诸塞州的坎布里奇邻近的海平面进行测试。

弗里希和史密斯对比了两个实验的统计数据,旨在弄清到底平均有多少 μ 介子安然无恙地完成了整个旅程(数据统计图如图 5.4 所示)。

为了更好地了解 μ 介子到底经历了什么,我们首先需要考虑它们的"半衰期"。粒子的半衰期指的就是放射性元素的原子核有半数发生衰变时所需要的时间。μ 介子的半衰期为 1.5 微秒。

所以,如果一个罐子里装有 100 个新近生成的 μ 介子,1.5 微秒之后只会剩下约 50 个,倘若再多等 1.5 微秒,罐子里的 μ 介子数量大概就仅有 25 个了,以此类推。换句话说,每过 1.5 微秒,μ 介子的数量就会锐减一半。

在弗里希 - 史密斯的 μ 介子实验中,设置在华盛顿山山顶附近的 μ 介子检测仪的测量数据显示,该地的 μ 介子数量比率为 570 个 / 小时。而根据 μ 介子的运动速度($0.994c$)以及半衰期,海平面处的 μ 介子数量预期应为 36 个 / 小时,也就是说,即便下落速度高达 $0.994c$,

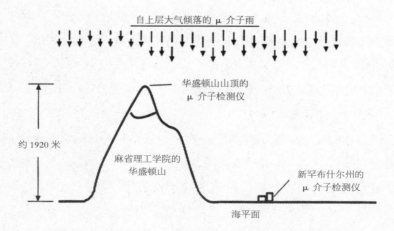

自上层大气倾落的 μ 介子雨

华盛顿山山顶的
μ 介子检测仪

约 1920 米

麻省理工学院的
华盛顿山

新罕布什尔州的
μ 介子检测仪

海平面

图 5.4 华盛顿山山顶与海平面处的 μ 介子数量差异证明了狭义相对论

大部分 μ 介子依然难以坚持走完从华盛顿山顶到海平面这一段长达约 1920 米的漫长距离。

那么，科学家在海平面处检测得到的实际数据又是多少呢？ 412 个 / 小时！预计数量的 11 倍有余！如此多的 μ 介子究竟是如何"幸存"下来从而安全地到达地球表面的？

也许你已经猜出答案了——没错，其中的"奥秘"就在于时间膨胀。为了更容易地理解这一点，我们可以假设每一个 μ 介子旁都伴有一个迷你时钟随它一起运动，而爱因斯坦已经告诉我们，这些"μ 介子时钟"其"指针"行走的速率慢于地面上的"静止"时钟。

为什么呢？因为 μ 介子的运动速度高达 0.994c（相对于地面），以 μ 介子的视角看（以它们自身为参照系），下落至地球表面期间所流逝的时间并不多，即是说，由于高速 μ 介子的运动，时间本身已然放缓了脚步，因此 μ 介子拥有更长的生存时间，之后才转变（衰变）为质量更轻的粒子。

狭义相对论预测，在海平面处的 μ 介子数量大致应为 428 个 / 小时，弗里希和史密斯的实际检测数据则为 412 个 / 小时，两者高度一致。这个实验获得了成功（之前的罗希 – 霍尔实验同样取得了成功），用实质证据表明，时间膨胀的确是真实存在的物理现象。

后来的许多测试也验证了这些结论的真实性与可靠性。1966 年，CERN——拥有世界上最大的粒子加速设备——的物理学家们利用受严密控制的实验环境对时间膨胀现象进行了极其精确的测量。实验结果显示，以 99.7% 的光速进行运动的 μ 介子其存活期延长了 12 倍。这个数据与狭义相对论的预测结果仅有 2% 的误差。

1985 年，芬兰赫尔辛基理工大学的马蒂·开佛拉带领其实验团队利用高速运动的氖原子检测时间膨胀效应，最终的实验结果与爱因斯坦的预测之间的误差只有惊人的百万分之四十；1992 年，美国科罗拉多州立大学进行的实验又将精确度推进到少于百万分之三；2005 年，海德堡的马克斯·普朗克核物理研究所以锂离子为实验对象，创下最高的精确度——与狭义相对论的预计结果仅存在一百亿分之二的误差。

火箭上的时间与地球上的时间

好的，现在我们已经知晓，时间膨胀的确是切实存在的，无论是自地球大气层下落的 μ 介子的衰变率，还是放置在航天飞机和火箭里的原子钟（详细介绍请看第十一章），抑或是一些设计精密的实验室实验，我们都能从中窥察到时钟膨胀所带来的影响。

事实上，在迄今为止已完成的所有实验、观测或测量活动中，无一不能证实爱因斯坦关于时间膨胀现象的预测，虽然它有违我们的直觉，但它确实是正确的，时间的确会随着运动而减缓流动的速度。

为了进一步感知这一现象所能造成的极端影响，我们暂且假设我们的朋友克拉什正乘坐一艘速度可达光速的火箭飞船离开地球，他随身带着一个时钟，每逢整点，这个钟就会以无线电信号的形式发出短促的"嘟嘟"响声。

而他的伙伴斯塔迪·艾迪则继续留在地球，同样拿着时钟以及一个无线电接收器，负责接收克拉什周期性发来的"嘟嘟"声，并与自己的时钟进行对比。

艾迪必须考虑到的一点是，随着火箭载着克拉什逐渐远离地球，发射的无线电信号传播的距离也越来越长，因此，艾迪设计了一个电脑程序以计算火箭与地球之间的距离，如此一来，艾迪就可以剔除距离的影响，准确判定克拉什发送的无线电信号之间的时间间隔。（为简便起见，我们将忽略不计多普勒效应对于艾迪在地球检测到的时间间隔所可能带来的影响。）

假若牛顿知悉这个实验，想必他会做出这样的预测：一旦校正了距离所带来的影响，地球上的信号接收器应该每隔一个小时就能收到一次信号。为什么呢？因为根据牛顿的物理学说，时间是绝对的，即时间膨胀是不存在的。

爱因斯坦则做出了截然不同的预测，他认为，以地球人的视角来看，火箭的运动势必影响相同时间内接受信号的数量，且其数量由洛伦兹因子决定。

根据狭义相对论,火箭上的时间流动远慢于地球上的时间流动。在作为火箭乘客的克拉什看来,时间的流动速度是正常的,但在留守地球的艾迪看来,火箭上的一切活动都是在以慢动作进行的。因此,火箭上的克拉什所认为的一小时,对于地球上的艾迪而言,其实是一段更加漫长的时间。

所以,认真记录每个火箭发射信号的艾迪将看到怎样的情况呢?他检测到的"嘟嘟"声之间的时间间隔要长于克拉什所认为的时间间隔。而且,克拉什搭乘的火箭速度越快,艾迪在地球上检测到的信号之间的时间间隔就会越长。(总结见表 5.1)

让我们来看看几个例子:

日常速度——假设克拉什乘坐的火箭正以相对地球每小时 670 英里(约 1078 千米/每小时,约为光速的百万分之一)的均匀速度航行,这个速度与喷气式商务飞机的巡航速度大致相当。

表 5.1　火箭上一小时的时间间隔在地球上将膨胀至更长的时间间隔

火箭速度(英里/小时)	火箭速度 v 与光速的比值	洛伦兹因子的倒数 $1/F = 1/sqrt\,(1 - v^2)$	地球上记录的时间间隔(时:分:秒)
670	0.000001	1.0000000000005	1:00:00
16 000 000	0.024	1.000285	1:00:01
168 000 000	0.25	1.0329	1:01:59
336 000 000	0.5	1.1555	1:09:20
503 000 000	0.75	1.5120	1:30:43
604 000 000	0.9	2.301	2:18:05
670 000 000	0.99999	225	224:54

此时的洛伦兹因子倒数仅为 1.0000000000005,所以,当火箭上的时钟走过一小时,地球上艾迪的时钟读数也为 1 小时 00 分 00 秒。在这个速度下,时间膨胀的效力太过微弱,艾迪的时钟读数还无法显露其威力。

相对论级别的速度——随着火箭的速度向上飙升,洛伦兹因子的倒数也急剧增加。倘若克拉什所乘的火箭能够以 99.999% 的光速在太空疾驰，洛伦兹因子的倒数将急升至 225。

这意味着，此时火箭上一小时的时间间隔在地球上将被记录为 225 小时！在此速度下，克拉什和火箭上一切事物的老化速度将会是地球上所有事物的 1 /255。

光速——假设火箭的速度可以达到光速，在这种情况下，在地球上记录下的时间间隔（对应火箭上的一小时）将趋近无穷大，但与此同时，火箭上的克拉什并不会感觉到时间的流动有何异常，从他的角度看，时间的流逝与平常毫无二致——不管他是以何种速度进行匀速运动的。因为根据伽利略和爱因斯坦的相对性原理，只要火箭做匀速运动，位于火箭内部的克拉什就无从判定他究竟是处于运动状态还是静止状态。

事实上，火箭的运动速度是不可能达到光速的。根据狭义相对论，这是不可能发生的事情。为什么呢？一方面，具有质量的物体须耗费无穷多的能量方能令运动速度增至光速（这一点在第七章将做详述），而无质量的粒子，如光子，却可以也确实是以光速进行传播。

那么，当光子以光速在真空中传播时，又会发生什么呢？此时的洛伦兹因子倒数为无穷大，这意味着，以光子的视角看，一切时间皆是同时发生的！因此，光子从不曾经历老化或衰变，光子"时钟"的指针也将永远保持静止。对于光子而言，时间的河流是冻结的。

光子与长度收缩现象又是怎么一回事呢？假设现在有一个太阳放射的光子正朝地球趋近，在地球居民看来，这段约约 1.5 亿千米的旅途大概需要花费 8.3 分钟，但是，以光子的角度来看，光子自身是静止不动的，地球则正以光速朝它运动。

这一光速下的长度收缩将地球与太阳之间的距离降低至 0，换言之，对于光子来说，这趟从太阳到地球的旅程在瞬时之间业已完成。

第 6 章

过去、现在与未来的错觉

过去、现在与未来之间的所谓界限其实只是一种错觉，
而这种错觉在人类思维里早已根深蒂固。
——阿尔伯特·爱因斯坦

在阿尔伯特·爱因斯坦 1905 年发表的狭义相对论论文中，他曾做出一个预测，而这个预测被后人赞誉为"人类对现实的本质最深刻的理解之一"。他认为，在你看来是同时发生的事件在他人看来未必是同时发生的。

比如假设你正搭乘一辆处于匀速运动状态的只有一个车厢的汽车，你观察到两个闪光灯泡（一个装在车后，一个装在车前）同时熄灭了，而此时的我正站在路边，看着你乘坐的汽车从我身旁经过。

那么，两个车灯在我看来是否也是同时熄灭的呢？不是的。按照爱因斯坦的理论，我看到的两个车灯是先后熄灭的。对于你而言是同时发生的事件在我看来并非如此，换句话说："对于时间和同时性，并不存在绝对的通用定义。"

我们对于所谓真实的认知再次发生了天翻地覆的变化，又一个我们笃信的关于现实世界的假设被颠覆了。而这一非同寻常得令人难以置信的现象正是爱因斯坦提出的那两个公设所导致的直接结果。

"向前国"与"向后国"的和平协议

如果两个事件发生于同一时刻，我们就称它们为同时事件。信奉牛顿学说的物理学家会告诉我们，在某一观察者眼中是同时发生的事件，在其他任何观察者看来必然也是同时发生的。爱因斯坦则提出了相反的见解，他认为，事件的同时性是受相对运动的影响的。

我个人认为，物理学家布莱恩·格林在其著作《优雅的宇宙》中对所谓"同时性的相对性"的阐释最为清晰、简明。假设现有两个毗邻的国家，"向前国"与"向后国"，它们常年四季处于交火战争状态，经过长达数年的艰辛谈判，双方领导人最终达成一致意见，同意签署一份和平协议。

为确保公平，两位总统将在同一时刻签署条约。他们分别坐在一张长桌的两端，长桌的中点上方吊挂着一盏白灯，在白灯亮起的瞬间，两位领导人将同时落笔签字。由于两位领导人与白灯间的距离相等，所以他们认为，他们将同时看到白灯亮起，也因此，可在同一瞬间签下协议。

同时，两位总统还决定要在一辆四面都是玻璃墙的特制汽车里举行和平协议的签署仪式，而且，这个特制汽车还将开到两国边境线（边境线是一条平直大道），这样一来，两国人民就都能见证这个历史时刻。许多国际媒体应邀到场报道这一盛事，车辆内部和道路两旁都安装了摄像机。

一切都已安排妥当。汽车沿着笔直的边境公路匀速前行，两位领导人手中执笔，端坐在车内，此时，长桌上方的白灯接通了电源，两位总统见到灯亮，即刻低下头，郑重地在协议上签下姓名。

一起搭乘专车的高官们看到向前国和向后国的两位总统同时落笔签了协议，移动中的车辆内顿时充满了欢呼庆贺的轻快声音。

但是，路边的围观群众里却突然爆发出阵阵骚乱。向后国的人们义愤填膺地声称，他们看到向前国的总统比他们的总统提前下笔签字了，驻扎在路边的媒体记者和摄影师们也都纷纷附议。

随后，各新闻媒体聚集在附近的演播室里，试图弄清事情的真相。他们把车内摄像头拍摄到的画面与架设在路边地面的摄像头拍摄到的画面放在一起进行比较，车内摄像头摄录下的画面显示，两位总统的确是同时落笔签署协议的。然而路边的摄像头却清晰地捕捉到，向前国总统下笔的时间要略微先于向后国的总统。在场所有人的脸上都露出了难以置信的表情——怎么可能发生这种事情呢？

为了弄明白事件的原委，必须分别从两个角度——移动车辆里的观察者（以车辆为参考坐标系）和路边的观察者（以路面为参考坐标系）——来审视签字的那一刻。

以车辆为参考坐标系——由爱因斯坦的光速不变原理我们可知，在身处匀速运动的车辆内的乘客看来，车辆内部的一切事物均为静止状态。如图 6.1 所示，两位总统分别坐在长桌的两端，向前国的总统菲利希亚·法克沃德面朝前方，我们暂且简称她为 F，而向后国的总统波拉特·巴达诺夫则面朝后方，我们暂且称他为 B。

灯泡接通了电源，光以相同的速度 c 向四面八方传播。因两位总统与灯泡之间的距离相等，所以，灯泡放射的光束将同时到达他们所在的位置，也因此，两位总统可同时看到光并且同时签署协议。

以路边为参考坐标系——从站在路边的观察者的视角看，灯泡变亮的那一瞬间，车辆正从左至右做匀速运动，因此，向前国总统（F）的运动方向趋近光束，所以光线到达 F 的传播距离将有所缩短，同时，向后国总统（B）则朝着远离光束的方向运动，所以光束到达 B 的传播距离将有稍许延长（见图 6.2）。

这其中的关键点在于，根据爱因斯坦的光速不变原理，光的传播速度是不受车辆的运动速度所影响的，因此，光从始至终都会以速度 c 进行传播。由于光的传播速度不变，但光到达 F 的传播距离较短，所以光束将更早到达 F，因此，F 将比 B 先签字。也就是说，以路边为一参考坐标系时，两位总统的落笔签字并不是同时发生的。

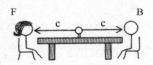

图 6.1　以汽车为参考坐标系
光同时到达两位总统处。

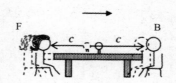

图 6.2　以路边为参考坐标系
灯泡到 F 的距离较短，光线更早到达 F 处。

　　情况确实如此吗？让我们来看看摄像头录下的画面。图 6.3 所示为车辆内部的摄像头所拍摄的画面（为方便理解，增画了光束的传播路径）。车内的官员、媒体记者以及摄像头依次观察到以下画面：（1）灯亮；（2）光束以匀速向四面八方传播开去；（3）光束同时到达两位总统处；（4）两位总统同时落笔签字。所以，两人的签字行为是同时发生的。

　　图 6.4 所示的则是路边的摄像头摄录下的画面。由于光速的不变性与车辆的相对运动，这次的顺序有所不同：（1）灯亮；（2）光束以匀速

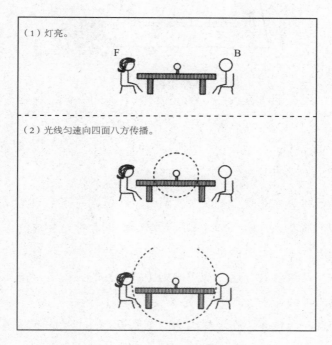

图 6.3　车内的视角
两位总统同时看到灯亮，因此同时签字。
（可在 marksmodernphysics.com 观看关于"同时性的相对性"的动画演示。）

向四面八方传播开去（光的传播速度不受车辆运动的影响）；（3）由于 F 正趋近光线而 B 正远离光线，所以光线先到达 F；（4）F 先于 B 落笔签字。所以，两人的签字行为并非同时发生。

图 6.4 路边的视角

F 先于 B 看到光，所以先于 B 签字（未按比例绘制）。

（可在 marksmodernphysics.com 观看关于"同时性的相对性"的动画演示。）

总结

对于同在车内的观察者而言，两位总统是同时下笔签协议的，但在路边的观察者看来，两人却并非同时落笔。同时性是相对的。处于相对运动中的观察者对于事件是否同时发生是无法取得一致意见的。牛顿提出的"时间是绝对的"这一观点遭到了毁灭性的打击。宇宙间并不存在普遍适用的时钟。

这个现象源自爱因斯坦提出的两个假设：（1）光的传播速度与光源的速度无关；（2）匀速运动是相对的。

倘若在路边围观签字仪式的群众中，有一人决定跟随汽车跑动，又会发生什么情况呢？我们暂可假定这位围观群众有能力跟上总统专车的运动速度，如此一来，他将与专车处于同一参考坐标系，那么，这位观察者将同车内的观察者一样，看到两位总统同时落笔签署协议。

站在路边的观察者见到向前国总统率先下笔，而以与汽车相同的速度沿着路边奔跑的观察者看到的则是两位总统同时落笔的画面，这样的情况未免太过诡异。因此，决定观察者看到的两个事件是否同时发生的是相对运动。

对于两个处于相对静止状态的观察者来说，如果其中一人见到两个事件是同时发生的，那么，另一个人也必然观察到两个事件同时发生。然而，倘若两个观察者之间存在相对运动，那么当其中一个观察者发现两个事件是同时发生的，另一个观察者未必会看到同样的现象。

谁的视角才是正确的呢？都正确，因为同时性是相对的。

就像时间与空间的相对性一样，在日常速度下，同时性的相对性所带来的影响也是极其微小的。当然了，要不是如此，早在爱因斯坦之前应该就有先人发现这一现象了。

若是伽利略和牛顿能够听闻这一理论，他们又会做何反应？他们应该会同意爱因斯坦的部分结论，即汽车上的观察者看到两名领导人的签字行为是同时发生的，但对于结论的后半部分，按理他们应会竭力反对，并断定路边的观察者同样也会看到两名领导人同时落笔签字。为什么会做出这样的推断？因为他们笃信，光的传播速度会受汽车运动的影响。

在他们的设想中，站在路边观测时，向后传播的光的速度会因汽车正朝相反方向运动而减缓，而向前传播的光的速度会因汽车正朝相同方向运动而增加。

向后传播的光传播的距离较短，但其速度较慢，而向前传播的光传播的距离较长，但其速度较快，所以两相抵消之下，最终 F 和 B 将同时看到光束。

但爱因斯坦觉察到了一些伽利略和牛顿从未曾了解过的真相，即光速是绝对的，它不受汽车运动状态的影响，也就是说，无论朝哪个方向传播，光速都是相同的。所以，F 先于 B 看到光，因此也先于 B 落笔签字。同时性的相对性是爱因斯坦的光速不变原理引起的直接结果。

而这个结论又将引领爱因斯坦走进另一个有关时间本质的新世界，在那个新世界里，爱因斯坦将试图探索我们究竟该如何定义"现在"以及"过去与未来"。

时态与紧张

对于人类而言，关于"现在"的经历总承载着一些特殊的意义，它与"过去"以及"未来"具有本质上的不同，但这个意义重大的不同之处并不存在于物理学的范畴内……这个事实虽叫人心痛但却又无可避免。

——阿尔伯特·爱因斯坦

我们暂且将"现在"定义为两位总统落笔签字的那个瞬间，想必汽车上的其他官员和媒体记者也会同意这个界定。但是，路边的围观群众对此会有什么想法？他们眼中的"现在"又是哪个时刻？既然他们看到向前国总统提前落笔，那我们不妨将这个时刻称为他们眼中的"过去"，同时，他们看到向后国总统较迟签字，因此我们可以将这个时刻称为他们眼中的"未来"。

路边群众认知中的"现在"与乘车者眼中的"现在"其实是有区别的，同时性的相对性严重混淆了我们的时态概念。

现在就让我们更细致地探讨一下这个问题。

对于坐在车上的人——我们可将两位总统同时签字的那个瞬间定义为"现在"或当下，因此，在这个参考系中，"过去"就是指两位总统坐等光束抵达眼底这段时间（或签字之前），而"未来"就是指两位总统一起签字之后。

对于站在路边的人——对于站在地面的围观者而言，所谓的"过去""现在"和"未来"又是什么呢？我们无法将两位总统签字的瞬间选定为他们共同的"现在"，因为站在地上的观察者看到的两位总统签字的时刻是不同的，所以我们不得不选定另外一个"现在"。"现在"是相对的！我们不妨选取 F 签字与 B 签字之间的中间时间点为路边围观者的"现在"，在这种情况下，F 签字就发生在"过去"，B 签字则发生在"未来"。

如此一来，站在路边的人们的"过去"、"现在"和"未来"就全然不同于车上人们的"过去""现在"和"未来"！（总结见表 6.1）

表 6.1　过去、现在以及未来均是相对的！它们对于处于相对运动的各观察者而言是不同的
（中点指的是 F 签字与 B 签字之间的中间时间点。）

参考坐标系	过去	现在	未来
移动的车辆	两人签字之前	两人签字的瞬间	两人签字之后
地面	F 签字	中点	B 签字

这样古怪的情形未免会引起人们的犹疑：我们所说的"现在"究竟意味着什么？我的"现在"未必是其他人的"现在"，因为时间和空间是相对的，所以处于相对运动的观察者们"对于任一时刻发生的事情会有不同的感知，因此他们对现实的认知也有所差异"，布莱恩·格林这样解释。换句话说，若你与其他观察者之间存在相对运动，那么，你的"过去"有可能是其他某些观察者的"现在"，而某些对于你而言是尚未发生的"未来"事件，在另一个观察者看来却是已然发生的事件。

哪一方的观点是正确的呢？没有哪一位观察者的"现在"具有更高的重要性和优越性，它们同样正当、有效，因为时态是相对的。

所以，不仅时间是相对的，同时性也是相对的。支撑起爱因斯坦构筑的相对论世界的第三根理论支柱是，空间也是相对的。在测量空间中两点之间的距离时，长度收缩现象显露无遗。

速度越快，长度越短

爱因斯坦告诫我们，我们不应把某个物体的长度看成一个绝对不变的事实。更确切地说，长度应当是"物体与测量者之间的关系"。与时间

一样，长度的测量结果取决于物体与观察者之间的相对运动。

为了对长度收缩有定量化的认知，我们不妨再次请出那位英勇无惧的赛车手克拉什，假设他再次搭乘火箭，以相对论级的速度向外太空飞驰，而他的好搭档艾迪依然留守地球完成测量工作，只不过这一次，他关注的现象不再是时间的膨胀，而是空间的收缩。

克拉什的火箭体量巨大，静止状态下从头至尾总共 100 码（约 91.4米）长，约等于一个足球场的长度（尺寸与送宇航员上月球的土星 5 号运载火箭大致相当），直立在发射台上，测量得到的高度大约相当于 25层楼高。

克拉什以不同的均匀速度多次经过地球，斯塔迪·艾迪在地球上使用最精良的高倍望远镜观察克拉什的火箭。那么，他对火箭长度的测量结果又如何呢？留在地球的艾迪发现，火箭的长度会随着其运动速度的变化而变化。事实上，从艾迪的视角看，火箭经过地球的速度越快，其长度就越短，而缩小的具体长度由洛伦兹因子所决定（总结见表 6.2）。

表 6.2　火箭的 100 码长度因相对速度发生收缩

火箭速度 （英里 / 小时）	火箭速度 v 与 光速的比值	洛伦兹因子 $F = sqrt\,(1 - v^2)$	100 码收缩至
670	0.000001	0.9999999999995	100
16 000 000	0.024	0.9997	99.97
168 000 000	0.25	0.968	96.8
336 000 000	0.5	0.865	86.5
503 000 000	0.75	0.661	66.1
604 000 000	0.9	0.435	43.5
670 610 000	0.99999	0.0044	0.44

下面让我们对这一问题进行更详细的分析。

日常速度——克拉什首次经过时，火箭的巡航速度仅为每小时 670英里（约 1078 千米 / 小时），与日常商务飞机大致相当，大约为光速的百万分之一。在这一速度下，长度收缩效应十分细微，艾迪的测量仪器无从捕捉（也正是因为如此，在日常生活中我们难以察觉长度收缩现象

存在的痕迹)。

相对论级别速度——随着火箭速度的飙升，这一效应也变得越来越显著。当运动速度增至光速的一半，艾迪测量得到的火箭长度仅为 86.5 码（约 79 米）；当速度逼近光速，达到 0.99999c，原本长度有 100 码的火箭竟被压缩至 0.44 码（约 0.4 米）。在艾迪眼中，从前足球场大小的火箭如今居然仅有 16 英尺长！

但对于火箭中的克拉什来说，一切都很正常。请注意，克拉什做的是匀速运动，因此，以他自身为参考系，火箭和火箭内部的其他事物均处于静止状态，所以，从他的视角出发，火箭内部并不存在任何"空间收缩"现象。

物理学家们设想遍了所有与爱因斯坦的长度收缩有关的情况，"仓库－撑杆悖论"就是其中的一个典例。接下来就让我们来看一看这个趣味十足而又极富启发性的思想实验吧。

撑杆缩短了

转眼已是公元 2323 年。冒险者戴夫七世是某著名摩托车特技表演者的七世孙，他计划进行一场足以叫所有人惊诧的表演，以展现爱因斯坦预言的长度收缩现象。他打算向全世界观众表演如何将一根 18 英尺（约 5.5 米）长的撑杆装进一个仅有 10 英尺（约 3 米）长的仓库。

假如戴夫与仓库处于相对静止状态，那他当然无法将撑杆塞进仓库，毕竟撑杆的长度几乎是仓库长度的两倍（图示见图 6.5）。但是，根据爱因斯坦的理论，只要运动速度足够高，撑杆就会收缩到可以适应仓库的长度。

所以戴夫在背上绑了一个喷气单人飞行器，并将飞行速度设定为 0.886c，大致为每小时 580 000 000 英里（约 9.3 亿千米／小时）。他将 18 英尺长的撑杆绑在强壮的胳膊上，启动飞行器，猛地向前一蹿，朝仅有 10 英尺长的仓库飞驰而去。

仓库的前后门都开着，不过，戴夫的助手们会在撑杆完全进入仓库之

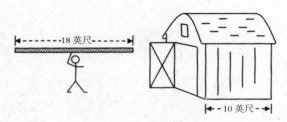

图 6.5 处于相对静止状态的冒险者戴夫、撑杆与仓库

后,即刻将两扇门合上,以证明撑杆确实已经装进仓库,之后,立即将后门打开,让戴夫带着撑杆离开仓库(关门与开门的动作应极其迅速)。

以仓库为参考坐标系——从仓库的角度看,撑杆此时正以恒定速度 $0.866c$ 朝其运动。正如第四章所示,这一速度下的洛伦兹因子为 0.5,所以 $0.886c$ 的相对速度将引发 50% 的长度收缩,所以,站在仓库的视角看,朝它疾飞而来的撑杆已从原来的 18 英尺长压缩至 9 英尺(约 2.7

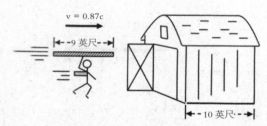

(a)以仓库为参考坐标系。处于运动状态的撑杆收缩至 9 英尺,因此可装进仓库!

但是:

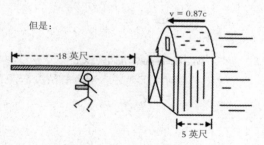

(b)以撑杆为参考坐标系。处于运动状态的仓库收缩至 5 英尺,因此无法容纳撑杆?

图 6.6 撑杆 – 仓库悖论
分别从两个参考系审视。

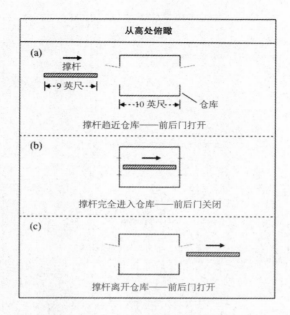

图 6.7　以仓库为参考系：撑杆 – 仓库事件发生顺序

米)。在这一速度下，10 英尺长的仓库完全能够容纳收缩后的仅有 9 英尺长的撑杆〔如图 6.6（a）所示〕。

　　然而，事情真的如此简单吗？也不完全是。我们还得从撑杆的视角来审视一下这个稍显疯狂的特技表演。

　　以撑杆为参考坐标系——从撑杆的角度看，其自身处于静止状态，而仓库正以 0.886*c* 的速度朝它趋近〔见图 6.6（b）〕，所以，以撑杆的视角出发，仓库已从 10 英尺长收缩至 5 英尺（约 1.5 米）长。注意，在这一参考坐标系中，撑杆是处于静止状态的，所以，它依然保持 18 英尺的长度不变。

　　所以，问题来了，18 英尺长的撑杆如何能装进只剩 5 英尺长的仓库？

　　以仓库为参考系，撑杆能够装进仓库；以撑杆为参考系，撑杆无法装进仓库。戴夫的助手怎么可能做到在撑杆完全进入仓库之后再关上仓库的前后门？

　　难道我们找到了狭义相对论的矛盾漏洞？难道我们可就此推翻天才的爱因斯坦博士的伟大论著？不然。爱因斯坦再一次找到了解决问题的

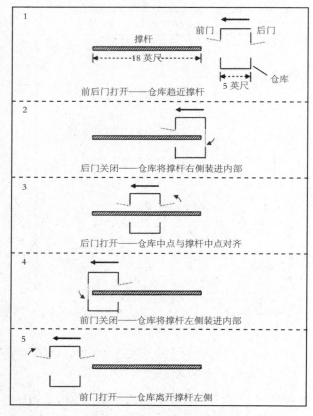

图 6.8　以撑杆为参考系　撑杆 – 仓库事件发生顺序

出路：

　　仍旧以仓库为参考坐标系——图 6.7 显示的是以仓库为参考坐标系下的事件发生顺序的鸟瞰图。此时，静止的仓库长 10 英尺，高速运动的撑杆长度缩减了一半，仅为 9 英尺。

　　位于仓库内部的观察者将看到：（a）撑杆以 0.866c 的匀速向仓库运动，此时仓库的前后门均打开；（b）撑杆完全进入仓库，助手们同时关上仓库的前后门；（c）助手打开仓库前后门，持续前行中的撑杆离开仓库。注意，此时仓库前后门是同时关上的，这是问题的关键所在。

再次以撑杆为参考坐标系

现在来看一下以撑杆为参考系下的事件发生顺序鸟瞰图（见图 6.8）。在这一情况下，撑杆处于静止状态，长 18 英尺，仓库则被压缩至一半长度，仅剩 5 英尺。

撑杆和冒险者戴夫眼中的事件顺序如下：（1）仓库趋近撑杆，此时，仓库前后门保持开启；（2）仓库一包围撑杆右侧，助手立即关闭后门；（3）撑杆中点与仓库中点正对齐时，另一名助手即刻打开后门；（4）仓库围住撑杆左侧后，助手立刻关闭仓库前门；（5）助手打开前门，仓库离开撑杆左侧。

请问你在说些什么？在上一部分难道我们不是已经言明，仓库的前后门是同时关闭的？现在又变成，助手先关上后门，之后再关上前门了？到底哪种说法才是正确的？两种说法都无误——因为同时性是相对的。

就像先前描述的总统签字仪式一样，在某一个参考系中同时发生的事件在另一参考系中未必也是同时发生，所以，以仓库为参考系的情况下，仓库前后门是同时关闭和同时开启的，但这并不意味着，以撑杆为参考系的情况下，情况也必然如此。

你明白过来了吗？从仓库的视角看，仓库的前后门同时开启，又在撑杆完全进入仓库的那一刻同时关闭，但从撑杆的角度看，后门先关闭、而后开启，在仓库运动通过撑杆的过程中，前门再关闭、开启——这一系列动作并非同时发生的！

聪慧过人的阿尔伯特·爱因斯坦又一次奏响了凯歌。这个与当时主流物理学界几乎无交流的年轻隐士，竟然凭借自身的努力提出了狭义相对论这样意义深远、涵括万物的伟大理论，简直令人惊叹。

是的，洛伦兹和菲茨杰拉德确实推导了一些极具实际应用价值的数学公式，而且，他们与法国物理学家亨利·庞加莱也提出过某些与狭义相对论相类似的主张，但是，唯有爱因斯坦实现了完整而系统的理论突破与跨越。正如物理学家基普·索恩所言，爱因斯坦拥有"他人无法企及的无比清晰的逻辑思辨"，仅凭一己之力，便挣脱了牛顿物理学说的枷锁束缚。他的勇敢与智慧实在值得人们敬畏与尊崇。

　　或许现在的你依然满腹疑惑，或许你心底仍旧盘桓着许多疑问：空间本身到底是如何实现收缩的？时间又是如何实现膨胀的？爱因斯坦深刻地思索着他提出的理论所蕴含的物理意义，最终，在严格的实证主义观点"现实仅是我们测量所得的结果"的指导下，他找到了答案。

"时间"和"空间"究竟是什么

　　通过以"手表上指针的位置"替代"时间"，一切有关定义"时间"的困难似乎都可迎刃而解。

——阿尔伯特·爱因斯坦

　　在专利局工作期间，阿尔伯特·爱因斯坦开始与伯尔尼大学的哲学系学生莫里斯·索罗文和苏黎世工业大学已毕业的数学系学生康拉德·哈比西特定期碰面，这两人在 1901 年看到爱因斯坦发布的应征数学与物理家庭教师的广告，萌生了兴趣，意气相投的三人很快成了挚友。他们的日常三重奏里洋溢着滔滔不绝的讨论以及涵盖古典、科学、哲学的阅读分享，有时，他们也会嘲讽当时主流学院派科学家们的傲慢与古板，并将他们的三人小团体称为"奥林匹亚科学院"（见图 6.9）。

　　他们一起阅读过的众多书籍中，就有 18 世纪苏格兰经验主义者大卫·休谟和 19 世纪澳大利亚物理学家、哲学家恩斯特·马赫的著作。在休谟看来，时间本身*"并非绝对的存在……它独立于那些我们用来测量并定义时间的看得见的物体（如时钟）"*。[1]

　　马赫也对牛顿的绝对时间观和绝对空间观提出了"严厉的批判"，因为时间和空间本身是非人为可测量的概念。爱因斯坦从这些论著（和其他一些作品）中汲取养料，逐渐树立起了属于自己独立的科学哲学观，

---

[1]　斜体字为作者修改版文字。

图 6.9 "奥林匹亚科学院"
阿尔伯特·爱因斯坦与其挚友哈比西特（左边）和索罗文（中间）。摄于 1903 年。

深刻地影响了日后相对论理论的发展。

　　爱因斯坦信奉这样一个理念，即没有什么能够超越我们的观察和测量所得。这位年轻的专利局审查员将时间简练地定义为"你在时钟上看到的读数"，又将空间定义为"测量得到的两点之间的距离"。在这些"操作化"定义之上，爱因斯坦认为，所谓时间和空间的概念其实只不过是人类思维的创造物而已。

　　换句话说，时间是相对的——物体运动速度的快慢取决于观察者的运动状态，它是可测量的，而在我们固有的认知中，时间只是一个抽象概念。

　　爱因斯坦对"空间"的看法与此类似。空间究竟是什么？这个看似简单无比的问题自古便深深困扰了一代又一代的哲学家和科学家。

　　我们总是把空间想成一种刻板不变的事物，并拘泥于此。我们会本能地认为，假如使用足够精确的设备并足够仔细地对空间中两点的距离进行测量，我们应当可以得出可信赖和可复验的数据，并且合理地认为，假如换一个人使用同样的设备、以同样的态度进行测量，肯定也会得出与我们一样（或极度接近）的测量数据。

　　然而，现代物理学一次又一次地告诫并警示着我们，必须小心谨慎地对待我们的"想当然"，我们的日常生活经验和直觉往往是不可靠的。对于空间亦是如此。

　　1905 年，爱因斯坦正式提出，空间中相同两点之间的距离并非对所有观察者都是一致的。就像时间间隔一样,"空间间隔"也是相对的。对于一个处于运动状态的观察者而言,空间中两点之间的距离会沿着运动的方向发生收缩。

但是,空间又是如何收缩的呢?对于相对运动速度不同的若干观察者,空间的收缩程度不同,这一切又是如何发生的?爱因斯坦认为,"空间"本身不存在,存在的只有两点之间的距离。两点之间的距离是可测量的,虽然对于不同的观察者测量的结果可能存在差异。

爱因斯坦告诫我们,我们必须把时间和空间仅仅当作时钟上指针所处的位置以及尺子上的刻度。

> 空间和时间是事物的次序,而非事物本身。
>
> ——戈特弗里德·莱布尼茨

之后,爱因斯坦发展出了一套范围更加广泛的时空观——囊括了其数学导师赫尔曼·闵可夫斯基的时空物理理论,后又独立提出了广义相对论(将在第八章以及本书的第二部分进行进一步讨论)。

第 7 章
史上最著名的科学方程式

$E=mc^2$ 所揭示的是天上群星的秘密，
它是推动整个宇宙有序运转的引擎……
夜星之所以闪耀，大地之所以有阳光普照，
皆由它而起。

——加来道雄

　　1905 年的夏天注定令阿尔伯特·爱因斯坦终生难忘。那年 6 月，爱因斯坦向德国权威物理学杂志《物理学年鉴》投了三篇论文。彼时的爱因斯坦仍在伯尔尼专利局工作，远离主流物理学术圈，但他并未就此中止科研工作，反而终日沉思狭义相对论究竟是如何与能量产生联系的。1905 年 9 月，他的思考结晶在《物理学年鉴》刊登，这篇仅有三页的补充性文章被誉为"人类科学史上最意义深远的一次事后追想"。

　　在简短的原稿中，爱因斯坦把麦克斯韦的电磁学理论与狭义相对论的两个公设结合在一起，推导出了一个全新的方程式。最初，爱因斯坦将该方程式的形式表示为：$m = E / c^2$，直到下一篇论文，爱因斯坦才将它书写为今日我们所熟悉的形式：$E = mc^2$。这个方程式到底有何含义？它意味着，能量与质量是等价的，能量与质量一样具有惯性。因此，能量也与质量一样具有重量！

　　这个论证既有趣又引人入胜，但我既无法确定上帝是否会对它一笑置之，也无法确定上帝是否会捉弄我的命运。

　　　　　　　　　　——阿尔伯特·爱因斯坦写给友人的信

从我第一次读到 $E = mc^2$ 这个公式，我就十分好奇，时间和空间的相对性与质量和能量之间到底有怎样的联系。为了更好地理解这个问题，让我们首先思考一下所谓物体的质量究竟指的是什么。接着，再对动量和动能这两个概念作详细阐释。而后，我们将循着爱因斯坦的脚印去探索这道闻名于世的质能方程式的诞生过程。最后，再对这道公式所蕴藏的奥义进行剖析。

太空货运者的苦恼

"你看，你这八个大货箱的总重量是 289 火星磅，相当于 732 地球磅，所以我付你的总款项为 422 000 元。"赫尔利说道。

"你这个骗子！王八蛋！"家姓为扎斯洛的双生子怒吼着，"我们在地球时给这批货物称的重量明明是 762 磅，你明明知道的！这船货你应该付我 440 000 元。"

"反正就这么多钱，你要就拿走，不要就算了！"赫尔利冷笑道。

看着这名火星港口工作人员的冰冷眼神，双胞胎无奈地妥协了，同意了交易，因为他们深知自己在这里毫无势力，徒劳反抗也只是浪费时间。除了妥协他们还能做什么呢？难道还能把货物一路运到月球再售卖吗？他们不仅急需现金，就连火箭燃料也即将消耗殆尽，而赫尔利对这一切了如指掌。

此时已是公元 2525 年。扎斯洛兄弟做的是在地球、月球和火星之间往返运货的营生，大家把这条货运路线称为"三行星航线"，尽管严格地讲，月球其实并不是行星。这对双胞胎性格极为独立，又十分争强好胜，拥有热爱自由的灵魂，生性偏爱冒险，所以很适合现在这份工作。但其中有一个问题，那就是，在有关运输货物的确切重量这件事情上，他们总是和船坞站的工作人员发生激烈的争吵。

货运行业以重量计算酬金，而货物的重量与称重的地点息息相关。比如在地球表面称重为 100 磅的货物，到了火星仅剩 37.9 磅，若在月球上称重，结果会更低，只有 16.6 磅——此现象与火星和月球相对较弱的重力有关。

在行星际空间（即俗称的太空）中，由于重力近于 0，集装箱无论装载多少货物，其重量都为 0。星球表面货运对接站的工作人员通常只承认在本星球称重的结果，如此一来，星际运货员们似乎就成了交易中吃亏弱势的一方。（由于某个原因，火星上的情况尤为严重。）

扎斯洛兄弟决定主动出击，寻找解决问题的方法。他们向妹妹帕特——任职于地球国际度量衡委员会（International Weights and Measurements Agency, IWMA）的物理学家——求助，他们有预感，自己可能得忍受妹妹喋喋不休的长篇大论，不过他们依然觉得这十分值得。帕特耐心地听完他们的讲述，提出了自己的看法。妹妹建议，扎斯洛兄弟应该以货物的质量来估算货运价格，而非货物的重量。

帕特解释说，所有物体都具有质量。质量是一个用来表示物体惯性大小的物理量，惯性是物体的一种固有属性，表现为物体对其运动状态变化的一种阻抗程度（关于"惯性"，在第二章已做详细讨论）。质量与惯性之间的关系是，质量越大，惯性越大，即越难使处于静止状态的物体开始运动，或使处于运动状态的物体改变其速度或方向。比如与充气气球相比，要使静止不动的保龄球开始运动显然更加困难。同样，相等速度下，令运动中的保龄球停下不动明显难过令运动中的充气气球停止飘摇。而这就是因为保龄球的质量更大，即其惯性更大。

"对你们最有利的一点是，无论是在地球、月球、火星，甚至是在太空，货物的质量都不会发生一丝一毫的改变。"帕特陈述道。

"不过，由于火星上的重力弱于地球上的重力，所以同等质量的货物在火星的称量台上被重力下拉的程度不如在地球上那样深，因此，火星上的称量台给出的最终重量读数也相对较小。月球上的重力更弱，所以同样质量的货物在月球的称重结果会更小。

"就像我之前说的，重量或许会有差异，但货物的质量在三个星球表面均不会波动。我把数据给你列成一张表格吧，这样你比较容易理解。"

帕特把不同地点所对应的重量和质量以表格的形式一一列出（见表 7.1）。

表 7.1　重量随着地点的转变而波动，质量则一直保持恒定不变

地点	集装箱重量（磅）	集装箱质量（千克）
地球	100	45.5
火星	37.9	45.5
月球	16.6	45.5
外太空	0	45.5

"好了，我们大体明白了，你不用再解释了，"双胞胎说道，"现在你就直接告诉我们货物的质量该怎么测量就好了。"

"这个很简单，"帕特答道，"用这个惯性天平标尺（见图 7.1）就可以了。这件工具已经发明问世很久了，宇航员早在 20 世纪就用它来测量自己在太空中的质量。真是没想到，你们作为日常在太空穿梭的人竟然不知道这个工具。"闻言，双胞胎只能无奈耸肩。

"无论在什么地方，地球、火星、月球抑或是外太空，它得出的质量测量结果都是一样的。"

"这个装置真的好神奇！它的工作原理是什么？"两兄弟好奇道。

"把货物放到两个弹簧中间，然后把货物压向其中一边——先假设是左边，然后放手。"帕特说道（操作顺序如图 7.2 所示）。

"被压制的左侧弹簧释放以后，会将货物向右推行，而后，货物会压缩右侧弹簧。被压缩的右侧弹簧释放之后，又会把货物推向左侧……如此反复。所以，货物会在两个弹簧之间来回移动。

"我们所要做的就是测算一个完整来回周期所消耗的时间，该时间间隔的长短取决于两个要素，一是货物的质量，二是弹簧的弹性系数。"

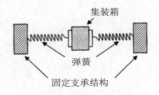

图 7.1　惯性天平标尺
测量物体的质量，而非重量。

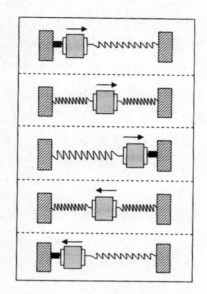

图 7.2　处于运动状态的惯性天平
一个完整来回所需的时间被称为振荡周期，质量越大，振荡周期越长。

　　"一般来讲，你必须测量多次，再取平均值。假设货物从最左侧运动到最右侧所花费的时间是 1 秒，那么我们将把这个时间间隔称为振荡周期。

　　"货物质量越大，在弹簧之间移动的速度就越慢，振荡周期也就越长。刚刚我们已经假定，你的货物须耗费 1 秒完成一个完整周期，那么，如果现有一个货物，其质量是你的货物的两倍，那该货物完成一个完整周期所需的时间便是 2 秒。同理，假如某一货物的质量是你的货物质量的 3 倍，它完成一个周期所需的时间就是 3 秒。以此类推。"

　　"所以我们要做的就是把货物放在惯性天平上，把它压向左右任一侧，然后放手就可以了？"双生子确认道。

　　"是的，然后计算货物来回移动一个周期所耗费的时间。"

　　"在所有星球上，同一货物的振荡周期都是一样的？"

　　"没错，就是这样。"帕特答道。

　　听完妹妹的建议，双胞胎很满意。此后，在地球国际度量衡委员会的支持下，双胞胎与帕特齐心合作，在每一个通贸易的港口对接站都装配上了相同的惯性天平标尺，之后，还对对接站的工作人员进行了细致的培训。为了简便计算，特地选用了弹性系数合适的弹簧，使得质量为 100 千克（相当于地球上的 220 磅）的货物对应的振荡周期为 1 秒。

虽然中间费了些周折，但问题最终还是完满解决了。对于某个货物，无论是在地球表面、火星表面、月球表面，抑或是在穿梭于外太空的货运火箭内部，测量得到的振荡周期和因此推算出的质量都是恒定一致的，也就是说，测量结果完全不受重力影响。太空货运者们无不激动万分。

"看来'质量'很受大家的欢迎嘛！"双胞胎感慨道。

物体的质量和物体运动的速度与一个叫作"动量"的概念密切相关。下面就让我们通过两辆相撞的汽车来了解一下什么是动量。

厚冰之上的车祸

这是新英格兰一个平淡无奇的周二。斯波特池塘结了一层厚厚的冰，池塘四周的橡树和枫树枝干上挂满了冰晶，略显灰暗的阴空下，一股沉寂悄然弥漫在空气里，难以挥散。

突然，冰面上出现了一辆小轿车和一辆卡车，它们相向而行，重 1 吨的小轿车以 80 千米 / 小时的速度从左朝右行驶，而重达 10 吨的大卡车则以 8 千米 / 小时的速度自右向左缓行（见图 7.3）。

就在这时，轿车和卡车发生了碰撞，两车的保险杠互相勾连在了一起。

那么，问题来了：两车相撞之后，较重的卡车会将较轻的轿车撞向左侧，还是速度较快的轿车会将速度较慢的卡车撞向右侧呢？

又或者，保险杠勾连在一起的两辆车会保持在原地不移动？

根据牛顿物理学，这两辆车在相撞之后会停留在原地。为什么呢？因为它们具有数值相等、方向相反的动量。

在牛顿构筑的物理宇宙里，动量等于物体质量与其运动速度的乘积。

（记住，速度包括物体运动的速率和方向，所以动量同样是个既有大小又有方向的物理量。）

轿车的动量等于 1 吨乘以 80 千米 / 小时，即 80 单位动量；卡车的动量等于 10 吨乘以 −80 千米 / 小时，即 −80 单位动量。（为什么卡车的速度为负值？因为它与轿车的运动方向相反。）

所以两车的动量互相抵消，也因此，碰撞之后勾连为一体的两辆车不会有进一步的移动，而是留在原地。轿车 10 倍于卡车的运动速度弥补了它的质量仅有卡车的 1/10 这一劣势。

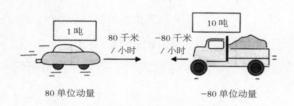

图 7.3　在冰面相撞的轿车和卡车
相撞后保险杠勾连在一起的两辆车停留在原地，因为它们的动量数值相等、方向相反。

动量守恒

动量守恒定律认为，两车碰撞之前的动量总和必须等于碰撞之后两车的动量总和。相撞前，轿车的动量为 80，卡车的动量为 −80，两者之和为 0。

相撞之后的总动量又是多少呢？也是 0。为什么？因为相连在一起的两车停在了原地，速度为 0 意味着动量为 0。

因此，相撞之前的总动量与相撞之后的总动量相等——在这个例子中，总动量为 0。这就是动量守恒定律在起作用。可见，牛顿提出的动量守恒定律支配着一切涉及物体相撞的物理现象——不过，事实果真如此吗？

爱因斯坦眼中的动量

动量等于物体质量与物体运动速度的乘积这一定义，以及动量守恒定律，一直被视为物理学的一项基本原理——直到爱因斯坦发出反驳的声音。这位自命不凡的年轻人十分认同动量守恒定律，但却对动量这一物理量本身的定义提出了质疑。

根据狭义相对论，物体的动量绝非如此简单。它不仅与质量和速度有关，同时，也受它与光的相对运动速度的影响。狭义相对论理论框架中的动量应当定义为质量与速度的乘积除以洛伦兹因子。

除以洛伦兹因子的这一步运算会引发何种后果呢？对于低速运动而言，它造成的影响极其有限，但需要注意的是，当运动速度与光速的比值增至可观水平时，洛伦兹因子带来的影响就变得难以忽视了。所以，在相对论级速度下，爱因斯坦推算出的动量数值要远远高于牛顿公式计算的结果。当物体的运动速度趋近光速时，其动量将呈指数级激增。

爱因斯坦是正确的吗?

1909 ~ 1915 年，为了验证爱因斯坦对动量概念的修改究竟是否合理，物理学界以电子为实验对象，进行了一系列实验。出乎所有人意料的是，实验结果与爱因斯坦的预言完美契合，牛顿的动量定义确实存在一定缺陷。

测量结果显示，当物体运动速度逼近光速，其动量增幅远超牛顿公式的计算结果。牛顿简单的"质量乘以速度"公式可完美推算低速运动下的动量，但对于相对论级别的速度，只有爱因斯坦新修正的公式能够提供正确答案。

动量的增加会不会造成实质影响呢？答案是肯定的。全世界的粒子加速器都清楚地反映了传播速度接近光速的粒子发生激烈碰撞后所产生的效应，而这些效应产生的根源就是粒子动量的增加。来自外太空的宇宙射线以接近光速的速度进行传播，它们与地球大气层的粒子发生撞击之后，显露了同样的效应。

让我们来看一看欧洲核子研究组织（CERN）的大型强子碰撞型加速装置（Large Hadron Collider, LHC）。若满功率运行，该装置可将质子加速至 $0.999999991c$，每小时只比光速慢约 9.7 千米——实在是令人震惊！此速度下的洛伦兹因子倒数为 7454 [1]，以该速度运动的质子其实际动量大概是牛顿公式预测数值的 7500 倍。当两个经 LHC 加速的质子发生激烈碰撞，其引发的效果比物理学家们想象中的要壮观得多，并且产生了只有在宇宙大爆炸之后温度与密度超高的环境中才能观测到的粒子。

当一个质量为 m 的粒子以速度 $0.999999991c$ 进行传播时，其动量为（以光速运动时动量为 1 单位）：

根据牛顿的公式

动量等于质量乘以速度

$P = mv$

$P = 0.9999999991m \approx 1\,m$

根据爱因斯坦的公式

动量等于质量乘以速度除以洛伦兹因子（F）

$P = mv / sqrt(1 - v^2)$

$= 0.999999991m / sqrt(1 - 0.999999991^2)$

$= 0.999999991m / 0.000134$

$= 7454m$

关于相对论框架下的动量的更多信息请详见附录 C。

爱因斯坦在相对论框架内提出的动量概念绝不仅是对牛顿动量在数学层面的抽象修正，它还蕴含着巨大的能量，支配着宇宙间的一切碰撞现象。接下来我们将把关注焦点暂时转移到另一概念上——能量，一个

[1] 该数值为下文计算数值，计算较为粗疏，原书如此，非精准计算数值。后文同，不再注明。——编注

用以表示做功的大小的物理量。

牛顿犯了个错误

即使是在经典物理学（相对论之前的物理学）的疆域内，伟大的艾萨克·牛顿也并非永远正确，比如在定义动能时，牛顿就犯了个错误。

物理学家把物体由于运动而具有的能量称为动能，物体运动速度越快，其动能就越大。牛顿认为，物体的动能就等于物体质量与速度的乘积。

牛顿的老对手、德国数学家与自然哲学家戈特弗里德·莱布尼茨对此强烈质疑，并提出，物体的动能应与质量和速度的平方的乘积成正比。与牛顿同样独立创立了微积分的正是这位戈特弗里德·莱布尼茨先生，两人就究竟是谁率先发明了微积分这一问题爆发了持续的激烈论战。

1730 年，荷兰科学家威廉斯·格莱福山德用一个简单的小实验平息了有关动能公式的争端。他令一些黄铜小球体自由下落至软黏土制成的地板上，然后测量球体速度以及球体陷入软黏土的深度。

倘若动能确实如牛顿所言，只与物体速度成正比，那么我们便可就此预测，小球体陷入软黏土的深度应与物体速度成正比。如果球体速度增长了 2 倍，那么它陷进软黏土的深度也会相应地增长 2 倍；同理，"若运动速度增长 3 倍，球体陷入软黏土的深度也会相应增长 3 倍。"

然而，实验结果并不符合预期。球体速度增至原来的 2 倍时，其陷进软黏土的深度是原来的 4 倍；速度增至原来的 3 倍时，陷进软黏土的深度是原来的 9 倍。这位荷兰科学家的实验清晰地表明了，莱布尼茨的主张才是正确的——物体的动能与其运动速度的平方值成正比。

之后，物理学家进一步确认，动能等于质量与速度平方值的乘积的二分之一。

经典力学中：

动能等于 1/2 乘以质量乘以速度的平方

$$KE = 1/2 \, mv^2$$

为了更好地理解这个公式，不妨暂且假设你正以每小时 30 英里（约 48 公里）的速度驾车飞驰，突然，你猛地踩下刹车闸，汽车戛然停下，轮胎摩擦路面，发出尖利的锐响。你下车查看刹车滑痕，测量发现滑痕长 45 英尺（约 14 米），也就是说，从踩下刹车的一瞬到汽车完全停下所需的距离是 45 英尺。

如果你将行车速度增至两倍，即每小时 60 英里（约 97 千米 / 小时），从刹车到汽车完全停下所需经过的距离又会是多长呢？也相应地增加到 90 英尺（约 27 米）吗？

并非如此。测量地面车胎滑痕之后发现，该情况下的刹车距离足足有 180 英尺（约 55 米）长！是原先距离的 2 倍乘以 2，即 4 倍。为什么会这样呢？因为汽车储蓄能量的增长倍数与速度增长倍数的平方呈正相关。（见图 7.4）

物体动能与其运动速度的平方值成正比。假如物体速度增至 2 倍，其动能便增至 4 倍；假如物体速度增至 3 倍，其动能便增至 9 倍；以此类推。

假如汽车处于静止状态，它所具有的动能又会是多少呢？牛顿会笃定地告诉你，如果物体速度为 0，其能量也为 0，莱布尼茨也会给出相同的回答，他们甚至会好奇，为什么你会问出这样的问题。（当然了，他们也会好奇"汽车"是什么东西。）

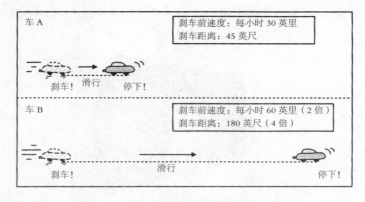

图 7.4　动能与速度的平方成正比

车 B 的速度是车 A 的 2 倍，所以其动能为车 A 动能的 4 倍。假设车 A 与车 B 完全相同，车 B 的刹车距离就应为车 A 刹车距离的 4 倍，换句话说，车 B 所需的用于消耗动能的滑行距离是车 A 的 4 倍。

静止物体的能量为 0，因为速度为 0，因此动能为 0——果真如此吗？就如其他许多经典物理学的"定律"一样，这条基本原理也被爱因斯坦颠覆了——由此，爱因斯坦彻底改变了我们对质量和能量的看法。

终于发现了

在 1905 年 9 月发表的狭义相对论附录文章中，爱因斯坦首次将公式 $E = mc^2$ 公之于众。这篇仅有三页的论文其标题是一个问题——《物体的惯性同它所含的能量有关吗？》这份驰名世界的论文开篇如下：

先前所做研究得出了一个十分有趣的结论，此篇旨在阐述其推导过程。

"十分有趣的结论……"还真是谨慎而自谦的表述。爱因斯坦开门见山称，这篇论文的理论基础是麦克斯韦方程组和狭义相对论。之后，典型的爱因斯坦论证方式再次登场，他论述了一个看似简单但其实十分具有欺骗性的思想实验。一个物体往相反的方向发射了两道光脉冲，我们可以把它想象成一个两端均会发光的长条状闪光灯。

为什么要往两个相反的方向发射光脉冲？因为这样的话，物体在失去能量的同时又不会发生位移。由于两束往相反方向传播的光脉冲其动

量可相抵消，因此物体仍旧留在原地。

而后，爱因斯坦介绍了用于计算"双闪闪光灯"所含能量以及它发射的光所含能量的方程式。他分别从两个视角考察了这些能量的计算——（相对闪光灯）做匀速运动的参考坐标系和（相对闪光灯）处于静止状态的参考坐标系。他将提出的各方程式合并并进行了一些代数运算，突然间，灵光一闪，那个令人振奋的"倩影"出现了。闪光灯的动能变化（即 KE）等于：

$$KE = 1/2\,(E/c^2)\,v^2$$

这道公式中的 E 指的是光辐射所含的能量，c 是光速，而 v 则是运动参考系下的相对速度。

爱因斯坦终于迎来了可以高声欢呼"终于发现了"的这个时刻。可以想象，当时的他势必血液沸腾，心跳如擂鼓，就连身体的每个细胞想必都轻颤着兴奋的因子。爱因斯坦自然知晓经典力学中用于计算动能变化量的公式（针对未达相对论级别速度的运动现象）是：

$$KE = 1/2\,mv^2$$

爱因斯坦意识到，牛顿公式中的 m 与他推导出的等式中的 E/c^2 可等价替换，于是，他断定：

$$m = E/c^2$$

爱因斯坦敏锐地察觉出了这个等式所蕴含的革命性意义。他假想中的这个闪光灯发射了光辐射，而发射的光辐射所含有的能量（E）除以光速的平方（c^2）竟等于闪光灯所减少的质量（m）。

换言之，当闪光灯以光波的形式释放能量时，闪光灯本身的质量会减少，因此，在发射光束后，闪光灯的重量减轻了！

爱因斯坦在论文中这样写道：

若某个物体以辐射能的形式释放能量 E，其质量会减少 E/c^2。

接着，他果断地对这一结果的物理意义做出了另一番看似简单但其实包含万物且意义深远的解释：

物体的质量实际上就是它自身能量的量度。

就像这篇论文的题目所暗示的那样，爱因斯坦所思考的正是质量和能量之间的等价关系。而且，正如上文指出的，能量与质量一样，也具有惯性，因此，（在引力场中）能量也与质量一样具有重量。

在这篇论文的结尾处，爱因斯坦阐述了一个或许能够验证该质量－能量关系的实验，而正是这个实验促成了新近发现的一个物理现象——放射现象（即放射性，radioactivity）。他把放射性元素镭视为以下这一实验的潜在实验材料：

如若能找寻到一种所含能量可极大程度变化的物质（如镭盐），那么这个理论或许可被成功验证。

爱因斯坦的直觉是正确的。当时致力于放射现象研究的科学家们尚未知晓，这些物质其实是通过将自身的一小部分质量转换为巨大的辐射能来产生辐射的。如今的我们业已明白，放射性衰变就是不稳定的原子核通过放射电磁辐射从而减少其自身质量的过程。而测量结果显示，原子核失去的质量正好等于所发射的能量除以光速的平方——与爱因斯坦推导出的方程完美契合。

总的来说，这篇文章还是有些古怪。同年 6 月份发表的有关狭义相对论的论文展现了爱因斯坦在这漫长的 10 年间对光、时间、空间以及运动等方面（能量问题也有稍许涉及）的思考沉淀。

然而，这篇 9 月发表的旨在论述质能关系的论文却是在相当短的时间内完成问世的，或许这也是他对自己的惊世发现似乎怀有一丝犹疑与不确定的原因所在。毕竟，该篇论文是以问题为标题的，末尾又是以如下的文字结束：

倘若这个理论所预测的确实与现实情况相符，那么辐射将在发射物体与吸收物体之间传递惯性。

"倘若这个理论所预测的确实与现实情况相符……"从这句话中，我们似乎可以捕捉到爱因斯坦心底暗涌的那一丝狐疑，这与这位年轻人往常的自信个性截然不同。

这道公式有一个更为人所熟知的表现形式：$E = mc^2$。直到 1907 年，这一形式才在爱因斯坦发表的一篇狭义相对论综述论文中正式出现。从这个方程我们可知，能量等于质量乘以光速的平方。

正如畅销科普作家大卫·博达尼斯所言，是爱因斯坦一手发掘出了"深潜在固体物质中"的巨量宝贵能源。比如在日本广岛投掷爆炸的那颗原子弹中仅含有 2 磅（约 907 克）铀，而且，最终转化成为辐射能量的铀质量还不足其中的 1%，而这个骇人造物的来源便是公式 $E = mc^2$。

在 1906 年和 1907 年这两年间，爱因斯坦撰写出版了多篇补充性论文，为质量和能量的等价性提供"进一步的有力论据"。在萨尔茨堡的一次谈论中，爱因斯坦强调，"无论是何种形式的能量，皆与质量（惯性）有关联"。因此他得出一个结论，"电磁辐射（即光）本身必然具有质量（惯性）。"

接下来，我们将对这一结论所蕴藏的深层含义作深入探讨。

当光速为 1

同一现象的各外在表征可能存在巨大差异。

——尼马·阿卡尼·哈米德

爱因斯坦的公式究竟还揭示了什么惊人的事实呢？根据爱因斯坦的

光速不变原理，光在真空中的传播速度 c 是一个恒定不变的常数，我们可利用这个常数将人们熟知的质量单位转换为同样为人熟悉的能量单位，反之亦然。

将质量和能量表述为一种当量关系并不只是数学层面的操作。在漫长的历史中，物理学家一向把质量和能量视为两个完全不同的概念，因此，两者的计量单位一直走在各自独立发展的不同轨道上。而现在，既然我们已经知晓，质量和能量是等价的，那么，为了更准确地描述现实，就十分有必要采用一个共同的计量单位对它们进行表述（例证请详见章节附注）。

与此同时，我们还想对时间和距离的计量单位作少许调整，令光速 c 等于 1。为什么呢？因为这样可令爱因斯坦的方程更加简洁以及更具启发性。

有许多方式可以达成这一点，其中一个是，用光年表示距离以及以年为单位表示时间，如此一来，表示速度的单位就是"光年／年"。那么，以这一单位表示的光速是多少呢？ 1 光年每年，换言之，光速等于 1。

于是，爱因斯坦提出的著名方程变成了如下形式：

$$E = m$$

这又说明了什么问题呢？这道方程清楚地表明了，质量和能量是等价的，换言之，能量具备质量所具备的一切特性。比如质量具有惯性，（在引力场中）具有重量，同时，质量还是重力的来源（比如地球的质量就是地球引力的来源），所以，能量也必然具有惯性和重量，而且，能量也是重力的一个来源。我们可以把质量和能量视为同一实体的两种形式，而这也是质量被称为"冻结的能量"的原因所在。

物质粒子（如电子）本身具有质量，根据爱因斯坦的理论，质量其实是能量的另一表现形式，那么，该粒子含有多少能量呢？首先测量粒子的质量，然后将质量乘以光速的平方，如此计算得出的能量值被称为粒子的静止能量。

　　然而，有些粒子（如光子）并不具有质量，即其质量为 0，它们的情况又如何呢？若按照物理学家阿特·霍布森提出的专业术语，我们可表述称，这些粒子含有非物质形式的能量。

超越光速

　　根据狭义相对论，光速是不可超越的，它是一切事物运动速度的极限。自该理论提出伊始，人们对此就一直心存怀疑——为什么会存在一个具有宇宙普遍性的速度极限？

　　牛顿认为，只要具备足够的动力和能量，我们就可令物体加速至任意速度，至少在理论上这是可行的。就在全世界都深以为然的时候，爱因斯坦拍案而起，强烈反对，主张没有任何物体或任何具有质量的粒子可达到光的传播速度。

　　为什么呢？因为按照狭义相对论的理论，具有质量的粒子所蕴含的总能量可由一个简单公式推算得出：其静止能量除以洛伦兹因子。因此，物体运动速度越快，其蕴含的总能量就越高。而且，就像相对论性动量一样，随着粒子的运动速度飙升趋近光速，其相对论性能量将呈指数性激增。

　　爱因斯坦的相对论能量公式：
　　总能量等于静止能量除以洛伦兹因子（F）

$$E=E_0/sqrt（1-v^2）$$
$$E=m/sqrt（1-v^2）$$

E_0 为静止能量，m 为质量，v 为速度与光速之比
（有关相对论性能量的详细信息请参见附录 C。）

　　假设你现在已化身为一名粒子加速器的操作员，你将能量源源不断地灌输到亚原子粒子里，试图令其不断加速。然而，在某个时刻你猛然发觉，若要令粒子速度翻倍，需要灌注的能量必须增至原来的 4 倍；之

后，若要令粒子运动速度再次翻倍，需要灌注的能量必须增至原来的 8 倍；那么，假如继续要使粒子翻倍加速，这次又该输入多少能量呢？ 16 倍。以此类推。

随着粒子的相对速度 v 不断趋近光速，你所需的能量也相应地不断增加，直至接近无穷大，最后你会发现，你永远无法令带有质量的粒子加速至光速，因为要做到这一点必须有无穷多的能量予以支持（见表 7.2）。

表 7.2　随着粒子速度趋近 c，其能量也相应地接近无穷大

粒子速度	能量（与静止能量的倍数关系）
$0.999c$	22.4 倍
$0.999999c$	707 倍
$0.999999999c$	22361 倍
c	∞

为了对这一点具有定量感知，我们可假定某带质量的粒子正以 $0.999c$ 的速度进行高速运动，根据爱因斯坦的相对论能量公式，此速度下的粒子所含有的能量是其静止能量的 22.4 倍，当粒子的运动速度越发趋近光速时，其蕴含的总能量值将急剧飙升，若粒子速度真的能够达到光速，它含有的能量将增至无穷。

这也是为什么狭义相对论始终坚定地认为任何带质量的实体其运动速度永远不可能超越光速的另一个原因所在。

每一步运动，每一次呼吸

人们常踏入一个误区，以为 $E = mc^2$ 只适用于与核相关的反应过程，如核能的开发等，实际上，爱因斯坦推导的这道公式中所揭示的关系与宇宙万物皆息息相关，因为它可适用于一切形式的能量。

根据 $E = mc^2$ 的描述，任何涉及能量释放的过程都会引起相应的质量

损耗。比如我们使用极其精确的称重仪为一根还未点燃的蜡烛称重，之后将它点燃，蜡烛一边燃烧，我们一边收集燃烧过程中释放的烟雾、气体等，最后再为剩余蜡烛和收集到的烟雾等称重。如若能够确保整个操作过程的缜密性与测量的精确性，我们将发现，燃烧剩余的蜡烛与燃烧过程中收集到的烟雾的总重量会少于燃烧前的蜡烛重量（不过减少的重量极其微小）。

减少的那部分物质凭空消失了吗？事实上，它们以光和热的形式转化成了非物质能量（蜡烛在燃烧过程中会散发光和热）。若将实际数字代入运算，我们会发现，蜡烛释放的总能量值正好等于减少的总质量与光速的平方的乘积，也就是 $E = mc^2$。

接下来我们再来看几个可以体现 $E = mc^2$ 的巨大威力的例子。只须燃烧 1/15 盎司（约 1.9 克）氢气，就能获得可令功率为 100 瓦的灯泡工作长达 40 分钟的能量，而燃烧过程本身的效率其实是十分低下的，仅有极小一部分质量转化成了能量。

倘若我们可利用某种先进技术，将氢气的质量全部转化为能量，那么，根据 $E = mc^2$，1/15 盎司氢气最后可生成多少非物质能量？产生的能量可令功率同样为 100 瓦的灯泡连续工作 5.6 万年。

全新的守恒定律

这个质量与能量的转化关系究竟是如何影响质量守恒定律与能量守恒定律的？在狭义相对论问世以前，人们笃信，质量是永远恒定的，因此，物理学科一直将质量守恒定律视为一条颠扑不破的根本法则。换句话说，质量既不可能凭空创造，也不可能无故消失。

比如烧煤时，煤炭将混合空气中的氧气生成二氧化碳，过去人们认为，未燃烧的煤炭重量应完全等于燃烧过程产生的烟雾和剩余的煤粉等残渣的总重量，换言之，燃烧前后的重量（与静止质量）应无一丝一毫差异，质量是守恒的。

与质量守恒定律相对应的，还有一个称为"能量守恒定律"的基本法则。煤炭的燃烧过程将化学能量转化为电磁辐射（热与光），之前的物理学界深信，燃烧前煤炭储存的化学能量应等于燃烧过程中释放的热能与光能之和，也就是说，燃烧前后的总能量值应是完全相同的。

这是正确的吗？不完全正确。比如在炭的氧化过程中，约有一亿分之一的质量遵照 $E = mc^2$ 公式转化为辐射能，所以，燃烧后的物质重量应极微少于燃烧前的物质重量，而燃烧过程释放的辐射能量也会极微多于燃烧前煤炭储存的化学能量。

爱因斯坦的理论再一次迫使物理学界提笔修正那些在过去曾被奉为真理的物理基本定律。根据狭义相对论，无论是质量，抑或是（非物质）能量，均无法守恒，能够达到守恒的应是质量－能量之间的转化过程。一道全新的守恒定律就此诞生——质能守恒定律。

致读者：我已疲于在"能量"之前加上"非物质"这一修饰语，所以，此后我将直接采用"能量"一词替代"非物质能量"这一表述。

物质与能量的相互转化

1928 年，才华横溢但不善于社交的物理学家保罗·狄拉克发挥其惊人的数学才能将量子力学与狭义相对论统合为一体，这桩革命性的伟大"联姻"被后来人称为"相对论性量子力学"。

然而，这项壮举却衍生出了一个异常古怪的预测。狄拉克提出，每一种基本粒子都有一个同它几乎一模一样的翻版镜像——两者质量相等，但所携带电荷符号相反。这类新粒子被称为"反粒子"。

比如一个电子携带一个负电荷，相应的反粒子——正电子与其质量相等，携带一个正电荷。类似的，携带一个正电荷的质子也存在与其相对的反粒子——携带一个负电荷的反质子。负载电荷量为 0 的光子便是其自身的反粒子。

狄拉克是个沉默寡言的人，他不想成为众人关注的焦点，总是故意回避那些聚光灯汇集的场合，所以，他从未得到与其成就相匹配的公众关注，也因此，在学术圈之外，鲜少有人听闻他的名字，但这一切皆无损他在现代物理学界享有的崇高地位。

1928 年，在与量子力学的奠基人之一尼尔斯·玻尔一同工作期间，狄拉克发现了狭义相对论与量子力学之间的关键联结点，即他后来提出的著名的"自旋 −1/2 狄拉克方程"。以该方程为理论基础，狄拉克首创性地将量子力学与狭义相对论合并为一个简练的数学架构，而且他指出，要促成这两个伟大理论的联姻，须有反粒子在其中牵线搭桥。

狄拉克还勾画了一个物理过程，该过程变化之剧烈令毛毛虫蜕变为蝴蝶的过程显得微不足道。据前文分析我们已知，如果某物质的质量可依循 $E = mc^2$ 公式完全转化为能量，那么，最终产生的能量总值将非常惊人。狄拉克预测，这种高效的质能转化可在亚原子层面得到实现。他的数学推导过程显示，若一个携带电荷的物质粒子与对应的反粒子发生碰撞，两者将互相湮灭——湮灭的过程中，它们的质量将转化为能量粒子。

反之亦然。只要给予足够的能量，两个能量粒子（如光子）在碰撞之后可生成物质粒子。

这个预言真的会在现实世界上演吗？物质粒子会突变为能量粒子吗？而能量粒子也可自发转变为物质量子吗？是的，是的，是的。

图 7.5 所示便是一个典型例子。电子与其相应的反粒子——正电子均为物质粒子，两者碰撞之后发生湮灭，产生新的光子，换句话说，"以质量为存在形式的能量转化为了以光子为存在形式的（非物质）能量"。

反过来，光子又自发性地将物质化为 μ 介子和反 μ 子（后者为前者

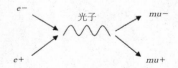

图 7.5 物质与反物质反应典例
只要给予充足的初始能量，电子和正电子可湮灭生成光子（非物质能量），
之后，光子又将物质化为 μ 介子和反 μ 子。

的反粒子，两者皆为物质粒子）。整个过程从头至尾均受 $E = mc^2$ 支配。

全世界的粒子加速器都能实现这类物理过程。不过，这个转变过程可在人造设备之外自然且自发发生吗？可以，不过须在能量极高的环境中方能发生，如太阳或其他恒星内部发生的核反应过程、超新星爆炸或黑洞附近区域。此类反应在地球也时有发生，宇宙射线与地球上层大气中粒子的相互碰撞就是一个典型例子。

大约 138 亿年前，类似质量—能量、能量—质量之间的相互转换其实是十分常见的现象，因为那时的宇宙正处于大爆炸后的超高能量环境之中。那么，为什么我们在日常生活中极少观察到能量自发转化为物质或物质自发转化为能量的现象呢？比如为什么闪光灯散发的光芒无法在我们眼前瞬间变成可触及的实物？因为这种转化所需要的能量实在太高了。

你可以计算一下你用来阅读当前这页书所需的可见光所含有的能量总值，你会发现，与能量粒子自发转化为物质粒子所需的能量相比，这些可见光的能量确实过于渺小。前文我们曾提及，电磁辐射（即光波）所含有的能量与其频率成正比，因此，你需要频率远高于可见光的光子。

紫外线光子的频率为可见光光子的 50 倍，其蕴含的能量也为可见光光子的 50 倍，但即便如此也远远不够，只有频率高于可见光光子几十万倍的 X 射线光子方能满足质能自发转化的需要。

X 射线和 γ 射线的光子均含有足够的能量支撑其完成自发转化为电子的反应过程，但是，为什么需要如此多的能量呢？根源就在 $E = mc^2$ 这道公式上，因为光子的初始能量至少必须等于要生成的物质粒子的质量与光速的平方的乘积（这被称为质量阈值）。

物理学家奈尔·德葛拉司·泰森主张："若有能量足够大的 X 射线穿过你的房间，它们将自发性地生成电子。"所含能量更高的光子可生成质量更大的物质粒子，只要该光子所含能量"高于目标物质粒子的质量阈值"。保罗·狄拉克所揭示的质量与能量之间的相互转化现象标志着人类对现实世界的认知又往前迈了一步，而操控这一现象的正是 $E = mc^2$。

夸克的重量

……物质质量的 90% ～ 95% 来自能量。
我们用无质量的胶子（gluon）和几近无质
量的夸克将其——构筑，用能量创造质量。
这便是更深层次视野下的所见。

夸克太多了！

——弗朗克·韦尔切克

　　大卫正往自己脸上泼水醒神。"太讨厌早晨了！"他喃喃道。说着，
他踏上放置在洗手间的体重秤———种新近流行的可自动读数的数码产
品。"那种旧式的带表秤不好吗？为什么要淘汰它们呢？"他一边自言自
语，一边不情不愿地低头查看自己的体重读数。

　　大卫没有意识到的是，他眼之所见的背后正是 $E = mc^2$ 在起作用，因
为他的体重的主要来源并非构成其身体的物质，而是蕴藏在他体内的（非
物质）能量。什么？你的意思是说，造成体重秤读数变化的是人体内含有
的能量？没错，大体是这样。请千万记住，$E = mc^2$ 已经明示我们，质量
和能量是等价的，这意味着，能量（如光）如同物质一样，也具有重量。

　　从最基础的层面看，人体的构造是由原子和分子组成的，而原子和
分子又是由称为夸克和电子的更微小粒子组成的（见图 7.6）。若把你身
体涵括的所有粒子的质量进行叠加，应当可以得到你身体的总质量——
因此可得出你的体重。但是，当你真的付诸行动完成计算，你会发现，
所有微粒的总质量远小于你的实际体重。那么，减少的那部分质量究竟
到哪里去了？

　　为找到答案，我们首先需要了解一下典型原子的构成。原子的质量大
部分集中于原子核内，原子核是由质子和中子组成的（电子占原子总质量
的比例十分微小），而质子和中子反过来又是由不同种类的夸克构成的。

　　许多实验业已成功测量出质子和中子的质量，并且单独测量了组成
质子和中子的夸克的质量。质子和中子均由三个夸克组成，然而，多次
实验结果显示，测量得出的三个夸克的总质量只占质子质量的一小部分，

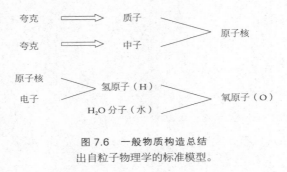

图 7.6　一般物质构造总结
出自粒子物理学的标准模型。

对中子的测量结果也如出一辙。

　　这是怎么一回事呢？质子和中子内部的夸克始终处于匀速运动状态，夸克的运动是动能的一种承载形式，而且，原子内部存在电磁力场与核子力场，这两个力的主要作用是将构成原子的所有成分维系并束缚在原子内。阿特·霍布森就曾明确指出："夸克与夸克之间存在一种超强作用力，这种力场必然蕴含着极其庞大的能量。"

　　源自夸克运动、电磁力场和核子力场的这些能量均具备重量，经反复严密计算，结果显示，测量所得的质子和中子质量中至少有 90% 来自夸克的运动以及原子内部的力场能量。

　　因此，我们人体质量的主要来源并非身体内部物质粒子的静止质量，而是原子内部的夸克运动和强力场。这几类能量累加在一起基本上就是人体的总重量了——即我们在体重秤上看到的那个数值。

$E = mc^2$ 的证据

　　直至 1932 年，爱因斯坦那篇震惊世界的著名论文问世 27 年之后，物质转化为能量这一反应过程才得以从实证研究层面获得明确验证。这些极具历史意义的检验是由英国物理学家约翰·道格拉斯·科克罗夫特和爱尔兰科学家欧内斯特·T.S. 沃尔顿在剑桥大学实验室里借助世界上第一台核粒子加速器共同完成的。

一年之后，法国科学家伊蕾娜·约里奥－居里（皮埃尔·居里和玛丽·居里的女儿）与她的丈夫弗雷德里克·约里奥－居里发现了与之相对的效应——从能量到物质的转化过程，并创造性地留下了图像证据。

在这张举世瞩目的照片中（见图 7.7），携带能量的光子（肉眼不可见）正自下向上运动，之后，光子自发转变为物质（见图像正中间），生成两个物质粒子。这些带电荷的新生成粒子在磁体的影响下沿曲线轨迹相互远离（见箭头）。

1933 年，巴黎，伊蕾娜·约里奥－居里与弗雷德里克·约里奥－居里夫妇摄：
照片展现了由能量到物质的转化。
·携带能量的光子（肉眼不可见）自下向上运动。
·在正中间处，光子转变为物质。
·新生成的两个带电荷粒子在磁体的影响下呈曲线轨迹相互远离（带箭头的白色虚线）。

图 7.7 $E = mc^2$ 的实验证据
一对物质粒子在穿过云室的潮湿空气时所留下的雾滴径迹。

时至今日，记录在册的可证明 $E = mc^2$ 的实验证据已数不胜数。其中，2005 年由美国国家标准技术研究所和麻省理工学院合作完成的一项实验值得我们特别关注。研究者测量并对比了硅原子和硫原子释放的能量值以及释能前后的原子质量，此次实验的精确度高达百万分之一，而最后的计算结果也再次证明了 $E = mc^2$ 的准确性。

早晨的星光

阿尔伯特·爱因斯坦偶尔会与"奥林匹亚科学院"的伙伴莫里斯·索罗文和康拉德·哈比西特一同去伯尔尼的郊区登山看日出。"太阳自水平线缓缓升起，初晨的阳光渐次铺开，整个阿尔卑斯山脉沐浴在玫瑰色的柔光里，散发着一丝神秘的气息。自然之美实在令人惊叹。"索罗文在过后如此记录道。在瑞士，有许多人和他们一样喜欢早起享受清晨的美景，在这之中，有一位即将向世界揭开太阳（与其他恒星）的闪耀光芒背后所蕴藏的深奥原理。

20世纪初期，科学家对于太阳为何能够日复一日地释放大量能量而不枯竭这一问题知之甚少。太阳是太阳系的中心天体，这颗恒星每秒释放的能量之高令人震惊——足足有38600亿亿兆瓦。

科学家预测，太阳大约可存活45.7亿年。太阳究竟是如何保持在如此漫长的时间里每秒都能释放如此高的能量的？若"以普通的化学反应方式将氢燃料与氧气混合进行燃烧"，太阳内部的氢元素只能维持大概1000年。

1904年，"核物理之父"、新西兰物理学家欧内斯特·卢瑟福针对太阳辐射问题提出了一个看似合理的理论解释。他认为，放射性衰变是太阳庞大能量的来源。到了20世纪20年代，科学界开始猜测，爱因斯坦的 $E = mc^2$ 公式与这个论题有一定的关系。英国物理学家亚瑟·爱丁顿提出，由于太阳核心附近的温度异常之高，因此氢原子和氦原子会失去电子。威尔士天文学家、发明家罗伯特·阿特金森于1931年第一个提出，太阳内部可能存在与氢、氦有关的核反应。

如今我们业已清楚知晓，太阳的质量约为 2×10^{30} 千克，大致是地球的333 000倍。太阳的巨大质量使其具备了强大的引力，在这股引力的高强压缩下，太阳核心处的物质密度比铅还要高10倍有余。这种高度压缩催生了太阳核心内部极端高温且密度极大的整体环境，并直接导致了核聚变反应的发生。

核聚变反应在太阳核心处将仅占太阳总质量极小比例的物质转化为能量，此转化过程遵照公式 $E = mc^2$ 有序进行。太阳每秒释放的能量粗略等同于400万吨质量，而地球每天拦截的太阳光所含有的能量若折算为质量，大略仅有160吨。

太阳核心区域的温度高达2 700万华氏度，在如此恶劣的环境中，氢原子的电子被彻底剥离，只留下质子裸露无庇。在太阳核心处的强大引力的助力下，各质子克服存在于彼此之间的静电斥力，融合在一起，生成新的氦原子核。

核聚变须经过一系列称为"质子 – 质子链"的反应方能最终发生。在这个包含多个反应步骤的过程中，四个氢原子核（四个质子）融合在一起生成了氦原子核（包含两个质子和两个中子）。

新生成的氦原子核的质量略低于反应前四个氢原子核的总质量。减少的质量跑到哪里去了呢？减少的质量按照 $E = mc^2$ 转化成能量了，生成的能量主要以高能 γ 射线光子的形式存在，每个氦核可产生六个高能光子（和两个近乎无质量的中微子）。

大卫·博达尼斯为此过程提出了一个简便的量化方法。我们暂且将每个氢核的质量赋值为 1，那么，四个氢核的总质量便为 4。若以同样的比例进行计算，生成的氦核质量仅为 3.971，将氦核质量除以 4，仅得 0.993，即 99.3%。缺失的 0.7% 到哪里去了呢？按照 $E = mc^2$ 转化成 γ 射线光子了。

最开始时，这些高能光子被环绕在太阳核心周围的仅有几毫米的太阳等离子体所吸收，之后，再次被随机发射至各个方向，此时的光子能量已有少许损耗。这个吸收再发射的过程在太阳内部持续发生，直至携带较低能量的光子最终到达太阳表面，最后，光子以太阳辐射的形式发射散布至太空。

源自太阳核心的光子在向外发射的过程中，须经历几近 10^{20} 次散射方能最终抵达太阳表面，这是一个极其漫长的过程，从 1.7 万年到 100 万年不等。远至我们的直立人祖先学会使用火种的 100 万年前，近至冰河时代末期（公元前 1.5 万年），我们今日眼见的明媚阳光，早在那期间的某个时间点就已在太阳核心生成。

太阳还将继续闪耀多久？至少现在，我们还不需要启程寻找下一个可供人类栖居的太阳系。科学家预计，太阳剩余的氢元素还可供其内部的核聚变反应持续进行 50 亿年。

空间与时间的衔接

此刻的我已然筋疲力尽，你呢？感觉如何？不过，无论如何我都还要再告诉你一件关于狭义相对论的事情,因为它实在太重要了。

1905 年 9 月,阿尔伯特·爱因斯坦发现了质量与能量的等价性。两年之后,他曾就读的苏黎世的瑞士联邦理工学院的数学老师经大量研究揭示了空间与时间的紧密关联,在此之后,物理学界有了时空这一概念——宇宙间的一切事件都不是单独发生在某个空间或某个时间节点的,而是发生在某个时空里。

这一论题将为本书有关狭义相对论的论述画上一个圆满的句号。

第8章
时空

"这场邂逅势必引发一个时间悖论……
而时空连续体或将支离破碎！"
——科幻电影《回到未来》中的埃米特·布朗博士

时间悖论？时空连续体面临解体？布朗博士在电影《回到未来》中的骇人警告是否具有现实意义？嗯，也不尽然，毕竟那只是电影的艺术创作。不过，我们还是能从这些耸人听闻的言语迷障中捕捉到一丝现实的痕迹。根据狭义相对论，时空连续体的确是真实存在的，我们可以把它想象成一种类似织物的构造（特别是在广义相对论中）。此外，电影里出现的穿越至未来的时间旅行也是真实存在的，在后文你将看到，事实上我们一直都在经历这件事情。"时间之旅"这一充满奇思妙想的设想以及与之相伴的许多古怪预言，均起源于"时空"这一概念。

在上一章中，我们了解了物质与能量之间的根本联系，在这一章，我们将探讨为何空间和时间是一个统一的实体——时空。与能量和质量不同，将空间和时间合为一体并非爱因斯坦的功劳，事实上，爱因斯坦在一开始并不接受这种说法。不过，时空这一概念自1907年首次提出之后，很快就成了现代物理的核心原则之一。时空如一张巨大的幕布铺张在无垠的宇宙间，它是一切物理现象的发生背景，是"宇宙的基本结构"。

在本章中，我们将跟随爱因斯坦的数学老师赫尔曼·闵可夫斯基的脚步，从一个前所未有的全新视角去领略现实世界，探索其中的奥秘。

漫长的等待

1905 年 6 月，阿尔伯特·爱因斯坦陆续发表了几篇具有奠基性意义的论文，分别探讨了光的粒子性、原子的大小以及时间和空间的相对性问题，在那之后，爱因斯坦并没有从专利局辞职，而是继续干他那份三级专利审查员的工作，并满心期待着早日听到其他同行的反馈或响应。

或许是因为爱因斯坦的颠覆性理论在当时还未有实验证据作为支撑，也或许是因为其论文的撰写方式不太符合当时的论文书写范式，又或许是因为他在当时的物理学界只是一个无名小卒，总之，那些习惯了通读《物理学年鉴》的物理学家大多都只匆匆浏览了爱因斯坦的论文，甚至直接略过。爱因斯坦十分失望，因为在《物理学年鉴》随后发行的数期刊物中，无一提及他的论文。在伯尔尼专利局二楼逼仄的办公室里，这位 26 岁的天才每天满怀期待地打开专属自己的小邮箱，却每每落空，可以想象当时的他该有多么沮丧。

1906 年初，爱因斯坦接到苏黎世大学的通知，他终于获得了博士学位；同年 4 月，爱因斯坦晋升专利局二级技术员。一切似乎都在往积极的方向发展。

1907 年，爱因斯坦向伯尔尼大学申请讲师职位，并提交了他撰写的有关狭义相对论的系列论文，然而，伯尔尼大学并没有通过他的申请，将他拒之门外了。随后，他又尝试申请一份高中老师的工作，23 名申请者中有 3 名进入面试，他依然未在其列。

传记作者罗兰·C.克拉克写道："相对性的概念不似陡然倾泻、压垮堤坝的泥石流，而是好像一点一滴缓缓渗入坚硬石灰岩的雨水，在之后的几年才渐渐深入人心。"渐渐地，开始有一些科学家谈及并讨论爱因斯坦的论著，还有人写信给爱因斯坦，邀请他见面探讨学术问题。

1907 年 8 月,一位非同寻常的人物叩响了爱因斯坦的家门。物理学家马克斯·冯·劳厄受德国最杰出的物理学家马克斯·普朗克(爱因斯坦用于解释光电效应的那道数学公式正是这位普朗克先生最先提出的)之托来到伯尔尼拜访爱因斯坦。

此后,普朗克回忆道,爱因斯坦那篇狭义相对论的论文"即刻勾起我极大的兴趣"。爱因斯坦的论文出版后不久,普朗克便在柏林大学就此课题做了一次专题演讲,并在 1906 年春天撰写了一篇探讨狭义相对论的文章。但讽刺的是,普朗克并不赞同爱因斯坦的光量子学说。

当时的爱因斯坦十分感慨,觉得自己终于得到了认可,或许这次自己真的要走好运了。然而,终究是事与愿违,直到两年之后,爱因斯坦才离开专利局,成为一名大学教授,得以全身心地投入他最钟爱的物理研究工作。

时空之父

从今往后,再没有独立的空间或独立的时间存在,留存在这宇宙间的唯有两者的混合体。

——赫尔曼·闵可夫斯基

赫尔曼·闵可夫斯基与阿尔伯特·爱因斯坦虽为师生,但他们之间的感情并不深厚。在苏黎世工业大学求学期间,按照学校要求,爱因斯坦必须修读闵可夫斯基的九门数学课程。不过,当时一心专注于物理研究的爱因斯坦尚未能理解这些数学课程的价值与意义。而且,当时正是叛逆青年的爱因斯坦还无法真正领会这位老师的卓越数学天赋以及正确评估他所取得的成就。所以,他自然也无法预知,在未来,他的这位数学老师的研究成果将成为自己构建的伟大理论——广义相对论的基础骨架。

赫尔曼·闵可夫斯基(图 8.1)1864 年出生于立陶宛,是个有着犹太血统的德国人。闵可夫斯基的一生十分短暂,但其数学成就又极其辉

图 8.1 时空之父——数学家赫尔曼·闵可夫斯基

煌。他在 18 岁时就与英国著名数学家亨利·史密斯共同获得了法国科学院数学科学的最高大奖，之后，其研究成果又为"现代泛函分析的蓬勃发展奠定了根基"。闵可夫斯基最为人称颂的是他为相对论所做出的学术贡献，他对狭义相对论进行了拓展性研究，运用数学手段将原本互相独立的时间和空间融为一体，而正是这项学术成果奠定了他在物理史上的不朽地位。

闵可夫斯基在初次读爱因斯坦发表于 1905 年的几篇论文时就深感震撼。他向物理学家马克斯·玻恩如此描述道："那几篇论文真的让我很震惊，因为在我的印象中，爱因斯坦在读大学期间就是个散漫的懒家伙，从来不做任何跟数学有关的研究。"之后，闵可夫斯基开始着手采用数学工具对狭义相对论进行系统表述。

1908 年 9 月 21 日，第八十届国际自然科学家与医生大会在德国科隆隆重举行。会上，闵可夫斯基向来自各国的科学家发表了自己的阶段性研究成果，并将演讲题目定为《空间与时间》。在这场著名的演讲报告中，闵可夫斯基正式提出将空间和时间统一成一个名为"时空"的四维实体。

闵可夫斯基宣称，爱因斯坦的狭义相对论可具象化为一个四维的"时空"连续体。那么，所谓的四维时空具体指的是哪四个维度呢？三个空间维度（上下、左右和前后）和一个时间维度。闵可夫斯基还提出了一个极具革命性的观点，即时间和空间并不是独立存在的，它们在数学层面是互有联系的。

　　闵可夫斯基一直认为，他所提出的这个"时空"概念是对爱因斯坦狭义相对论的另一种表述，而不仅仅是数学层面的补充。不过，爱因斯坦对这种说法并不十分认同。闵可夫斯基的论文中含有一个简单的物理预言，但爱因斯坦很快指出："该预言无法对任何已知的物理现象作出有效解释。"①

　　闵可夫斯基反过来也发表了自己对爱因斯坦的看法："这位年轻物理学家的数学基础并不十分扎实，对于这一点，我想我还是挺有资格作出评价的，毕竟，我就是他在苏黎世工业大学读书时的数学老师。"爱因斯坦与闵可夫斯基之间不甚愉快的交锋一直持续到 1909 年才画上句号，这一年，闵可夫斯基因急性阑尾炎不幸早逝，享年 44 岁。

你是在何时何地出生的

　　"时空"这一术语的具体含义究竟是什么？为了更好地将这一抽象概念具象化，我们先来观察一下这个长度与宽度坐标图〔见图 8.2（a）〕。在此图中，两条坐标轴之间的区域就代表了空间。

　　现在让我们一起着手勾画一个时空示意图〔见图 8.2（b）〕。什么是时空示意图呢？很简单，就是一个由两条坐标轴组成的坐标图，其中竖轴为时间，横轴为空间。（为求简便，三个空间维度我们只标绘其中一个。）那么，时间轴与空间轴之间的区域又代表什么呢？代表的正是时空。

　　此刻的我们正处于时空之中吗？是的，毫无疑问。然而，我们的惯有思维并不利于我们理解空间与时间的统一性。我们必须转变思维方式，不要单纯地仅从空间的视角解析位置或仅从时间的视角解析事件的发生，而应把事件视为一个在空间和时间——时空上均具有确定位置的存在。

　　严格来讲，事件是由它的时间和空间所指定的时空中的一点，换句话说，事件就是时空中的一个单点。此外，我们也需要对用于描述事件的

①　爱因斯坦指的是磁场中流通电流所产生的极化电流。（所谓"极化"指的是波的方向）

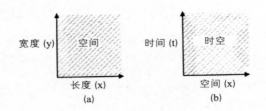

图 8.2 描绘时空
（a）描述长度与宽度的坐标图，两条坐标轴之间的区域代表空间。
（b）描述空间与时间的坐标图，两条坐标轴之间的区域代表时空。

语言作出一些相应的修正。比如原先，当你被问及"你是在何地出生的"，你势必会以空间中的某处作答，如加利福尼亚的圣迭哥；当被问及"你是何时出生的"，你会以某个时间节点作答，如 1985 年 6 月 15 日。

英语中用于描述位置点的词语没有一个是同时涉及空间和时间的。既然如此，那我们就自己造一个吧。遵照闵可夫斯基的理论，我们应这样发问："你是在何时何地出生的？"你的出生既关乎空间里的某个地点，也关乎时间轴上的某个节点，因此，你的出生就是时空中的一个事件。

假设在你前方 2 英尺（约 0.6 米）处有一闪光灯，早上 10 点整，该闪光灯开始工作。为了对这一事件有更直观的感觉，让我们来为其描绘一个时空示意图。如图 8.3 所示，横轴表示空间（为简便起见，只表现一个空间维度），竖轴表示时间；空间代表事件发生的处所，时间代表事件发生的节点；圆点（事件）代表事件在时空中所处的位置，即 10 点整 2 英尺外。

无垠宇宙间发生的一切，不管多么平凡，也无论多么伟大，都只是时空中的一个事件。早晨 8 点离开家门，傍晚 6 点回到家中，医院 5 室里婴儿出生，太阳表面光子溢出，流星撞击木星，某颗超新星爆炸，等等，这些皆为时空中的事件，每个事件都发生于空间中的某个确切地点以及时间轴上的某个确切节点，也即时空中的某一确定点。

因此，闵可夫斯基提出：我们应从事件的角度思考问题，而非单纯的地点角度；我们应从四维视角出发，而非三维视角；应把空间和时间统一为一个有机整体——时空。

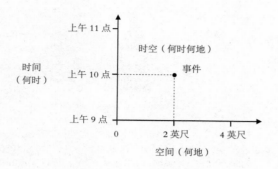

图 8.3　时空中的**事件**。
闪光灯事件的时空坐标为 2 英尺和上午 10 点。

宇宙的度规

空间在不同观察者眼中是不同的，时间亦是如此，时空则不然，它在所有人眼中都是一致的。

——E.F. 泰勒和 J.A. 惠勒

艾萨克·牛顿构筑的宇宙简单而有序，在这个宇宙中，空间中某两点之间的距离在所有观察者看来都是相同无差异的。同样，某两个事件之间的时间间隔在所有观察者眼中也是一样的。

在牛顿的物理世界里，我们大可放心地使用诸如卷尺、直尺一类的测量工具来测定距离（见图 8.4），因为无论我们如何移动，对于某两点之间的距离，它们总能给出不变的读数。时钟与手表亦同理。根据牛顿的理论，不管各时钟的相对运动如何相异，它们的行走速率总是一致的。

在牛顿的宇宙中，无论你在哪里进行测量，无论你的相对运动状态如何，空间和时间的计量单位总是永恒不变的，一英尺的物体永远是一英尺长，一英里的距离永远是一英里远，一秒的时长也就永远是一秒长。

125

（a）测量距离　　　　　　（b）测量时间

图 8.4　牛顿的度规

在牛顿物理学说中：（a）卷尺和直尺可用于测量空间，因为空间中的距离对于一切观察者而言都是相同的；（b）时钟可用于测量时间，因为时间的流动速度对于一切观察者而言都是相同的。

在这个宇宙里，空间的距离和时间的间隔是绝对的；换言之，它们具有可信赖的度规。

什么是度规？简单来讲，物理学中的"度规"是指某个永恒不变的量，可用作测量标准值。

对于牛顿的度规，爱因斯坦又会给出怎样的回答呢？任何空间量（距离）和时间量都不能用作通用度规，因为它们会受相对运动的影响而随时变化。距离与相对运动密切相关（长度收缩），时间也可能因相对运动而减缓流动的速度（时间膨胀）。

根据爱因斯坦提出的相对性原理，所谓的"静止"参考坐标系是不存在的，宇宙万物无一不做相对运动。据狭义相对论的观点，处于不同参考系的各观察者彼此之间处于相对运动状态，因此，对于空间的距离以及时间的流逝，他们测量所得的数值是不相同的。

另外，闵可夫斯基还提出了时间与空间的"交融"主张。假设你现在正处于静止状态，在所处空间不发生任何位移，但是，时间并未停下流逝的脚步，你依旧在变老，你依然在经历着时间层面的运动。

只要你在空间中运动，就会引发时间膨胀现象。（在静止的观察者看来）时间的流逝，也即你的时间，会放缓速率。从静止观察者的视角看，你在空间中的运动速度越快，你在时间上的运动就越慢，可见，这两种运动——空间中的和时间上的，并不是独立无关联的，它们会相互影响。

因此，时间和空间是相对的，而且是互有联系的，两者皆不能成为我们可依赖的标准度规。

时空间隔

我们就无法找到可用于量度空间和时间且对一切观察者皆无异的通用度规了吗？不尽然。这里就轮到赫尔曼·闵可夫斯基的研究成果发挥作用了。

假设你还留在教室里上我的物理课，此时，我们都坐在座位上，处于相对静止状态。根据相对论，由于我们之间不存在相对运动，所以我们处于同一个参考坐标系中。我们暂且把该参考系称为教室参考系。

现在，我请坐在教室右边的一位同学拍一下手，旋即又请坐在教室左边的一位同学拍一下手，这两次拍手构成了时空中的两个事件，而且，这两个事件发生的空间地点和时间节点均不相同。

同在教室参考系中的我们可用卷尺或直尺来测量两位拍手者在空间上的距离，我们将此距离称为两次拍手事件的空间间隔。同样，我们也可用秒表测量第一次拍手与第二次拍手之间流逝的时间长度，并将其称为两次拍手事件之间的时间间隔。

假定测量过程中所使用的设备以及测量的精度始终保持一致，那么我们将发现，所有静坐在教室里的人测量所得的两次拍手之间的空间间隔与时间间隔都是相同的。测量结果之所以一致，是因为我们彼此之间均处于相对静止状态，即处于同一个参考坐标系中。

假设此时英勇无畏的克拉什正驾驶宇宙飞船匀速掠过教室，飞船相对教室的运动速度恰为光速的一半。根据狭义相对论，对于两次拍手事件之间的时间间隔和空间间隔，克拉什的测量结果应与我们有所差别。因为他身处的是宇宙飞船参考系，同我们身处的教室参考系之间存在相对运动。

现在，将我们在教室中测量所得的两次拍手事件之间的空间间隔和时间间隔分别乘二次方，即将空间间隔的具体数值乘以其自身，再将时间间隔的数值乘以其自身。然后,将两个乘积相减,并把相减所得结果的平方根 ① 称为时空间隔。好的,现在请把我们计算得出的时空间隔的数值记录在笔记本上。

宇宙飞船中的克拉什也在进行着相同的计算。他把他测量得到的两次拍手事件之间的空间间隔数值乘二次方,又将时间间隔数值乘二次方,然后将两个乘积相减,并计算相减所得结果的平方根,最后也在笔记本上记下求得的时空间隔数值。

接着,我们与克拉什会面,对比各自记录的各项数值。正如我们所预料的那样,坐在正处于高速运动状态的飞船中的克拉什所测量到的空间间隔数据与我们记录的数值并不相同,时间间隔也不相同。为什么会出现这样的差异呢?因为克拉什与我们处于相对运动状态。

但是,当我们查看克拉什计算出的所谓时空间隔——时间间隔的平方与空间间隔的平方之差的平方根的数值时,我们发现,他的演算结果与我们的竟是一致的!

教室中的我们和飞船中的克拉什测量所得的两次拍手事件之间的时间间隔和空间间隔均不相同,但是,我们用这些数据推算得到的时空间隔却是一致。

这便是闵可夫斯基的深刻洞察力——取时间间隔的平方值与空间间隔的平方值之差的平方根,就可得到一个不会随相对运动的变化而变化的间隔:时空间隔。

时空间隔的公式为(以光速作为一个单位,即光速为 1):

时空间隔的平方等于时间间隔的平方与空间间隔的平方之差, 若以常用单位表示,公式应表述为:.

(时空间隔)^2 =(时间间隔)^2 -(空间间隔)^2

$$\Delta S^2 = \Delta t^2 - \Delta x^2$$

此处:Δt 是两次事件之间的时间间隔;Δx 是两次事件之间的空间间隔。

---

① 此处应是算数平方根,后同。——编注

〔事实上，时空间隔共有三种形式，这里的这道公式表示的是类时（timelike）时空间隔。三种不同类型的时空间隔的详细介绍请见附录 B。〕

你还记得高中数学课上的勾股定理吗？不记得了？那就让我来唤醒你的记忆吧。有一个角为 90° 的三角形为直角三角形，90° 角所对的那条边为斜边，据古希腊数学家毕达哥拉斯演算，直角三角形的斜边的平方等于另外两条边的平方之和。

闵可夫斯基的时空间隔公式与勾股定理有几分类似，只不过时空间隔公式是取平方之差，而勾股定理是取平方之和。事实上，有时我们会将闵可夫斯基的时空间隔公式称为修改版勾股定理。

致读者：通过选择适当的计量单位，我们可以用空间间隔的平方减去时间间隔的平方，比如以光年为距离单位，同时以年为时间单位。如前所述，这样可令光速 c 等于 1，并将其从公式中消除。

闵可夫斯基是如何想出时空间隔公式的呢？从洛伦兹变换推导而来的，而洛伦兹变换又是爱因斯坦从光速不变原理推导而来的。可见，是光速的绝对性决定了时空间隔的绝对性——两者均不受匀速运动影响。

现在，让我们试着理解一下时空间隔的内涵。图 8.5 所示是一个时空示意图，横轴（x）代表空间，竖轴（t）代表时间，两轴之间的区域代表时空。

你是否觉得图 8.5 有些许古怪？观察一下 A 与 B 之间的那道实对角线（即直角三角形的斜边），它代表的是从事件 A 到事件 B 的时空间隔，它看起来比两条虚线长，但实际上，它代表的是两条虚线的平方之差的平方根（两条虚线分别代表时间间隔和空间间隔）。

既然实线等于两条虚线的平方之差的平方根，它又怎么可能比两条虚线都长呢？不可能。实际上，时空间隔应短于空间间隔和时间间隔。然而，当我们在平面纸张上绘制时空示意图时，总会出现某种“失真”效果，即斜线看起来会长于其真实长度。烦请记住这一点，因为它是具象化时空示意图的关键点。

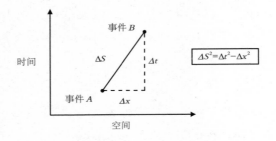

图 8.5　时空间隔，ΔS

两个拍手事件分别发生在不同的时间点以及不同的地点，两个事件之间的空间间隔（距离）为 Δx，时间间隔为 Δt。根据闵可夫斯基的时空间隔公式 $\Delta S^2 = \Delta t^2 - \Delta x^2$ 可推算出两个事件之间的时空间隔 ΔS。

　　时空间隔与空间中的距离类同，我们可以把时空间隔想象为测量时空中两个事件之间的"距离"。

　　正如上文所指出的，时空间隔不具备相对性——它是绝对的。它对处于相对运动状态的一切观察者而言均是相同的，因此，它应当有资格成为宇宙的度规，用于量度时空中任意两个事件之间的间隔。

　　由于时间间隔和空间间隔相互联系、相互制约，而时空间隔又具备绝对性，因此，我们可得出以下结论，即在我们寄身的宇宙中，时间和空间是紧密相依、难以分割的。并且，之后我们将看到，时间和空间之间的连接点——时空，其本身就具有深远的意义。

爱因斯坦上课没认真听讲

　　"天哪，这道题好像更难了，得静下心来好好想一想了。"

　　伊桑是一位梦想成为宇航员的学生，他正在专心致志地攻克《相对论 101 题》，不过目前他才进行到第二道题就被绊住了脚步。这道题十分抽象，似乎确实有些难度。

　　相对论 101 题：

　　问题 2——假设在静止参考系中，某两个事件之间的时间间隔和空间间隔为：

时间间隔：　$\Delta t_{rest}=5$ 秒

空间间隔：　$\Delta x_{rest}=4$ 光秒（约为 1 198 961 千米）

（a）运用洛伦兹变换，计算在某相对运动速度为 $0.25c$ 的匀速运动参考系中时间间隔和空间间隔的数值；

（b）分别计算静止参考系和匀速运动参考系中时空间隔的数值，并列表对比两者的计算结果。

请写出详细运算过程。

"冷静冷静，"伊桑给自己鼓劲道，"你可以的！就从简单的部分开始解决吧！"

静止参考系

伊桑首先在纸上抄下静止参考系中的时间间隔和空间间隔：5 秒和 4 光秒，之后，再写下闵可夫斯基的时空间隔公式。他将时间间隔和空间间隔的具体数值代入公式，先分别求两者平方值，而后相减，再取平方根，最后计算得出，静止参考系中的时空间隔为 3。

"不过，这里的计量单位应该是什么呢？"伊桑喃喃自问着，"嗯，时间间隔的单位是秒，空间间隔的单位是光秒，所以到这里所有单位都抵消掉了，最终的时空间隔计量单位应当是秒。也就是说，答案是 3 秒。"（完整计算过程请见下文）

匀速运动参考系

"好，简单的部分搞定了，现在得来解决困难的部分了。匀速运动参考系中的空间间隔和时间间隔是多少？是用时间膨胀公式来计算吗？还是长度收缩公式？我真的混乱了……

"我还是再仔细审一遍题吧。哦，题干已经说了，使用洛伦兹变换。那应该是要用完整的洛伦兹变换公式吧？应该是这样的吧！那就开始吧……"

伊桑在草稿纸上写下早已印刻在心的洛伦兹变换公式（不过他并不了解这道公式的物理含义），并将静止参考系中的空间间隔数值和时间间隔数值代入公式。

"哦，我算出的运动参考系中的时间间隔竟同时取决于静止参考系中的时间间隔和空间间隔。嗯，教授在课堂上好像提到过这一点，这是时间和空间之间的联系。题目所给的该参考系的相对运动速度是 $0.25c$，代入之后会算出什么结果呢？"

伊桑解出，匀速运动参考系中的时间间隔是 4.13 秒。

"好的，接下来就该解决空间间隔了。嗯，毫不例外，它也同样取决于静止参考系中的时间间隔和空间间隔。"

伊桑运算得出，匀速运动参考系中的空间间隔为 2.84 光秒。

"我还是得复核一遍运算过程，免得犯不必要的计算错误。"

"行了，我想最难的部分已经搞定了。接下来就得开始计算匀速运动参考系中的时空间隔了。让我想一想……取值，算平方值，将两个平方值相减，然后取平方根。嗯，希望我没有算错。"

伊桑终于解出了匀速运动参考系中的时空间隔，答案是 3 秒。

"哇！真的就像闵可夫斯基说的那样，两个事件之间的时空间隔数值在两个参考系中是一致的，都是 3 秒。"

（伊桑解题的答案总结见表 8.1）

表 8.1　时空间隔：ΔS 的数值在静止参考系和匀速运动参考系中是一致的

参考坐标系	时间间隔 (Δt)	空间间隔 (Δx)	时空间隔 (ΔS)
静止	5 秒	4 光秒	3 秒
匀速运动	4.13 秒	2.84 光秒	3 秒

就像这个例子所表明的，闵可夫斯基提出的公式的确切实有效。静止参考系和运动参考系中的时间间隔是不同的，分别为 5 秒和 4.13 秒，

同时，两个参考系中的空间间隔也有差异，分别为 4 光秒和 2.84 光秒。

但是，静止参考系和匀速运动参考系中的时空间隔数值却是完全一致的，两者皆为 3 秒，可见，时间间隔和空间间隔受匀速运动影响，时空间隔则不然。

伊桑的运算过程详见如下：

（A）在静止参考系中

静止参考系中的时空间隔：

$$(\Delta S_{rest})^2 = (\Delta t_{rest})^2 - (\Delta x_{rest})^2 = 5^2 - 4^2 = 25 - 16 = 9$$

$$\Delta S_{rest} = sqrt（9）= 3 \text{ 秒}$$

（B）在匀速运动参考系中

根据洛伦兹变换公式（详见附录 A），速度为 0.25c 的匀速运动参考系中的时间间隔为：

$$\Delta t_{moving} = (\Delta t_{rest} - v\Delta x_{rest}) / sqrt（1-v^2）$$

$$= \frac{5 - 0.25 \times 4}{0.968} = \frac{4}{0.968}$$

$$= 4.13 \text{ 秒}$$

匀速运动参考系中的空间间隔为：

$$\Delta x_{moving} = (\Delta x_{rest} - v\Delta t_{rest}) / sqrt（1-v^2）$$

$$= \frac{4 - 0.25 \times 5}{0.968} = \frac{2.75}{0.968}$$

$$= 2.84 \text{ 光秒}$$

匀速运动参考系中的时空间隔为：

$$(\Delta S_{moving})^2 = (\Delta t_{moving})^2 - (\Delta x_{moving})^2 = 4.13^2 - 2.84^2 = 17 - 8 = 9$$

$$\Delta S_{moving} = sqrt（9）= 3 \text{ 秒}$$

以上这组数字只是用以佐证时空间隔绝对性的一个例子。在该例中，时空间隔的数值恰好是 3，若换成其他事件，时空间隔可为任意数值。

图 8.6　赫尔曼·闵可夫斯基或许会有这样的想法

不过，对于给定的两个事件，无论观察者的匀速运动速度是多少，其时空间隔恒定不变。

闵可夫斯基（图 8.6）从数学层面证明了时空中任意两个事件之间时空间隔的绝对性。不管两个事件之间的空间间隔和时间间隔是多少，不管匀速参考系的相对运动速度是多少，两个给定事件之间的时空间隔始终恒定不变。空间间隔是相对的，时间间隔是相对的，而时空间隔是绝对的。

闵可夫斯基提出的这一"时空间隔"概念意义非凡。为什么呢？因为它为物理学家提供了一个可将宇宙所有事件统一连接的渠道，而且，该方式不受匀速运动影响。在与时空物理现象有关的数学运算中，所有狭义相对论公式都是以四维时空为基础依据进行推演的。此外，在本书的第二部分中我们将看到，广义相对论的核心支撑点就是四维时空和时空间隔。

腕表上流过的时间

或许你会觉得，时空间隔这一概念过于抽象；或许你会心生疑问，它与我们的日常生活到底有何关系。实际上，我们可以不通过任何复杂运算直接对时空间隔进行测量。

如何测量？只须观察腕表上流过的时间。

假设现在正处于未来的某一时间点，此时，太阳系规模最大的卖场火星商场正在进行力度空前的打折销售，所以，你决定驾驶你新近购入的最新款火箭前往火星，为你的家具机器人采购必需零部件。

假设你以 0.8c（即光速的80%）的速度从地球匀速向火星行进，在此速度下，只需 15 分钟（这是你所戴腕表记录的时间）你便能抵达火星。

此过程包含两个事件：（1）离开位于地球的家；（2）到达位于火星的商场。若以你为参考系，这两个事件之间的时间间隔和空间间隔分别是多少呢？

由于你身处火箭（火箭处于匀速运动状态）之中，所以你感觉你与火箭是静止不动的。从你的视角看，火星正朝你步步趋近，而后视镜里的地球则正逐渐后退。换言之，在你看来，你自己是静止的，地球正远离你，火星则正朝你而来。以你自身为参考系，你永远静止不动，外部世界则每分每秒都从你身旁经过。

我试着把我自身这一参考系想象成三个互相垂直的箭头，这三个箭头黏附在我的头顶，代表着空间，三个箭头相交的原点处有一时钟，代表着时间（如图 8.7 所示）。以我自身视角为基准，也即以我为参考系，当我沿着时间移动时，整个世界也在围绕着我进行运动。是的，一切都以"我"为中心——我们每一个人都在经历着这一切，你也不例外。

所以，若以你自身为参考系，从地球到火星这一过程的时间间隔和空间间隔应是多少？

时间间隔——在你的参考系中，根据你所戴腕表的记录，两个事件——离开地球和到达火星，之间的时间间隔仅为 15 分钟。

空间间隔——你的参考系中的空间间隔是怎样的？这个问题稍复杂。你既处于第一个事件（离开位于地球的家）中，又处于第二个事件（抵达火星）中。而且，请牢记，在你的参考系中，你始终处于静止状态。

因此，是地球远离你以及是火星趋近你。从你的视角出发，这两个事件——离开地球和到达火星，是发生在同一地点的。哪个地点？你所在之处。

所以，你测量所得的两个事件之间的空间距离应为 0。也就是说，在你的参考系中，两个事件之间的空间间隔为 0。虽然这听起来似乎有

图 8.7　以你自身为参考系
你与你的时空坐标始终处于静止状态，是外部世界向你趋近／远离。

些诡异和费解，但这确实就是爱因斯坦的相对性原理所主张的观点。

时空间隔——所以，此情况下的时空间隔又是多少呢？由于空间间隔为 0，所以时空间隔就等于时间间隔。因此，以你为参考系，离开地球和到达火星之间的时空间隔就等于你所戴腕表上流逝的时间（此例中，该时间为 15 分钟）。物理学家也将此时间称为固有时（proper time）。

其数学推导过程如下：

$$\Delta S^2 = \Delta t^2 - \Delta x^2$$
$$= 15^2 - 0^2$$
$$= 15^2$$
$$\Delta S = 15 \text{ 分钟}$$

图 8.8 以图像和"闵可夫斯基"时空示意图的形式呈现了这一趟地球到火星的旅程。横轴依然代表空间，竖轴代表时间。物理学家们将你在时空中的穿行路径称为你的"世界线"。所谓的世界线就是指观察者或物体在时空中从一个事件到另一个事件的运动路径。

每看到一个时空示意图，你都必须确认这样一个问题："它处于哪个参考系？"在这个案例中，示意图所处的是那个始终与你相伴的参考系，即以你自身作为参考系。

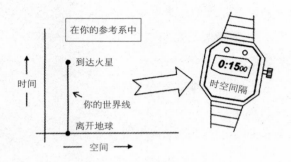

图 8.8　腕表记录的时间

若两个事件你均置身其中，那么它们之间的时空间隔就等于其时间
间隔（即你所戴腕表记录的时间）。

由于是以你自身为参考系，因此你总是保持着静止，不在空间中做任
何位移（从你自身的视角看）。但是，在时间轴上，你又始终处于运动状
态。因此，图 8.8 中，你的世界线是一条沿着时间轴方向延伸的垂直直线。

这其中的关键点在于，这两个事件——离开地球和到达火星，你均
置身其中。请牢记，从你的角度看，你始终保持着静止，是火星朝你行
来。所以，在你的参考系中，两个事件之间的空间间隔是 0。

但是，对于火星的居民而言，情况又是怎样的呢？他们将如何确定
这两个事件之间的时空间隔？

以火星商场为参考系——定居火星的人们以他们自身为参考系，对
两个事件之间的时间间隔和空间间隔进行测量，而后，应用闵可夫斯基
的公式计算时空间隔。由于他们与你处于相对运动状态，他们量度所得
的时间间隔和空间间隔势必与你测量的结果有所差异，不过，他们最后
演算得出的时空间隔与你的计算结果却是一致的，均为 15 分钟。

事实又一次证明，两个参考系（火箭中的你以及火星上的居民）中的时间间
隔和空间间隔虽有不同，但时空间隔是恒定不变的。（计算结果总结见表 8.2）

演算过程如下：

你驾驶的火箭速度为 0.8c，此速度下的洛伦兹因子 F 为：

$$F=sqrt（1-0.8^2）=0.6$$

（A）以你自身为参考系（火箭中）：

时间间隔为 15 分钟，空间间隔为 0。

因此，时空间隔 ΔS=15 分钟。

在你看来，地球和火星之间的距离应为：

距离 = 速度 × 时间 =0.8×15 分钟 =12 光分

（B）对于火星居民而言（地球 – 火星参考系）：

（为了方便计算，暂且假设地球和火星处于相对静止状态。）

时间间隔为 $\dfrac{15 \text{ 分钟}}{0.6}$=25 分钟（由于时间膨胀）

空间间隔为 $\dfrac{12 \text{ 光分}}{0.6}$=20 光分（由于长度收缩）

时空间隔为 $\Delta S^2=25^2-20^2=625-400=225$

因此 $\Delta S=sqrt（225）$=15 分钟

表 8.2 地球 – 火星参考系和你 – 火箭参考系中的时空间隔是一致的

参考坐标系	时间间隔	空间间隔	时空间隔
火星商场（地球 – 火星）	25 分钟	20 光分	15 分钟
你（你 – 火箭）	15 分钟	0 光分	15 分钟

假设我们身处的是进行相对论级速度的时空旅行已是家常便饭的时代，银河系太空委员会应当会把时空间隔选定为量度"距离"的唯一度规。地球居民、飞船上的太空旅行者、来自遥远星系的外星人等或许会为哪个才是正确的时间间隔和空间间隔争吵不休，但他们毫无例外都将对时空间隔的数值一致认同——时空间隔便是时空的度规（即度量标准）。

岁数相差很大的双生子

扎斯洛这对双胞胎兄弟打算挑战一个难以想象的任务，为了完成该任务，他们将要分开一段时日。新近建成的千米太空望远镜在绕葛利斯 581 恒星运行的一颗行星上检测到了神秘信号——该行星距离地球足有 20 光年之远。神秘信号大约每三天重复一次，似乎具备某种特定模式。

这是某种智慧生命发出的信号吗？科学家尚无法确定，于是他们请求联合星球的政府拨款，支持他们派遣人员前往该星球探察信号来源。科学家把该星球定名为"特拉"。

扎斯洛兄弟双双入选特拉探险任务，因为他们年轻力壮且极富太空飞行经验。此外，他们在惯性天平事件中展现出的领导能力也让科学家们大为赞赏。不过，史蒂夫不幸患上了火星呼吸道感染，该病以症状明显、发病持久著称。

"我好难受，我连头都快抬不起来了，"史蒂夫哀号着，"这趟任务我肯定是去不了了。"

"如果是这样的话，那我也不去了，我留下来陪你。"阿里安纳说道。

虚弱的史蒂夫笑了笑，鼓励道："你该不会是认真的吧？嘿，这可是千载难逢的机会，你应该去的。去吧！"

阿里安纳在无法留下陪伴兄弟的歉疚和对星际旅行的渴望之间犹疑彷徨。最终，在史蒂夫的鼓励下，阿里安纳决定随队出发，前往探险。

他们两人都知道这意味着什么——陌生之地的未知危险，两人的长时间分别，以及阿里安纳归来时他们需要共同面对的永久性变化。

就这样，阿里安纳启程前往遥远的未知星球，史蒂夫则留守原地。在最新研发的物质－反物质引擎的推动下，阿里安纳搭乘的飞船可加速至光速的 90%（0.9c），并保持该速度行进。

即便飞船速度高达 0.9c，也需要 22 年方能抵达特拉星球，返回地球甚至需要更长时间——从地球居民的角度看，这趟旅程来回共需 45.1 年。

与留守地球的史蒂夫处于相对运动状态的阿里安纳势必经历效果显著的时间膨胀效应。此时的洛伦兹因子 F 为：

$$F=sqrt（1-0.9^2）=0.436$$

所以，对于阿里安纳而言，这趟远程之旅只须花费：

$$45.1 \text{ 年} \times 0.436 = 19.7 \text{ 年}$$

因此，返回地球时，阿里安纳衰老尚不足 20 年，但史蒂夫却已经老了 45 岁。他们现在正值 25 岁的青春年华，但是，待到阿里安纳返回地球时，史蒂夫将是 70 多岁（25+45.1）的古稀老人，而阿里安纳却只有 44 岁（25+19.7）。

让我们来为这个所谓的"双生子悖论"（该悖论由法国物理学家保罗·郎之万于 1911 年首次提出）绘制一个时空示意图。图 8.9 以地球为参考坐标系，描绘反映了阿里安纳前往特拉星球以及返回地球的过程。

为了简化过程分析，我们在此假设：（a）地球和特拉星球处于相对静止状态；（b）在阿里安纳进行星际探险期间，留守地球的史蒂夫始终保持静止；（c）阿里安纳的飞船一抵达特拉星球便返航。

史蒂夫的世界线——如图所示，史蒂夫在时空中的世界线是一条由 A 指向 C 的垂直直线。为什么呢？因为以地球为参考系，史蒂夫始终处于静止状态，从他的角度看，他只在时间轴上运动，在空间中并没有发生任何位移。

阿里安纳的世界线——阿里安纳往返地球和特拉星球的世界线由路线 ABC 表示。阿里安纳沿着两道斜线运动，既经历了时间上的变化，也

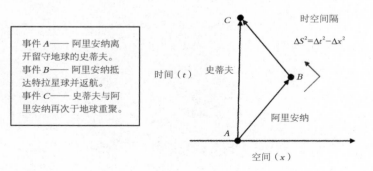

图 8.9　双生子悖论

史蒂夫的世界线为线段 AC，只与时间轴重叠；阿里安纳的世界线由线段 AB 和 BC 共同组成，且具有空间构成成分。由于时空间隔等于时间间隔的平方与空间间隔的平方之差的平方根，因此，阿里安纳的时空间隔（腕表上记录的时间）应小于史蒂夫的时空间隔，因此，当他返回地球时，他将比史蒂夫年轻。

经历了空间中的迁移。

谁的世界线更长？是史蒂夫的路线 AC，还是阿里安纳的路线 ABC？接下来，我们将利用时空间隔来找出答案。

时空间隔

以史蒂夫为参考系，事件 A 到事件 C 之间的时空间隔应等同于时间间隔，即史蒂夫所戴腕表记录的时间（固有时）——45.1 年。（因为史蒂夫在空间中没有进行运动，所以不存在空间间隔，因此时间间隔的平方无须减去空间间隔的平方，可直接等于时空间隔的平方值。）

但是，阿里安纳的世界线从 A 到 B，再从 B 到 C 均经历了空间和时间上的运动，因此，在计算阿里安纳从事件 A 到事件 B、再从事件 B 到事件 C 的时空间隔时，必须从时间间隔的平方值中减去空间间隔的平方值。

此番相减运算势必令时空间隔数值减小，缩短的时空间隔意味着阿里安纳所戴腕表记录的时间（固有时）应小于史蒂夫的。

其数学运算过程具体如下（以地球为参考坐标系，约数，非准确值）：

（A）史蒂夫的世界线

事件 A（飞船离开地球）与事件 C（飞船返回地球）之间的时空间隔推算如下：

飞船运动速度为 $0.9c$，特拉星球距地球 20.31 光年。

所以飞船从地球达到特拉星球所需的时间为：

时间 = 距离 / 速度 = 20.31 光年 /0.9 光年 / 年 ≈ 22.56 年（应为 22.57 年）

因此，飞船往返所需时间为 2 × 22.56 ≈ 45.1 年（史蒂夫所戴腕表记录的时间）

（B）阿里安纳的世界线

事件 A（飞船离开地球）与事件 B（飞船抵达特拉星球）之间的时空间隔推算如下：

$$\Delta S^2 = \Delta t^2 - \Delta x^2$$

$$=22.56^2-20.31^2$$

$$\approx 96.4$$

$$\Delta S^2 = sqrt（96.4）= 9.82 年$$

这就是阿里安纳从地球到特拉星球所需的固有时。

因此，阿里安纳的往返旅程（从地球到特拉星球再回到地球）所需的时间为：

$$2 \times 9.82 \approx 19.7 年$$

以上运算表明，对于史蒂夫而言，事件 A 与事件 C 之间的时空间隔或腕表时间为 45.1 年，而对于阿里安纳而言，从事件 A 到事件 B 再到事件 C 的时空间隔或腕表时间为 19.7 年。所以，阿里安纳衰老的年岁应小于史蒂夫。

但是，以上运算均是以地球为参考系进行的，若以阿里安纳搭乘的飞船作为参考坐标系，运算过程又会有怎样的异同呢？[①]

史蒂夫世界线上的时空间隔数值将保持不变，阿里安纳世界线上的时空间隔数值也将保持不变。请记住，时空间隔具有绝对性，不受匀速运动影响，所以我们采用哪个（匀速运动）参考系作为计算基准其实无关紧要，因为最后得出的结果总是相同的（总结详见表 8.3）。

表 8.3　双生子悖论

双生子	腕表记录时间（年）（往返两程）	年龄（岁）	
		旅程伊始	旅程结束
留守地球的史蒂夫	45.1	25	年过 70
搭乘飞船的阿里安纳	19.7	25	不到 45

地球到特拉星球的距离为 20.31 光年（以地球为参考系），飞船运动速度为 0.9c。
星际探险结束回到地球时，史蒂夫已年过 70 岁，而阿里安纳却还在等着举行 45 周岁生日聚会。

---

① 对于阿里安纳而言，实际上共存在两个参考系——地球到特拉星球以及特拉星球到地球。一旦飞船掉转运动方向，参考系就马上改变。

返程

2950 年 8 月，一个阳光明媚的早晨，派往特拉星球的伟大探险队终于回到地球。早晨总有晴朗的好天气，据报道，只有下午两点到五点才会下细微小雨。飞船降落地点附近的广场和路边挤满了前来迎接探险队的民众，电视台将对降落过程进行全程直播，不仅地球，太阳系中有人类定居的其他四个行星和两个卫星以及十七个空间站均能收看此盛事。

此时已是古稀之年的史蒂夫也带着其妻子、两个孩子以及他们的配偶，还有四个孙子一齐来到了肯尼迪－鹰羽太空中心，只为第一时间迎接他的双胞胎兄弟阿里安纳。

飞船终于穿过云层，出现在人们的视野中，缓缓着陆。舱门徐徐打开，探险队人员陆续下机。"他们看起来好年轻！"民众惊呼道。

阿里安纳是最后一个走下舷梯的，他身旁还跟着两个身高约 5.5 米的外星人。两个外星人包裹在由透明乙酸纤维素做成的密不透风特制套装里，以免受到地球有毒气体的侵害。他们的皮肤五颜六色，在太阳光的映照下，闪耀着液体般的光泽。围观人群无不震惊。

史蒂夫的视线像钉子一般牢牢盯着阿里安纳，而阿里安纳也一眼就从汹涌的人潮中找到了史蒂夫。他们遥遥相望，泪水涌上眼眶，如决堤的洪水奔涌而出。他们走向对方，紧紧相拥。情绪稍稍平复之后，史蒂夫开始向阿里安纳介绍自己的家人。

"这是你们的阿里安纳叔叔，他终于平安回家了，"史蒂夫语带哽咽，"阿里安纳，你看起来精神真好。"

阿里安纳只是轻声应道："是吗？"再无法说出任何宽慰之语。

阿里安纳与探险队成员于 2905 年离开地球，对于他和飞船上的成员而言，时间的流速与往常无异。在他们看来，待他们再次踏上地球的土地时，地球日历上的年份应是 2925 年，毕竟，他们只衰老了 20 岁。

但是，当他们回到地球，日历上却清晰地标示着，此时地球已是2950 年。尽管他们已然充分预料到这个局面，但是，当这一刻真的来临时,他们内心依旧十分震骇——自己竟一脚踏进了 25 年后的未来!

从理论上讲,只要飞船速度足够快,阿里安纳甚至可在一年内完成这趟从地球到特拉星球再返回地球的旅程,并在回归地球的瞬间穿越至几千年后的未来。如果阿里安纳搭乘的飞船速度可达 $0.9999999c$,洛伦兹因子 F 将为 0.0004472,倘若阿里安纳以该速度进行为期一年的太空飞行,等他重归地球时,地球已然度过了 2236 个(1 除以 0.0004472)年头!

不过,在这里我们必须注意一点——根据狭义相对论,这样的时间旅行只能是一趟单向行程。"或许你可以轻松地买到一张遨游外太空的往返双程票,"物理学家爱德文·F.泰勒和约翰·阿奇博尔德·惠勒这样写道,"但是,对于通往未来的车票,你永远只能买到单程票。"阿里安纳可以跨越进入未来,却无法回到过去。

在日常速度下,时间旅行的影响自然是微乎其微并可忽略不计的,但不管效果多么微弱,它们都是真实存在的!只要你处于运动状态,你就会经历这种效应。

我们都是时间旅行者!

谁变老了? 为什么

"我还是不明白,"史蒂夫疑惑道,"他们说,这个所谓的时间膨胀效应是双向进行的,也就是说,如果我和你处于相对运动状态,那么,在我看来,你的时间流速将减缓,可是在你看来,我的时间流速应该也会减缓的,不是吗?"

"应该是的吧。"阿里安纳答道。

"那你怎么会老得比我慢呢?我的意思是,从你的视角看,你的飞船是静止的,而我则处于运动状态,所以,为什么不是我老得慢一些呢?"

"嗯……这个嘛……"阿里安纳思索道,"我们两个人不可能同时都老得慢。我的意思是,假如时间层面真的有所改变,那么我们两个人之间势必有一个比较年轻。"

"嗯，这一点我明白。虽然我理解这个时间膨胀的理论，但我还是想不通为什么你会老得比我慢。"

"我有个提议，"阿里安纳说道，"不如我们去请教一下帕特吧。"

于是，这对双生子再次向他们的物理学家妹妹投去求援的目光。帕特首先向阿里安纳发问。

"在飞船改变巡航速度、掉转方向启程从特拉星球返回地球的那一刻，身处飞船中的你有什么样的感受？"

"当飞船的前推进器开启且飞船开始降速时，我的身体整个前倾，紧紧压在座椅安全带上。"

"飞船完成掉头，开始往地球方向行进的时候，你又有什么感觉呢？"

"在飞船加速至匀速巡航速度的过程中，我感觉身体整个压挤着座位。"

"那么，史蒂夫，在阿里安纳外出探险的这段时间里，你曾有过类似的感受吗？"帕特询问道。

"没有，一点也没有。"

"你看，阿里安纳，这就是问题所在了，"帕特解释道，"在飞船掉头返航的过程中，你经历了加速度效应，而史蒂夫没有。"

"正是这个加速度过程，导致阿里安纳所处参考系的时间流速减缓。有一点需要注意的是，在物理学中，加速度过程既包含加速也包含减速。"

"所以……这一切的根源就是飞船在特拉星球掉头返航时的减速与加速过程？"史蒂夫震惊道。

"是的，就是掉转方向时的加速度造成的，那就是阿里安纳的时间流逝速度慢于你的原因所在。"

"好的，我大致听明白了。妹妹，可太感谢你的'简单'讲解了！"两兄弟挠着头跟妹妹道谢。

验证

你对这番解释依然存疑？有这样的念头是非常正确的。对于新兴的理论观点，真正具有科学精神的人是不会仅听几个凭空想象出来的案例分析就全盘接受的。在物理学中，一切还需要实验证据说话。

如今现有的技术尚不足以支撑我们将宏观物体（如飞船和人类）加速至相对论级速度，不过，对于微观物体，我们的技术已可满足。所以，让我们再一次把目光投向我们的"老朋友"——μ介子。

1975年，意大利粒子物理学家埃米利奥·毕加索领导的国际性实验团队利用欧洲核子研究组织全新建成的μ介子储存环进行实验。他们将μ介子射入实验设备，使其在磁场的牵引控制下，不停循环进行"旋转木马"式的圆周运动（圆周直径约为14米）。此实验旨在检验电子理论中的一个基本观点，同时，也是对双生子悖论的加速度解释的一个验证。

在这种圆周运动中，物体的运动方向时刻变化，由于方向的改变也是加速度的一种表现形式，因此，做圆周运动的μ介子始终具有加速度。

μ介子与实验室的相对运动速度可达光速的99.4%。若以静止状态下的μ介子生命周期为判断基准，μ介子只能在储存环中做14～15圈圆周运动。

倘若爱因斯坦的理论是正确的，加速的μ介子势必经受时间膨胀效应，其时间流速必然减缓，相应地，其生命期亦会延长（从身处实验室的实验者的角度看）。多次实验结果表明，高速运动的μ介子平均可绕储存环做400圈圆周运动。换句话说，μ介子的生命期足足延长了30倍。值得一提的是，实验的测量结果与爱因斯坦的预测仅有不到1/500分的误差。

所以，是具有加速度的μ介子（经历了加速与减速过程的阿里安纳）经历了时间流速的减缓。此后，无数实验室实验以及太空飞船、火箭和卫星中放置的原子钟均证实了这一点——经历了加速度过程的参考系将显示出时间变慢的效果。大量的实验证据再次掷地有声地宣布，爱因斯坦是正确的！

（狭义相对论和广义相对论均可解释双生子悖论。详解请见尾注。）

时空与万有引力

闵可夫斯基这篇阐述时空本质的论文起初并未引起爱因斯坦的关注，因为爱因斯坦认为，它"只是"一种数学层面的抽象推理，无法实际应用于物理世界。爱因斯坦曾写下这样的嘲弄文字："你可以用数学证明一切。"或许，他对闵可夫斯基的主观感情影响了他的客观判断。

多年后，爱因斯坦对这些言论感到深深的懊悔。在研究有关万有引力的新理论时，爱因斯坦开始领会"闵可夫斯基的研究成果的强大解释力以及其中所蕴含的深刻哲学内涵"。他意识到，有关时空的数学运算对于其新理论的发展具有关键作用。爱因斯坦后来承认："若没有闵可夫斯基的四维数学运算，相对论或许难逃胎死腹中的命运。"

闵可夫斯基的时空理论框架最终成了爱因斯坦广义相对论的基础核心。时空间隔的绝对性为爱因斯坦提供了一个度量标准以测量这个充斥着相对运动的宇宙———把可用于量度宇宙一切事件的通用"标尺"。

最令人震惊的是，爱因斯坦竟提出，时空并不是刚性平直的静态构造，相反，它可在质量和能量的影响下弯曲。而正是此"时空曲率"将我们紧紧束缚于地球表面，它是一切天体运动的动力，把各行星、恒星、星系和星系团的运转精心编排成一曲悠扬和谐的宇宙之舞。时空曲率就是万有引力。

图 8.10　前往木星庆祝新世纪的广告

　　而这便是本书第二部分的叙述主体。

　　假设现在是公元 3000 年，以相对论级速度进行太空旅行早已是稀松平常之事。在这样的一个世界里，我们不知道第几代后人已根本不会再质疑时间膨胀是否存在以及如何将其应用于实际的问题。对于他们而言，时间膨胀只是其日常经历的一部分。

　　以上这个广告（图 8.10）正在宣传一个前往木星庆祝新世纪的狂欢活动。该飞船的巡航速度将达到光速的三分之二，也即约 7.19 亿千米／小时，在此速度下，飞船仅需两个地球时便可往返木星和地球，不过，由于运动会令时间流速减缓，对于飞船中的乘客而言，该趟往返之旅仅需一个半小时。

第二部分

宇宙的奇迹

——

爱因斯坦所揭示的:

广义相对论、万有引力与宇宙

第 9 章
我想知道上帝是如何创造这个世界的

我想知道上帝究竟是如何创造这个世界的……
我只是想了解他的想法，
其他的只不过是细节问题而已。
——阿尔伯特·爱因斯坦

倘若狭义相对论的各则基本原理以及推论预测已叫你眼花缭乱、应接不暇，那接下来的广义相对论恐怕会令你更加头疼。狭义相对论揭示了匀速运动是如何压缩空间以及减缓时间流动的，揭露了质量与能量之间的当量关系，展现了空间间隔（距离）和时间间隔如何统一成一个不受匀速运动影响的单一结构（即时空间隔）。

广义相对论则告诉我们，在质量与能量的作用下，空间可延展、时间会缓下流逝的脚步以及时空会被"弯曲"；并且，万有引力并不隶属"力"的范畴，它其实是时空的几何结构。这些观点乍听上去极度怪异，彻底颠覆了我们对宇宙的既有认知，但它们为我们呈现的将是一个令人惊叹的全新世界。

万有引力与时间变慢

广义相对论预言，万有引力将减缓时间的流逝。为了理解其原理，请你把你手中的腕表举过头顶，然后再放低到地上。（不要在意周围人的嘲笑眼光，他们懂些什么？）根据爱因斯坦的理论，你的手表越接近万有引力的源头——在这种情况下即地球——其指针行走的速率就越慢。虽然该效应极其微弱，肉眼压根无法察觉，但它确实是真实存在的。

在过往的许多实验中，物理学家将地球上的原子钟与太空飞船、火箭和卫星等飞行器上的原子钟进行了精确对比，而收集到的数据均显示，原子钟离地球越近（海拔高度越低），其时间流速就越慢；离地球越远（海拔高度越高），其时间流速就越快——这些实验证据均与广义相对论的预测相吻合。

近来进行的一项研究与我们前文提及的手表小实验十分相似。2010年，美国国家标准技术研究所的物理学家将两个极其精确的铝离子原子钟呈上下放置，两者相隔约30厘米。实验数据表明，下方原子钟的指针行走速率慢于上方原子钟，一年累计相差约十亿分之一秒——与爱因斯坦公式的预测结果高度一致。

万有引力与空间延展

现在请你拿起一支钢笔，笔尖向下，举过头顶，然后再放到地上（保持笔尖向下）。从远处观察你会发现，钢笔越靠近地面，笔尖到笔尾端之间的距离就越长，因为越靠近地球，空间延展的幅度就越大。

此空间延伸（与时间变慢）效应在1919年的一次日食中首次得到实测验证，而正是这次测验使得爱因斯坦名扬世界。

在后文我们将看到，此类时间变慢和空间延展现象——物理学家称其为时空曲率——正是导致物体在引力场中下落的原因。实际上，时空曲率就是引力！

在21世纪初临之际，广义相对论依然是对万有引力描述最为准确的科学理论，依然是创下无数辉煌的现代宇宙学的理论根基。连光也无法逃出其"魔爪"的黑洞、可能连通另一时空的虫洞、辐射能量可超越一整个星系恒星的巨大类星体、引力波、中子星、行星轨道的岁差、引力透镜效应、惯性系拖曳效应、空间膨胀、大爆炸中的宇宙起源与进化……这种种现象的发现与研究，其背后无一不潜藏着广义相对论的身影。

接下来，我们就将循着爱因斯坦的步伐，重走一遍广义相对论的探索之旅。

始于一个冲突

阿尔伯特·爱因斯坦带着巨大的勇气——或许还有些许傲慢——推翻并取代了牛顿于 1687 年提出的万有引力定律。德高望重的物理学家马克斯·普朗克曾这样告诫爱因斯坦："我虚长你二十余岁，并且，作为你的朋友，我必须劝导你不要这样做，因为首先，你是不会成功的，其次，即便你成功了，也不会有人相信你的理论的。不过，倘若真的让你成功了，你肯定会被人尊称为第二个哥白尼。"

爱因斯坦还是按照原来的一贯做法，以一个具有普遍意义的提问开启他的探索之旅。他于 1905 年提出的理论，也即狭义相对论是以相对性原理为根基的。相对性原理认为，一切物理定律（包括公式）对于所有匀速运动的观察者而言都是等价的。

1907 年，爱因斯坦抛出了这样一个问题：为什么这个原理只适用于运动速率和运动方向不变的观察者？倘若观察者身处的是一辆正在加速或减速的汽车之中，处于非匀速运动状态，情况又会怎样？如果观察者置身的是一个旋转平台呢？在这些处于加速度参考系中的观察者眼中，事件又会展现出怎样的面貌呢？

难道物理定律不应该对一切观察者、一切参考系——无论其是否处于匀速运动状态——均是等价的吗？

到目前为止，我们只将相对论，即自然定律独立于参考系的运动状态的假设应用于匀速运动……那么，相对论是否也可能适用于非惯性参考系（具有加速度）呢？

——阿尔伯特·爱因斯坦

假设现有两个完全相同的科学实验室可供进行一切物理实验，其中一个实验室设在地面，处于静止状态，另一个则在进行匀速运动。根据爱因斯坦的相对性原理，一切物理实验，无论是在处于匀速运动状态的实验室进行还是在处于静止状态的实验室进行，其最终结果都是一致的。

但是，倘若处于运动状态的那个实验室并不是匀速行进的，其结果又会发生什么改变呢？比如，假如相对于静止实验室，另一个实验室一直不断增速，或者，将第二个实验室设置在一个巨大的旋转平台上，那么，我们还会得出完全相同的实验结果吗？

日常经验告诉我们，当置身匀速运动的密闭车厢内，我们无法判断车辆是处于运动状态还是静止状态。不过，如果此时司机猛踩一下刹车或者油门，抑或掉转方向，我们的身体将会相应地突然前倾或后倾，或倒向一侧。加速度是不同的，我们可以感受到速度或方向的改变。我们可以感受加速运动——但我们无法感受匀速运动。

万有引力又如何呢？若实验室正落入某个引力场——为什么相对性原理不能适用于该参考系呢？

爱因斯坦试图提出一个可将一切参考系——加速、旋转和万有引力——悉数囊括在内的理论，而这个理论便是日后的广义相对论。这项研究工作是爱因斯坦开始其学术生涯以来所遭遇的最困难的挑战，他充沛无垠的想象力、敏捷锐利的科研能力以及较为薄弱的数学知识都将受到严峻考验。

与眼前的问题（广义相对论）相比，狭义相对论简直太轻松了。
——阿尔伯特·爱因斯坦

爱因斯坦的广义相对论探索之旅始于狭义相对论与牛顿万有引力定律之间的一个冲突。

牛顿的困惑

20 世纪早期，没有人会去质疑牛顿的万有引力定律，这条定律被视为揭露宇宙运转规律的终极答案。为什么呢？原因很简单，因为它十分奏效，从未出过差错。

牛顿的万有引力定律准确地解释了各行星绕太阳的运转规律、"月球的精确运转轨道"、木星和土星的卫星的运动路线、太阳引力作用下的彗星偏心运行轨道、地球的赤道隆起效应、月球和太阳引力影响下的地球潮汐现象，以及地球在其旋转轴线上的岁差现象。它还成功地预测了两颗新星——海王星和矮行星冥王星——的位置。

不过，牛顿的理论并非毫无瑕疵。水星是离太阳最近的行星，科学家的精确观测数据显示，其实际运行轨道与牛顿的预测有些许偏差。法国数学家于尔班·勒威耶试图对这一误差做出解释，他提出一个假设，认为水星运行轨道内侧可能存在一颗未知的小行星，而正是这颗小行星影响了水星的运行轨迹，导致预测出现误差。不过，科学家至今未曾发现这颗"瓦肯星"的踪迹。

由于万有引力定律先前的成功名册过于厚重，加之测量所得的水星运行轨迹偏差又较为微小，因此，并没有学者胆敢公开质疑牛顿的理论——直至爱因斯坦横空出世。

那么，究竟是什么原因使得爱因斯坦有勇气和自信挑战牛顿这位伟大物理学家的权威呢？这是因为爱因斯坦非常清楚地看出了牛顿万有引力定律与狭义相对论之间的根本性分歧。如果爱因斯坦的理论是正确的，那么艾萨克·牛顿必然是错误的！

爱因斯坦认为，牛顿理论存在如下三个关键纰漏：

（A）瞬时引力——假设某一天的某个瞬间，《星际迷航》中无所不能、不生不灭的 Q[①] 突然把我们赖以生存的太阳变没了，那么，多长时

---

① Q 是电影里的一个神秘而又强大的种族，都是非物质、非能量的生命体，而 Q 经常以人的形态出现。Q 是无所不能的，他可以随意操纵时间、空间、物质、能量和现实。Q 在电影中经常表现出瞬间移动、在物质与能量之间转化、时间旅行等能力。——译者注

间之后我们的天空会陷入黑暗以及地球会开始凝固结冰？

近似球体的太阳向四面八方辐射光子，太阳与地球之间的空间里时刻充满了以光速从太阳向地球进发的光子。

在太阳消失的那一瞬间，地球和太阳之间的空间中依然弥散着太阳先前放射的光子，而太阳在泯灭之前辐射出的最后一批光子此刻方才到达太阳表面。

来自太阳的最后一批光子须传播约 1.5 亿千米的漫长距离、花费大约 8.3 分钟才能到达地球，这就意味着，在太阳消失之后的 8.3 分钟里，我们仍能看到太阳闪耀的光辉，在那之后，天空才会陷入黑暗。

那万有引力呢？根据牛顿的理论，使地球围绕太阳按既定轨道进行旋转的正是万有引力。倘若太阳突然消失，地球是否会立即脱离运行轨道，飞向外太空？

对于这个问题，牛顿将给出肯定的回答。在牛顿的理论体系中，引力传播是一种超距作用，引力可以在瞬间传播至任意远处。（见图 9.1）

不过，爱因斯坦并不赞同引力场扰动具有瞬时性的说法，因为它有悖狭义相对论中"光速是自然界已知的最大速度"这一观点。

而且，假若万有引力真如牛顿所言具有瞬时性，那么你可利用引力扰动使所有时钟同步，包括处于运动状态的时钟，可为所有观察者定立

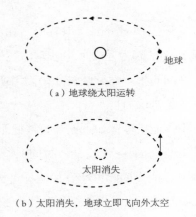

（a）地球绕太阳运转

太阳消失

（b）太阳消失，地球立即飞向外太空

图 9.1 牛顿的观点
太阳一消失，地球即刻脱离运行轨道（图像未按比例绘制）。

一个唯一的绝对时间，在这种情况下，时间将不再具有相对性——如果这一切均成立的话，爱因斯坦的狭义相对论将再无立足之地。所以，爱因斯坦坚定地认为，引力的传播绝不是瞬时的。相反，引力是以光速进行传播的。

爱因斯坦的观点如图 9.2 所示。太阳消失的一瞬间，太阳所处位置发生引力扰动，并以光速朝四面八方辐射，在扰动传播至地球期间，地球仍旧按照原有轨道进行绕日运动。

太阳消失 8 分钟后，引力扰动终于传播抵达地球，到此时，地球才会脱离原有运行轨道，飞向外太空。

（B）长度收缩——牛顿的平方反比定律认为，两个物体之间的万有引力与其距离的平方成反比关系。如果两个天体之间的距离扩大 2 倍，那么它们之间的万有引力将减弱到 1/4；如果两个天体之间的距离扩大 3 倍，其万有引力作用则减弱到 1/9。以此类推。

然而，根据狭义相对论，空间中两点之间的距离随着相对匀速运动（朝着运动方向）而收缩，而宇宙中各天体与太阳以及彼此之间的相对运动速度均不相同。

以太阳与水星之间的距离为例。两者距离的具体数值并非恒定不变，而是根据你选择的参照系而变化，比如你在太阳上测量得出的距离与你在水星上测量所得出的距离是不同的，两组数据的差异或许不大，但我们依然必须将其考虑在内。

（C）超距作用——与以往提出的三则运动定律不同，牛顿的万有引力定律所描述的是一个不可见的力，它"可在不与物体发生直接物理接触的情况下，对该物体施加力的作用"。换言之，牛顿只提供了计算这个力的公式，却不能对这个力的传递原理做出有力解释。

那么，太阳究竟是如何跨越 1.5 亿千米的遥远距离，将地球牢牢束缚在既定绕行轨道上的？究竟是什么从太阳出发，一路抵达地球，并"叮嘱"地球千万不要脱离轨道飞射至外太空？

太阳必定输出了某种事物，并通过该种事物与地球发生联系，或许是具备形态的实体物质，或许是某种在太阳与地球之间传播的非物质能

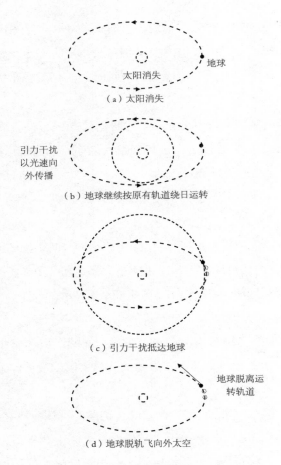

（a）太阳消失

引力干扰
以光速向
外传播

（b）地球继续按原有轨道绕日运转

（c）引力干扰抵达地球

地球脱离运
转轨道

（d）地球脱轨飞向外太空

图 9.2　爱因斯坦的观点
太阳消失 8 分钟后，地球脱离既定绕日运转轨道（图像未按比例绘制）。

量，或许是某种微粒，或许是某种波，又或许是其他某种完全在我们意料之外的事物。

牛顿时代的物理学家将此种事物称为"超距作用"——1.5 亿千米之外的太阳可通过某种"无须借助任何媒介、能够穿越真空"的无形之力对地球施行控制。

牛顿对这个问题又有什么样的看法呢？简单来说，他的答案可大略概括为四个字——我不清楚。牛顿自己的正规学术语言表达如下：

以我目前掌握的知识，还未能推断出一个合理答案……我尚无法为万有引力的确切来源提供一个合理假设。

——艾萨克·牛顿，《原理》

"'万有引力是物质与生俱来的固有属性，一个物体可穿越真空并超距地对另一个物体施加力的作用，而且这种传递无须借助任何介质'——在我看来，这种观点简直荒谬至极。我想，任何一个具有独立思辨能力的人都不会赞同这种观点。"牛顿如是写道。

牛顿的理论虽然难以确切地解释万有引力的作用原理，但依然受到大家的普遍认可，因为事实证明，根据其公式所得出的预测结果十分准确。随着时间的流逝，有关万有引力究竟是如何进行传递的探讨逐渐退出了物理学界的热点研究行列，直到爱因斯坦尝试提出一个解释万有引力的全新理论，此研究课题方才重新回到学界的视野之中。

总的来说，爱因斯坦亟须解决以下三个问题：（1）引力作用的瞬时性传播；（2）物体与物体之间的相对距离；（3）万有引力是如何进行远距离传递的。同时，爱因斯坦的新理论也需要阐明水星运行轨道不规则这一牛顿理论无法解决的问题。毋庸置疑，这将是一个巨大的挑战，而就在这个挑战征途即将启程之时，爱因斯坦也开始了他全新的学术生涯之旅。

爱因斯坦用了许久才最终厘清了狭义相对论的各个深奥的概念。1907 年 12 月，他首次出版关于狭义相对论的详细阐释报告，其中也涉及了有关万有引力的新相对论理论。爱因斯坦探讨了如何将狭义相对论应用于非匀速运动参考系的问题，同时，也粗浅地阐述了一些有关广义相对论和等效原理（正如我们此后将看到的，正是该原理搭建起了连接加速度与万有引力的桥梁）的早期观点。

图 9.3　爱因斯坦教授

1907 年 6 月，爱因斯坦向瑞士伯尔尼大学投递简历，试图谋求一份教职。虽然他的研究成果正逐步受到学界认可，但此番他依然未能如愿，伯尔尼大学又一次将他拒之门外。直到 8 个月后，他才在全新的学术道路上迈出了艰辛的第一步。

1908 年 2 月，这位专利局技术员终于接到伯尔尼大学的聘请书，接收他成为伯尔尼大学的编外讲师。"编外讲师"多为博士后，工资由学生学费直接支付，学校不额外发放薪酬。这一聘任制度在欧洲由来已久，最远可追溯到中世纪时期。这个制度便于大学在正式全职聘用教师之前对其进行全方位考核。

出于经济方面的考量，爱因斯坦没有辞去专利局的工作，只在夜间前往学校授课。事实证明，讲课授学并非爱因斯坦的强项——第一学期只有三名学生选修其课程，第二学期只剩一名，最后校方无奈只能取消该门课程。

苏黎世大学

1909 年 5 月，30 岁的爱因斯坦准备应聘苏黎世大学理论物理系的副教授一职，他的主要竞争对手是他的一位老熟人，弗里德里希·阿德勒。他们两人均为犹太人，这是一个不利条件，不过，阿德勒拥有一个得天独厚的优势——当时，大学里的许多教职工都对奥地利社会民主党深怀同情，而阿德勒的父亲正是该党的创始人之一。

年轻的阿德勒深知，单论物理研究能力，爱因斯坦绝对比他优秀得多，无私的他决定亲自撰写一封书信，向理论物理系推荐爱因斯坦。由于阿德勒令人敬佩的自我牺牲精神，爱因斯坦最终应聘成功，成为一名"临时教授"。虽然此时的爱因斯坦"尚未获得终身教授职位，但比起从前的编外讲师也算向前迈进了一大步"。

爱因斯坦这位大人物又会以怎样的面貌出现在与学生初次见面的第一节课上呢？"他穿的衣服看起来稍显破旧，裤子也有点短，"一位学生在后来回忆道，"手里拿着一叠写满了潦草讲义的草稿纸。"

现在我也成了娼妓工会的正式成员了。

——爱因斯坦成为教授时写给雅各布·罗伯的信件

爱因斯坦向其专利局的上司弗里德里希·哈勒正式请辞时，哈勒还十分不解地询问爱因斯坦为何愿意放弃这样一份前途光明的工作。

1909 年 9 月，爱因斯坦参加了他人生中的第一场国际学术会议——德国科学家与医生年会，并于会上展示了一篇关于电磁辐射理论（光量子）的论文，这是科学界首次提出光波既以波的形式进行传播，又具备粒子的特性。

10 月，爱因斯坦首次获得诺贝尔物理学奖提名。（此后，爱因斯坦总共获得 9 次诺贝尔奖提名，直到 1921 年终于凭借光电效应这一研究成果获此殊荣。）

爱因斯坦的物理研究之路越走越顺畅，但他的家庭生活却不尽如人意。在这期间，他与妻子米列娃·玛丽克之间的关系愈加疏远。不过，米列娃在 1910 年 7 月产下了她与爱因斯坦的第二个儿子爱德华。

布拉格

1910 年 4 月，布拉格德意志大学以两倍于苏黎世大学的重薪，邀请爱因斯坦至该校任正教授，并且许诺让爱因斯坦担任该校理论物理研究所所长。而向布拉格德意志大学引荐爱因斯坦的不是别人，正是马克斯·普朗克，他在推荐信中这样写道："相对论所言观点之大胆，或许连思辨科学的前沿研究内容也无法企及。"

布拉格德意志大学还承诺，爱因斯坦任正教授期间只须专注科研，无须再上讲台授课。虽然布拉格德意志大学的物理系并不出名，但求新求变的爱因斯坦还是欣然地接受了这个诚意满满的邀请。现在，爱因斯坦终于可以全情投入他挚爱的科研事业了。

爱因斯坦的办公室毗邻一家精神病医院，他常指着那些住院患者对来访的客人感叹："你现在看到的是不搞量子力学的那些精神病人。"

我们身处的宇宙究竟有多古怪?

据物理学家约翰·斯塔赫尔所言,在布拉格德意志大学,爱因斯坦全神贯注地研究广义相对论,在这期间,总共发表了 6 篇有关广义相对论的高水平论文,同时,还发表了 5 篇论述辐射理论(光量子)和量子理论的论文。这是他第一次提出"星光弯曲源于太阳引力"这一观点。

在布拉格理论物理研究所的幽静高墙里,我重新找回了从前那份沉稳泰然的心态,也为我早期萌生的某些想法找到了更加确切成形的表达形式。

——阿尔伯特·爱因斯坦

此时的爱因斯坦已扬名学界,每次公开演讲都座无虚席。1911 年,比利时工业化学家兼社会改革家恩斯特·索尔维在布鲁塞尔召开首届索尔维物理学会议,亨德里克·洛伦兹被推选为会议主席。如今,该会议已成为国际闻名的科学学术大会。

爱因斯坦自然也在受邀之列,并与众多欧洲顶尖物理学家——包括英国的欧内斯特·卢瑟福和詹姆斯·金斯、法国的亨利·庞加莱、玛丽·居里、路易·德布罗意和保罗·郎之万,以及德国的瓦尔特·能斯特、马克斯·普朗克和阿诺德·索末菲———同入选"会议名人册"。

不过,对于玛丽克而言,布拉格的生活并不若想象中那样轻松愉悦。"黄棕色的饮用水、如何清理也摆脱不掉的跳蚤以及令人厌烦的官僚作风",如此种种皆使人不快。而且,作为一个塞尔维亚人,她难以融入当地生活,倍感孤单。她甚至嫉妒起自己的丈夫,因为他可以同自己的同事或友人进行社交互动,再加上当时的爱因斯坦全神贯注于探索万有引力的奥秘,无暇分神顾及家庭生活,这一切都给他们早有裂隙的婚姻蒙上了更为晦暗的浓厚阴影。

我一旦沉浸于严肃的学术思考,就很难对那些爱的叨念给予恰当反应。

——阿尔伯特·爱因斯坦

1911 年末,爱因斯坦的旧友、苏黎世工业大学教授马塞尔·格罗斯曼询问其是否有兴趣回母校任教，在布拉格深觉孤独的爱因斯坦毫不犹豫地点头答应了。格罗斯曼请许多有名的物理学家（包括玛丽·居里）为爱因斯坦写推荐信，并以此说服校方授予爱因斯坦终身教职。就这样，爱因斯坦只在布拉格短暂停留了 17 个月，于 1912 年仲夏回到了苏黎世，而这也让玛丽克尤为高兴。

此时的爱因斯坦正值 33 岁壮年，重归苏黎世工业大学就任理论物理学教授的他心底想必五味杂陈，12 年前，同样是这所学校将苦心求职的他一手拒之门外。

下一章节

爱因斯坦究竟能否成功找到一个理论，将狭义相对论推广至包括万有引力场在内的一切参考系？换言之，爱因斯坦究竟能否成功地提出一个针对万有引力的相对论性理论？这是一次大胆且注定充满艰辛的挑战，而爱因斯坦非凡过人的洞察力助他顺利地迈出了征途的第一步——等效原理。这是下一章节着重讨论的主题。

第10章

人生中最美妙的一次顿悟

伽利略与牛顿之后、爱因斯坦之前,
竟未曾有人意识到,此处蕴藏着如此值得人类
探索的奥秘……
——巴尼什·霍夫曼

在刚开始探索针对万有引力的相对论理论时,爱因斯坦只是尝试在狭义相对论的框架内对万有引力进行解剖,他试图将牛顿的瞬时性万有引力替换为以光速进行传播的万有引力,然而,推算结果显示,这种简单的直接替换是有问题的,因为若按这个构想进行计算,自由下落的物体的下落速度会因其水平速度而异。

然而,伽利略的实验已经清楚明白地告诉了我们,同等高度下,加农炮水平射出的炮弹与自由下落的炮弹的下落速度一样快。换言之,物体的水平速度不会对其垂直方向的速度造成任何影响。(见图10.1)

这促使爱因斯坦重新转换角度来审视伽利略提出的自由落体定律——在同一引力场中,无论物体的质量和物质构成如何相异,其下落速度都是相同的。"这个(有关下落物体的)定律的意义实在太重大了,我甚至回到家都还在思考这个定律,"爱因斯坦后来写道,"它蕴藏的内涵令我极度惊讶,我甚至猜测,它或许就是我们揭下万有引力神秘面纱的关键要素。"

事实再次证明,爱因斯坦对物理现象的确具有一种难以言明的敏锐直觉。基于伽利略的自由落体定律,爱因斯坦找到了万有引力与加速度

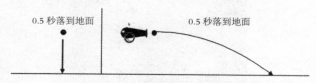

0.5 秒落到地面　　　　　　　0.5 秒落到地面

图 10.1　根据伽利略的自由落体定律

（a）炮弹从某一高度垂直自由下落（见左）；（b）同一时刻，加农炮于同一高度水平射出炮弹（见右）。
两颗炮弹以同一速度下落，因此将同时落至地面。

之间的关键联系——这个联系将成为支撑起广义相对论这一庞然理论大厦的核心支柱。他将这一关系称为等效原理。

锤子与羽毛

1971 年 8 月 2 日，阿波罗 15 号飞船的宇航员大卫·R. 斯科特按照指令进行第三次也是最后一次舱外活动，登上月球表面，执行其本次航行的最后一项科研任务——重现伽利略的假设实验。斯科特旁边停着送他上月球的"猎鹰"登月舱，身后是约 3962 米高的哈德利三角洲高地，他右手紧握一柄地质锤，左手轻拈一片羽毛，片刻调整之后，他同时松开了双手。（见图 10.2）

率先亲吻月球土壤的会是哪个物体？地质锤还是羽毛？抑或它们将同时落地？

锤子和羽毛将同时落至月球表面。为什么呢？首先，月球具有万有引力，且几乎不存在空气。月球较小，其万有引力只有地球的约六分之一，由于该引力过于弱小，较难束缚住气体，所以月球表面的大气十分稀薄。

因此，锤子和羽毛所处的是一个几近真空的特殊环境。在地球上，自由下落的羽毛势必受到空气阻力的影响，经一番上下飘浮方才落地。月球上几乎不会出现这种情况，羽毛将与锤子一样直接垂直落地。

不过，难道羽毛的重量不应该小于地质锤吗？羽毛的质量不应该更小吗？较重的锤子不应该先落地吗？这是亚里士多德所持的观点，但这

165

图 10.2 地质锤和羽毛的落体实验

"1971 年 8 月 2 日，在电视的实时转播画面中，站在月球表面的宇航员大卫·R. 斯科特将处于同一高度的一把锤子和一片羽毛同时扔下，令其自由下落至月球表面。"

种观点是错误的。正如伽利略指出的，若忽略空气阻力的影响，所有物体的自由下落速度都是相同的，因此，同等高度自由下落的物体都将同时落地——不管其质量如何相异。这就是伽利略的自由落体定律。

现代已有许多实验证明，伽利略的自由落体观点是正确的。比如，NASA 喷气推进实验室（JPL）的 J. G. 威廉姆斯与其科研团队使用激光技术测量地球和月球绕日运转的速度，实验数据（精确至 0.00000000000015，即 1.5×10^{-13}）表明，虽然地球的质量是月球的 80 余倍，但它们朝太阳方向的向心加速度是一致的。

牛顿的万有引力理论体系对此问题又做何解释呢？很遗憾，没有。牛顿理论将伽利略的自由落体定律定性为"难以解释的孤立实验现象"。换句话说，牛顿认可这是一个切实存在的物理现象，但无法为其提供合理的理论解释。

为此，爱因斯坦十分苦恼。他确信，加速度与万有引力之间必定存在某种尚未被人发现的联系，而这一联系或许就是解释同一引力场中物体自由下落速度一致的关键所在。

美国物理学会是这样描述这一现象的："在忽略空气阻力的情况下，一切物体，无论各自如何相异，只要从同一高度释放，都将以相同的恒定加速度自由下落。"爱因斯坦苦心冥想，这个相同且恒定（恒定表示不发生变化）的加速度究竟从何而来。狭义相对论中也有一个恒定不变的物理量——光速，于是，爱因斯坦推想："或许可将恒定不变的光速作为开展万有引力研究的切入点。"

我们通过观察得知，同一引力场中，物体具有相同的自由下落速度。然而，在人类目前已有的庞大的物理理论体系中，却无一能为这个（实验）现象提供理论支撑。

——阿尔伯特·爱因斯坦

那么，加速度与万有引力之间究竟有怎样的联系呢？物体在同一引力场中获得的加速度为何完全一致？带着对这些问题的深度思考，爱因斯坦即将迎来"人生中最美妙的一次顿悟"。

倒霉的油漆工

1907 年 11 月的某一天，阿尔伯特·爱因斯坦静坐在专利局的窄小办公桌前，身子倚靠在椅背上，眉头微蹙，与往常一样，兀自沉浸于奇妙的物理世界之中。忽然，或许是因为太专注于思考，爱因斯坦一个不小心，竟连人带椅整个向后翻倒在地。就在这倏忽之间，一个念头从爱因斯坦脑海中闪过，他如醍醐灌顶，瞬间顿悟："在自由下落的时候，我是感觉不到重力的，我是处于失重状态的！"

换言之，若爱因斯坦以其自身为参考系，在他以自由落体运动摔落的片刻间，他是静止的，处于相对运动状态的应是地板，地板向上运动，最后与他发生碰撞。在这一瞬间，爱因斯坦感觉自己仿佛飘浮于零重力的空间。由此，他意识到，从物理层面上看，在引力场中做自由落体运动应无异于在零重力的外太空做自由落体运动。

之后，他又去医院拜访了一位从屋顶摔落的油漆工，具体询问了他摔落过程中的感受，并从油漆工的视角对自己的失重观点做了一番详细解释。这个小故事虽富传奇色彩，但科学历史学家们普遍认为，这位所谓的油漆工并不是真实存在的。

那是我人生中最美妙的一次顿悟……引力场只有一个相对存在……因为对于一个从屋顶自由坠落的观察者来说——至少在其当时所处的环境中——是不存在引力场的……

——阿尔伯特·爱因斯坦

让我们一起来思考一下爱因斯坦提及的那位倒霉的油漆工所经历的状况。事发当天他穿着夹克，头上还戴着防晒用的帽子，从楼顶坠落的时候，身上的衣物和手里的油漆刷也跟着他一起掉下楼了（见图10.3）。油漆工和他的随身物品正以 1-g 的加速度朝地面自由下落。

什么是 1-g？在地球表面，物体自由下落的加速度大致为 32 英尺／二次方秒（约 9.8 米／二次方秒），这就是加速度 1-g。在此加速度下，油漆工下落的起始速度为 0，一秒之后，他相对地面的相对速度增至每秒 32 英尺，两秒之后，增至每秒 64 英尺，三秒之后，增至每秒 96 英尺，以此类推。

按照伽利略的自由落体定律，油漆工的油漆罐、油漆刷和帽子将以相同的速度以及相同的加速度 1-g 向地面下落（忽略空气阻力）。从油漆工的视角看，他自己是静止的，地面则以 1-g 的加速度朝他快速趋近。同时，在自由下落的过程中，他眼中的油漆罐、油漆刷和帽子也都是静止的。实际上，在下落过程中，油漆工是感受不到引力的存在的，他始终处于失重状态。

在空气阻力忽略不计的情况下，假如下落的观察者随手扔出一些物体，不管这些物体有怎样的化学或物理特征，它们都将与观察者保持相对静止或相对匀速运动状态。这位观察者有权将自己的状态解读为"静止"。

——阿尔伯特·爱因斯坦

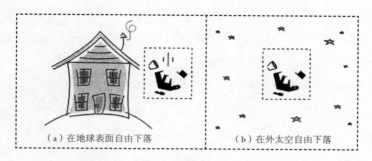

（a）在地球表面自由下落　　　　　　　　（b）在外太空自由下落

10.3　爱因斯坦的顿悟

油漆工从屋顶坠落，他感觉自己的身体以及随身物品都好似飘浮在空中。为什么呢？因为所有物体都以相同速度下落，而置身密闭空间（由虚线勾画）的他无法判断自己究竟是在引力场中自由下落（a），还是在零重力的外太空自由下落（b）。

现在，我们将油漆工以及他的油漆罐、油漆刷和帽子统统塞进一个密闭盒子（如图 10.3 中的虚线所勾画），如此一来，油漆工便无法察觉自己所处的周遭环境。他看不到周围飞速掠过的房屋，看不到头顶急速远离的蔚蓝天空，也看不到越来越近的粗糙地面。

在这短暂一刻间，原本的惊惧如潮水般退去，取而代之的是升腾的希望："或许我并没有在下坠，或许我正和我的油漆罐、油漆刷、帽子一同在外太空飘浮游荡。"遗憾的是，即便他拒绝接受现实，片刻之后他还是会猛烈地撞落到地面上。

现实残酷，但这位油漆工看似幻想的美好希冀却是有其物理依据的。若他飘浮在零重力的外太空，他势必感觉失重，而他的随身物品也将飘浮在他身旁，就像在地球上坠楼时那样。爱因斯坦瞬间领悟，置身密闭盒子的油漆工是无法判断他究竟是在地球做自由落体运动，还是在外太空飘浮游离。

现在的关键在于解释以下这个问题：为什么在坠落地面的过程中油漆工会感觉失重？因为他的自由落体加速度抵消了重力的作用。由于两者产生的物理效用等同，所以它们可相互抵消。换言之：

加速度与万有引力是等效的。

这又会产生什么结果呢？在油漆工下落的过程中，万有引力为 0，也就是说，在自由落体运动中，不存在万有引力，这就是为何从地球坠楼等效于在外太空飘浮的原因。在这两种情形下，万有引力造成的影响为 0。

为什么呢？因为在自由落体过程中，加速度与重力相抵消。

爱因斯坦意识到，在密闭系统（如密封盒子）中，观察者无法判断自身是在恒定引力场中自由下落，抑或是在零重力的外太空飘浮。

这是否意味着在自由落体过程中万有引力消失了？难道爱因斯坦是在告诉我们，当我们从飞机上跃身跳下并自由落向地面时，万有引力是不存在的？这可能吗？如果这是真的，使我们下落的又是哪个力呢？

下落时，除非你携带跳伞装备，不然你将会有一番迥异于日常的体验——你会感觉失重。你还能在哪里体验到这种失重感呢？零重力的外太空。这两个物理效应是一样的。这就是爱因斯坦所主张的观点。

不过，以你自身为参考系时，你是静止的，地球则加速朝你逼近。在此自由落体状态中，对于你而言，万有引力的效果确实等于 0，并且，从你的角度看，地面正快速上升，逐步向你靠近。

接下来，就让我们从另一角度对等效原理进行解析。

外星人绑架测试

"这些外星人长得可真奇怪。"亚里斯托克斯跟指挥官感叹道。

"是啊，你看，他们的头怎么这么小！"指挥官伊戈涅特兹里布拉波普回应道，"不过，他们就是用这么小的脑袋发展出了核技术的基本类型，我们还得向他们学习才是。"

"他们以为，我们是用圆盘状的太空飞船进行星际航行的，他们把我们的飞行器称为'飞碟'。他们到底是怎么想出这么个名字的？"亚里斯托克斯说道，"要是他们能见到我们的火箭飞船，肯定会觉得我们的设计还挺符合他们的传统。对了，你知道在他们的想象中，我们长什么样吗？可好玩儿了！瘦弱枯槁的躯体，顶着圆胖的大头，双眼又大又凸。他们怎么……"

"好了，等会儿再说吧。"伊戈涅特兹里布拉波普说道，"现在准备远程瞬间传送。"

这两位远征探险家来自距地球 37 光年之远的双子星座星系，他们的定居之所是一颗围绕行星而动的巨大卫星。他们关注地球已有一些时日。为了更深入地了解人类，他们决定施行一个周全的绑架计划。

假设你现在依旧在我的课堂上，正和其他同学一起认真听讲。此时，教室的所有窗户都被盖上厚重的幕帘，唯一的出口也被封锁了，屋外发生的一切我们均不得而知。

接到指令后的亚里斯托克斯立即启动远程瞬间传送程序。眨眼间，我们已然置身外星人的飞船、置身零重力的外太空，加速前往他们定居的卫星。（见图 10.4）

不过，我们并未感觉到有任何改变。外星人在飞船上也建造了一个教室，这个教室与地球上我们讲课用的那个教室一模一样，桌椅、天花板、地板、墙壁甚至连黑板上的板书也分毫无差。飞船教室里的空气也全盘复制了地球上的空气，相同的温度、相同的化学构成。外星人十分细致，没有遗漏任何细节。

万有引力的情况又如何呢？火箭飞船此刻正疾驰于外太空，远离一切星体，显然不受万有引力的影响。如此说来，我们岂不应该失重飘浮

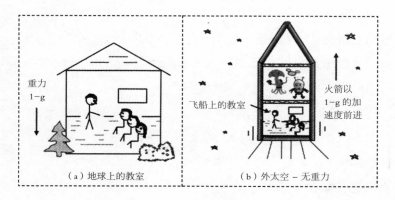

图 10.4　外星人的绑架计划
我们究竟是在地球上的教室里，还是在以 1-g 的加速度飞驰于外太空的飞船中完全相同的教室里？

在教室地板上方？

但是，你会发现你依然安坐在座位上，而我也好好地站在地板上，一切都与我们身处地球重力场时毫无二致。为什么会这样呢？因为为了完全模拟出地球重力场的效果，指挥官伊戈涅特兹里布拉波普将飞船的加速度设置为 9.8 米 / 二次方秒，即 1-g。

有什么方法可以帮助我们判断我们身处何地吗？究竟是地球表面的教室，还是以 1-g 的加速度飞驰于外太空的飞船中的教室？

假设我们手头有一切我们想要的科学设备和科学仪器，但有一点，我们不可观察教室外部或测量教室外部的一切物理现象。比如我们不可揭开幕帘望向窗外，也不可打开教室的紧闭大门。同样，我们无法收到来自教室外部的任何信号，如电话或无线电广播。

所以，到底有没有什么手段可以帮助我们判断我们所在之处究竟是地球还是外星人的飞船？[1]

不得已，我开始向学生求助，询问他们是否能想出办法辨别万有引力和加速度，而我收到的最普遍的建议是，让物体自由下落到地板上。

假如我们是在地球上，当我们放开手里拿着的物体，毋庸置疑，物体会下落到地板上。但是，如果我们是在加速航行的飞船上，当我们放开手里的物体，物体依旧会落到地板上吗？让我们再给这个实验增添点趣味吧！假设我们丢出的是两个质量不同的物体——较轻的小球和较重的立方体，又会发生什么状况呢？（空气阻力忽略不计）

地球表面的教室（静止于地球万有引力场中）

我们身处地球表面的教室。我抓着两个物体，伸直双手放在身前，然后放手。你可以用摄影机拍摄记录这个实验。根据伽利略的相对性原理，摄影机将拍到较轻的小球和较重的立方体同以 1-g 的加速度垂直下落（如图 10.5 所示），并且于同一时刻落至地板上。

加速火箭上的教室（位于外太空——万有引力为 0）

我再次拿起两个物体，伸直双手，然后放手。这次会发生什么事

---

[1] 地球自转的影响忽略不计，因为此时我们关注的是地球的万有引力场。

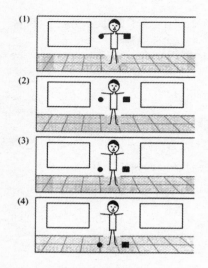

图 10.5 地球表面的教室
两个轻重相异的物体以同样的加速度垂直下落至地板（空气阻力忽略不计）。
（可在 marksmodernphysics.com 查看此等效原理的动画演示。）

情呢？

这一次的状况稍微有些棘手。小球和立方体均飘浮于零重力的外太空，不过，飞船的地板正以 1-g 的加速度向物体靠近。

让我们从两个不同的视角来剖析这一问题——飞船之外与飞船之内。

在飞船之外观察这一情景。假设宇航员劳拉正飘浮静止于飞船外的无垠太空，飞船正从她眼前加速飞过。

宇航员劳拉用她手中的摄录机拍摄记录这个实验。摄录机拍到的画面是怎样的呢？摄录机呈现的画面是，小球与立方体悬浮于空中，飞船的地板则向上加速运动，朝物体趋近。（如图 10.6 所示）

在飞船外的劳拉看来，被释放的小球和立方体处于静止状态，飞船则向上加速。她看到，太空飞船的地板向上运动，直至触碰到静止不动的小球和立方体。那么，地板向上运动的速度有多快呢？以 1-g 的加速度即 9.8 米 / 二次方秒向上运动。

在飞船之内观察这一情景。飞船中的我们要么站在地板上，要么坐在椅子上。从我们的视角看，我们与地板均保持静止，被释放的小球和立方体则朝下坠落。在我们看来，小球和立方体似乎均以 1-g 的加速度落到地板上。

在地球上，释放的小球和立方体以同样的速度加速下落到地板上；在飞船中，地板加速向上运动，趋近飘浮的物体。但是，在身处教室的我们看来，这两种情况是一致无异的。在地球上，我们看到物体自由下落；在飞船中，物体似乎也在自由下落。

事实果真如此吗？让我们来对比一下两部"位于内部"的摄录机——地球表面的教室内部以及飞船中教室的内部——记录的画面。我们会发现，两则画面展示的是一样的情况：小球和立方体一齐以 1-g 的加速度自由下落至地面。

其实，单从画面上我们根本无从判别两台摄录机中是哪一台记录了地球上的事件、哪一台记录了飞船上的事件。而这正是等效原理的核心内容——万有引力和加速度产生的物理效应是等价的。

此时的爱因斯坦已然领悟，等效原理之所以成立，其根源是伽利略的相对性原理，因为所有物体的下落速度是相同的。还记得吗，在我们所举的这个案例中，立方体重于小球。在地球上，正如伽利略的理论所预测的，它们将同时落至地面。在加速的飞船上，它们一经释放，便一同悬浮于外太空中，因此，在飞船中的人们看来，轻重不同的两个物体会像在地球上一样，同时下落到地板上。

要是伽利略的理论是错误的呢？要是较重物体的下落速度快于较轻物体呢？倘若果真如此，在地球上，较重的立方体的下落速度应较快，将先于较轻的小球落至地面。但是，在外太空，小球和立方体将照旧一同悬浮。假如这些均成立，我们就可以清楚地将加速度和万有引力区分开来了。

如果立方体先于小球落至地面，我们即刻就能断言我们身处地球；如果立方体和小球一同落至地面，我们则可清楚得知，我们身处于外太空中加速航行的飞船中。

但是，小球和立方体（一切物体无论质量皆是如此）的下落速度确

图 10.6 飞船之外的视角——火箭以 1-g 的加速度在外太空加速前进

劳拉手中的"静止"摄影机记录到，被释放的物体均悬浮于空间，静止不动，
而地板则向上运动，朝物体趋近。然而，在飞船中的学生们眼中，却是物体垂直下落至飞船地板。
（可在 marksmodernphysics.com 查看此等效原理的动画演示）

实是相同的（忽略空气阻力），而所有物体一到外太空也必然处于飘浮状态，所以，我们无从得知我们究竟是在地球的重力场中还是在外太空进行加速运动。等效原理成立。

因此，对于等效原理而言，伽利略的理论——不管物体的质量与构成成分如何相异，其自由落体速度都是相同的——是必不可少的理论根基。

爱因斯坦未改其一贯的大胆作风，于 1907 年提出，等效原理适用于一切物理现象。而这也为他提供了理论根基，让他有底气宣布，与匀速运动一样，加速度也是相对的。为什么呢？因为万有引力与加速度之间的区分"取决于选取的参考系"。从某一角度看应是万有引力的物理现象，从另一角度看可能可以诠释为加速度。

爱因斯坦从这一点出发，拓展了相对性原理，提出我们无从辨别某物理定律（以及代表这些定律的数学表达式）究竟是处于加速参考系还是处于重力参考系。

这一理论在数学层面的表达彼时尚未完成，但是爱因斯坦已然掌握了一个此前尚无人充分认识到的物理基本原则，而正是这个原则引领爱因斯坦对光的行为进行了全新的探索，并最终获得了全新的领悟。

电梯冒险

你要明白，我想弄清楚的是，当电梯掉落时，电梯里的乘客会发生什么事情。

——阿尔伯特·爱因斯坦写给居里夫人的信

"这太疯狂了，"比尔说道，"你简直就是在找死！要是电梯在下落的时候不小心断开了怎么办？电梯挂靠的那个悬崖牢固吗？要是不小心坍塌了呢？还有电梯四周的玻璃，肯定会碎的，你准备怎么处理？最重要的是，电梯落到地面的时候，你肯定会被压扁的！"

比尔的太太桑迪要到中国四川的张家界[①]旅行，准备搭乘当地十分有名的观光娱乐项目——百龙电梯（百龙天梯）。这部电梯建造在足有300米高的巨大峭壁上，是世界上最高、最重的观光电梯，每年都有成千上万的游客来此体验、乘坐。

那么，这有什么大不了的？为什么比尔如此激动？因为桑迪想尝试乘坐自由下落的百龙电梯。

政府当局正准备拆除这引起舆论争议的电梯，人们觉得它破坏了

---

① 张家界是湖南省辖地级市，位于湖南西北部，此处为原著误。——编注

张家界国家森林公园中壮丽山体的原始风貌以及这处世界自然遗产的完整性。

桑迪天生热爱冒险，她觉得这是一个机会，或许这将是她一生中最惊险刺激的经历。她成功地说服相关部门在拆除电梯之前，让其中一部电梯不系带任何缆绳或附加装置，从顶部自由下落至地面。她为何拥有如此巨大的能量，竟能说服当地政府同意这样一个极其疯狂的计划？因为她提出，这是一个实验，一个可以展示并验证爱因斯坦的等效原理的实验。

空中跳伞、高崖跳伞、蹦极，桑迪都尝试过了，她甚至还试过不带降落伞从飞机上径直跳下，高速俯冲到她的跳伞搭档旁侧，伸手抓住他，然后两人一起降落。比尔常责备桑迪做事脱线，不顾后果，但不知怎的，桑迪似乎天生少了恐惧高空这个基因。

与桑迪相反，比尔喜欢踏踏实实地待在地上，他甚至都不怎么喜欢搭乘飞机。桑迪以往的冒险行为尚在比尔可容忍的范围内，但这一次显然超出了比尔的承受范围。

桑迪读了爱因斯坦有关等效原理的著作，跃跃欲试想测验其真实性。所以，她决定在百龙电梯拆除之前，叫上她从前合作的飞行伙伴，在现实生活中进行一次实验。

他们对电梯的几个关键部位进行了增强改装，在电梯四周加装侧撑杆和肋板，并在电梯底部系上一组充了气的大气球以缓解落地时的冲击。他们还为桑迪贴身打造了一个塞满软性材料的护具，让其可以在落地之前爬进去。桑迪也从附近一个大学的物理实验室借来了必要的实验装备，一个激光发射器，一个检测器，两台精密摄录机以及两台分光仪（用于测量光的频率的仪器）。

"冷静点，亲爱的，"桑迪宽慰道，"我们对每一个环节、每一个细节都进行了彻底的检查。我们还安装了一个备用降落伞以防万一，而且，在实验正式施行之前，我们将进行三次事前测试，确保万无一失。对了，我们还在电梯里安装了加速计，测量地球引力。"

比尔明白，桑迪铁了心要进行这次实验，最后，他只能无奈同意，并负责地面的测量工作。他不忍心观看实验，却又不忍心不在场守护桑迪。

桑迪和她的团队进行着最后的准备工作。他们给电梯装上结实的架杆和尾架，安装更厚、更重的玻璃门，搭建好护具，最后再装上备用的降落伞。一切准备就绪。

在一开始的事前测试中，他们发现虽然底部的气球卸去了大部分的冲击力，但也很难确保电梯玻璃在坠地时不碎裂，所以，在气球之外，他们又在电梯底部安装了一个弹簧装置。测试结果显示，这个装置十分奏效，电梯落地停下后不会再引发连锁事故。

桑迪究竟想通过演示论证什么？万有引力对光的作用。她的团队在电梯的一面墙上装配了激光器，并在其对面的墙上装上相应的检测器。实验的计划是，在电梯释放的瞬间启动激光器，然后观察光的传播路径。放置于电梯内部的特制摄录机将完整记录下光的传播路径，到时电梯内将释放一种特殊的烟雾混合剂，确保光束肉眼可见。（空气阻力忽略不计。）

在电梯下落的过程中，地面上的比尔将用他的摄录机拍摄下电梯中光束的传播路径。那么问题来了：电梯里的桑迪观察到的光束传播路径与地面上的比尔观察到的路径是否一致？

从桑迪的角度看——等效原理提出，自由落体等效于自由悬浮，因此，在自由下落的桑迪看来，她自身和电梯里其他未固定的物体将处于失重状态，如同飘浮于外太空。

一切就绪。桑迪和电梯都已在悬崖顶端，她竖起大拇指，表示已做好准备，于是，工作人员绞断缚住电梯的缆绳，令其自由下落。桑迪感觉脚下的电梯地板瞬间踏空。

"呀！"她在半空中欢呼。电梯中，激光器即刻启动，小铁罐持续释放烟雾，激光束的传播路径显露分明。桑迪看到光束以水平直线从电梯的一端传播至另一端的检测器（如图10.7所示。为清晰起见，图中描画的是单一光子的运动路径）。

位于地面的比尔又将观察到何种情景呢？他看到电梯不断加速，朝地面径直而落，他极尽所能地按捺狂躁的心，迫使自己冷静，用摄录机拍下电梯里发生的一切。他观察到的光束传播路径又是怎样的呢？他看到光子以曲线路径从电梯一端的发射器传播到另一端的检测器（如图

10.8 所示）。

在这两种情况下，光子都从发射器传播至检测器。从桑迪的视角看，发射器和检测器均处于静止状态，所以，光子以直线在两者之间传播。

不过，从比尔的视角看，发射器和检测器均加速朝下运动。这便是问题的关键所在：光子从电梯一端的发射器传播至另一端的检测器所经过的时间十分短暂且有限，而在这期间，电梯处于不断加速下落的运动状态（在比尔看来），所以，当光子传播抵达检测器时，检测器所处的位置应低于光子发射瞬间检测器所在的位置。因此，光子必须以曲线传播，

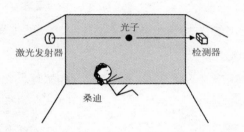

图 10.7　电梯中的桑迪视角——电梯自由下落至地球表面
根据等效原理，自由落体等效于零重力环境中的自由飘浮，因此，在桑迪看来，
电梯中的所有物体同她一样，均处于静止的自由飘浮状态，因此，光子从发射器沿直线传播至检测器。

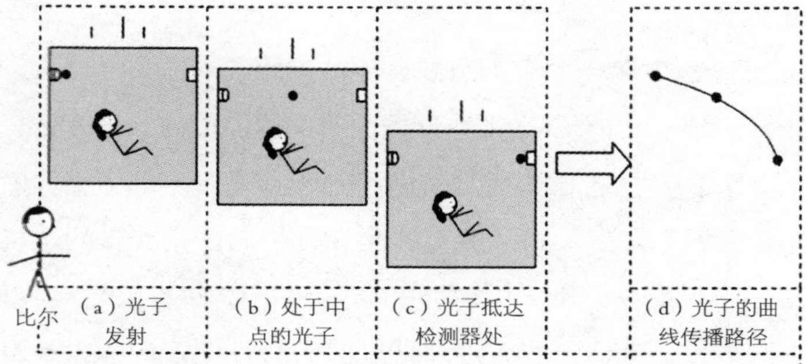

图 10.8　电梯外的比尔视角——电梯自由下落至地球表面
在电梯下落的过程中，光子从发射器沿曲线传播至检测器。
光束的弯曲是加速度的作用——根据等效原理，也就是万有引力的作用（图示放大了弯曲弧度）。

必须向下弯曲方能与检测器交会。这就是比尔所见的情景。

也就是说，光子一经发射器发出，也会做自由落体运动。在比尔看来，光子在加速运动的电梯中是沿曲线进行传播的。

这意味着什么呢？正如比尔所见，电梯的向下加速导致了激光束的曲线传播路径，根据等效原理，加速度与万有引力等价，因此，比尔仿照爱因斯坦在 1907 年所提出的理论，做出如下结论：

光束在重力场中发生了弯曲！

致读者：由于光束传播的速度极快，该电梯光束实验并不具备实际可操作性，但是，就像光钟思想实验那样，它所展现的物理规律是坚实可靠的。重力场下的光束弯曲是确实存在的，只不过受电梯宽度所限，其弯曲弧度极其微小。

桑迪的电梯呼啸而落，底部的弹簧装置和气球群组与地面发生剧烈碰撞，发出巨大而沉闷的响声，电梯只轻微弹跳了几下便在地面安稳静止了。守候在地面的人群屏住了呼吸。只见桑迪从厚重的护具里探出一只手，虚弱地挥了挥。人群之中响起了欣喜的欢呼声。

桑迪从护具里爬了出来，伸手推开电梯门，带着满脸的微笑朝比尔狂奔而去，给了他一个大大的拥抱。

令人意想不到的是，桑迪在与丈夫短暂拥抱之后，立即转身走进了备用电梯。

"你要干什么？"比尔在身后焦急地喊道。

"我想利用朝下指的激光来论证重力时间膨胀效应。亲爱的，麻烦你赶紧帮我设置好分光仪，然后留在地面仔细观察电梯中的光束传播情况。"

激光光束朝下发射。团队成员将激光发射器固定到备用电梯的天花板上，发射方向垂直向下，同时，在电梯地板上安装激光接收检测器。设备准备就绪后，电梯升到悬崖顶端，然后断开固定的绳索，且在同一瞬间启动激光发射器。

电梯自由下落，失重感再次席卷而来，桑迪又一次感觉仿佛置身外太空。她看到激光束垂直向下传播至地板〔如图 10.9（a）所示〕。

激光束如火般红艳，桑迪使用安装在电梯内的分光仪记录激光的频率，设备的测量数据显示，激光的波长为 0.6238 微米，符合氦氖激光发射器的预期设定值。

静立于地面的比尔又将看到什么呢？他在激光光束传播至电梯地板的瞬间测量了激光光束的频率，只不过，在比尔看来，激光发射器正随着电梯向下加速运动，也就是说，比尔观察到激光束的光源，即激光发射器，正逐步朝他趋近〔如图 10.9（b）所示〕。光源朝比尔方向的移动将引起多普勒效应。

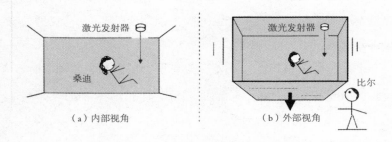

图 10.9　垂直向下的激光光束——电梯自由下落至地球表面。
（a）根据等效原理，内部视角等价于零重力下的自由飘浮，所以光源（即激光发射器）与桑迪处于相对静止状态，在她看来，光的频率不发生任何改变。（b）自电梯外部看，光源加速趋近比尔，所以在他看来，光的频率变高（蓝移效应）。

多普勒效应描述的主要内容是，光的频率（及颜色）受相对运动的影响而发生改变。光源移动越趋近观察者，光的频率越高；光源移动越远离观察者，光的频率越低。（光速不受相对运动的影响。）

由于激光发射器正朝比尔加速运动，比尔将看到光束颜色逐渐变化趋向光谱的蓝色一端（蓝移现象），且他的分光仪测量得出的激光频率高于桑迪的测量结果（频率越高，波长越短）。从比尔的视角看，电梯处于加速向下的运动状态，而它的加速度同样等于地球的万有引力（即重力）。因此，他（像爱因斯坦那样）得出结论：

万有引力场影响光的频率。

根据普朗克和爱因斯坦的理论，光的频率与其能量成正比，因此，万有引力也会影响光束的能量。

为了更好地理解其原理，我们来看两个例子。

蓝移：假设在零重力的外太空，有一艘静止的宇宙飞船向地球发射一道光束，地球上的我们将观测到光束频率变高，即向电磁频谱的蓝色端移动。为什么？因为在穿越地球重力场、朝地球趋近的过程中，光束获得了能量。

反之亦然。

红移：假如是由地球向外太空发射光波，情况又将如何？在克服地球重力场、向外太空移动的过程中，光束失去能量，所以，外太空的观察者将观测到这道来自地球的光束的频率逐渐变低，即向电磁频谱的红色端移动。这就是引力红移效应。

可想而知，爱因斯坦在初次发现万有引力可影响光波频率时该有多么兴奋！何出此言？因为这一发现对于认识时间的本质具有深刻启示。

万有引力作用下的时间弯曲

如前所述，光是一种以规律间隔上下波动的电磁波，因此，电梯里发射的激光光束的频率可划分出相等的时间间隔，正如嘀嗒作响的时钟（时间记录精度极高的原子钟就是据此原理设计制作的）。

对于下落电梯中的桑迪而言，光束的频率与预期一致。以其自身为参考系，时间的流动正常如故。

但是，对于比尔而言，电梯中激光的频率更高，所以，从比尔的角度看，以其自身为参考系，电梯里时间的流速快于地面时间的流速。

而根据等效原理，加速度产生的物理效应与万有引力所产生的等价，因此，爱因斯坦的电梯思想实验可得出一个意义极其重大的结论：

万有引力影响时间的流动！

在牛顿构筑的物理宇宙中，地球上的一秒与外太空中的一秒无丝毫差异——在无垠宇宙的任何角落，时间都是绝对的，它总以相同的速率流逝。爱因斯坦先持狭义相对论这柄利剑对这一断言发出挑战，提出空间的相对运动将减缓时间流速；而今，他又以等效原理为理论基础，预言万有引力场也将减缓时间流速。在爱因斯坦构筑的宇宙时间中，时间是相对的——归因于运动和万有引力的双重影响。

比如爱因斯坦预测，地球表面的时钟比静止飘浮于零重力外太空的时钟一年累计慢 0.02 秒。事实上，地球上任何有关时间流速的事件，包括人类的衰老，均稍慢于外太空（其他条件相同）。

总而言之，爱因斯坦的等效原理以及电梯思想实验预测：（1）在万有引力场中，光束的传播路径将发生弯曲；（2）万有引力场将减小光波频率；（3）万有引力场将减缓时间的流速。

1907 年 11 月，爱因斯坦在《放射现象与电子学年鉴》上发表狭义相对论的最新研究成果，并在论文的最后一个小节探讨了他对于万有引力的思考。他以等效原理为框架，第一次预测了引力场光波弯曲与引力场时间膨胀现象。

旋转的圆盘

至此，欧几里得几何学的整体框架已然摇摇欲坠。

——马克斯·玻恩

1912 年，爱因斯坦迎来第二次顿悟——万有引力不仅影响时间，也影响空间。他的此番顿悟源自他的朋友、物理学家保罗·埃伦费斯特三年前的一次思想实验。

圆的周长除以半径等于 2 乘以 π（约等于 6.28）——这是欧几里得几何学中的一则基本公理，而所谓的"埃伦费斯特悖论"似乎违背了这道经典公式。

物理学家们对埃伦费斯特悖论当中的微妙之处仍存在争议。以下是其简化版释解。

假设现有一个不停旋转的圆盘，科学家诺亚正静止于圆盘上方（如图 10.10 所示），从他的角度看，圆盘的周长随着圆盘一同旋转。根据狭义相对论，运动中的物体的长度将沿其运动方向发生收缩（即长度收缩效应），因此，在诺亚看来，比起静止状态，圆盘的周长似乎收缩了。

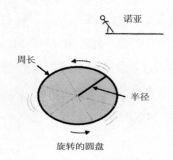

图 10.10　旋转的圆盘。
在静止的诺亚看来，由于长度收缩效应，圆盘周长有所缩短，而半径却无变化，
也即于他而言，圆周长与半径之比不等于 2 乘以 π。

而圆盘半径始终垂直于圆盘的运动方向，所以，根据狭义相对论，半径的长度不受圆盘运动的影响，不发生长度收缩。

因此，从诺亚的视角看，旋转圆盘的周长缩小了，半径则无变化。站在圆盘上空观察圆盘转动的诺亚得出了一个惊人的结论，圆的周长除以半径不等于 2 乘以 π，而是略小于 2 乘以 π、略小于 6.28 ！

以这个小小的圆盘为支点，狭义相对论似要撬动欧几里得几何学的根基。换言之，从某种意义上讲，旋转圆盘的相对运动引起了空间的弯曲。

1912 年，业已掌握等效原理的爱因斯坦，在埃伦费斯特所述的这个旋转圆盘思想实验中洞见了强而有力的深刻内涵：圆盘圆周上的任意一点，其旋转速率不变，但旋转方向时刻变化。如前所述，物理学中的加速度指的是速度在运动快慢或运动方向上的变化，因此，圆盘周长具有加速度。根据等效原理，加速度产生的物理效应与万有引力所产生的等价，所以，爱因斯坦推断：

空间在引力场中发生了弯曲。

为了更好地理解这一点，请再想一想在诺亚眼中发生了长度收缩的旋转圆盘的周长。爱因斯坦告诉我们，是空间本身发生了收缩、弯曲或改变。更确切地说，是空间中两点之间的距离在旋转运动、在加速度的影响下发生了改变。

而根据等效原理，在万有引力场中，这一切依然成立。

这又是怎么一回事呢？想象一下，你正置身某处零重力的空间，测量该空间中某两点之间的距离。然后，你将完全相同的两个点沿着引力方向放置到引力场中，结果发现，从远处看，此两点之间的距离测量数值竟发生了变化。

请回想一下第九章中那支垂直地面放置的钢笔，离地球表面越近，其测量长度越长（从远处看）。这个所谓的空间延展现象其实就是引力场中空间弯曲的另一个例证。

通过等效原理、电梯思想实验以及埃伦费斯特悖论，爱因斯坦提出，引力场中空间和时间都将发生弯曲。

事实果真如此吗？在下一章节，我们将看到爱因斯坦这一颠覆性假设的有力实证。

第 11 章
空间与时间弯曲后会发生什么

不管你如何聪明，不管你的理论如何精彩，
只要它与实验证据相悖，那它就是错的。
——理查德·费曼

转眼已是 2525 年，人类依然坚守于地球，繁衍生息。我们这个种族极具智慧，却调和不了内部处处充斥的冲突矛盾，但无论如何，我们还是在种种危机——核战争、气候变暖、海洋酸化、平流层臭氧耗竭、氮磷循环失衡、生物多样性丧失、全球性病毒、全球性污染、全球性饥荒、水资源严重枯竭、小行星撞击、特级地震海啸、火山爆发、身体萎缩、人口爆炸、手机短信以及毫无营养的社交推文中顽强地生存了下来。

在这个未来世界里，走时极度精确的腕表成为新近流行的时尚单品，这些令人惊叹的计时器采用的是最先进的夸克分离技术，就连制作最精密的原子钟也比不上其精确度。上了年纪的人觉得这样的产品毫无意义，年轻人却竞相追捧。

一群青少年正在为即将到来的冰上表演勤加练习，他们个个手上都戴着夸克手表。其中有一个名叫利瓦伊的 16 岁大男孩，他对科学研究兴趣浓厚，自幼儿园起便开始在"第一物理"课堂学习相对论，如今热衷于自己做一些小实验。

利瓦伊召集了九个朋友，一群人浩浩荡荡一起前往当地的室内溜冰场。利瓦伊让他的朋友们穿上溜冰鞋，同步手上的夸克表，然后手拉着

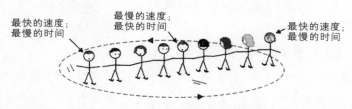

图 11.1　思想实验——离心加速度令时间弯曲

几圈旋转之后，时间变得不再同步。旋转的速度越快，时间变得越慢，因此，外圈溜冰者的手表走得最慢，中心溜冰者的手表受到的影响最轻微。

手排成一横排，开始旋转滑行，他自己则静立在场边，观察他们的运动情况（如图 11.1 所示）。

持续旋转几分钟之后，他们停下来，观察各自的夸克表。他们惊奇地发现，他们的超级手表所显示的时间竟已不再同步，与利瓦伊一直处于静止状态的手表相比，他们的手表稍微慢了一些。事实上，手表的快慢程度与他们在队列当中的位置息息相关。站在队列最中间的阿卜杜勒发现，他的夸克手表受到的影响最小，而位于队伍首末两端的默里和玛丽则注意到，他们的手表变得最慢。

利瓦伊十分激动。"这个实验结果和我预想的一模一样！"他的声音竟有些颤抖，"阿卜杜勒，你在圆圈的最中心，所以你的运动位移最少，这也是为什么与我的手表相比，你的手表受到的影响最小。默里和玛丽，你俩站在最边上，所以你们的运动速度保持最快才能保持圆周的完整。"默里和玛丽喘着粗气，点头表示赞同。

"时间的流逝速度随着空间中的相对运动而减缓，"利瓦伊解释道，"运动越多，减缓越多。这就是你们的手表变慢的原因所在。爱因斯坦预言的时间膨胀效应是真实存在的！"

有几个朋友觉得这个实验纯粹是在浪费时间，他们把这个想法如实告诉了利瓦伊。玛丽听后说道，"我倒是有一个想法。课上老师说，我们在冰面旋转时，其实是在做加速运动。"

"真的吗？"代市罗子疑惑道，"我还以为只有速度有所增快才是加速运动呢，比如踩了油门的汽车。"

"没错，不过除了速度变快，加速度也包括减速和方向改变。"玛丽解释道。

"这也太奇怪了吧！"卓尔斯说。

玛丽没有搭理卓尔斯的大惊小怪，继续道："我们伟大的先人爱因斯坦还提出过等效原理对吧？他认为，加速度等价于万有引力。"利瓦伊点头附和。"所以，假如是我们的加速度导致了时间的变慢，那我们应该也可以认为，是万有引力引起手表变慢。"

利瓦伊补充道："而且，你在引力场中的位置越靠下，你的手表变得越慢。"玛丽对利瓦伊报以赞许的微笑。"我之前怎么没注意到她呢？"利瓦伊暗忖。

利瓦伊和玛丽成功地说服队友参与另一个实验，就连卓尔斯也在低声抗议几句后点头同意了。完成滑冰练习后，小团体成员们拖着疲累的步伐搭乘巴士去市区。一到市区，他们便直奔著名的闵可夫斯基时空纪念大厦，该建筑高达 90 层（如图 11.2 所示）。

他们聚集在一层大厅，再次集体调整夸克手表以同步时间。利瓦伊留在大厅，其他人搭乘电梯上楼。按照计划，阿卜杜勒前往 10 层，默里前往 20 层，玛丽在 30 层，以此类推，去往最顶层 90 层的是卓尔斯。他们在各自所在楼层边听音乐边做作业，几个小时后下楼到大厅会合，接着就对比各自手表的时间。

那么，他们手表显示的时间究竟是否一致？（上下楼时的相对运动忽略不计。）

根据爱因斯坦的理论，引力场中较低位置处的时间走得比较高位置处的时间慢，因此，此时他们的手表时间快慢均不一致。从始至终待在一楼的利

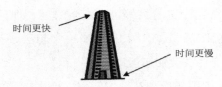

图 11.2　地球高楼里的时间

根据等效原理，引力场中位置较低处的时间比位置较高处的时间流逝得慢。

瓦伊受时间收缩影响最大，因为他离地球最近；在 10 层活动的阿卜杜勒次之，去往 20 层的默里再次之，以此类推，待在 90 层的卓尔斯所受影响最小，他的手表走得最快，因为在这些人之中，他在地球重力场中的位置最高。

"我们又一次重现了爱因斯坦的预言，"玛丽感慨道，"越往高处走，受时间收缩的影响就越小。刚才待在 30 楼的时候，就连我的心跳都比待在楼下的人跳得快。不过老得最快的不是我，是卓尔斯，因为他在最高层。"

"没错，就是这么一回事。"利瓦伊说，"我的心跳跳得最慢，老得也最慢，因为我就在一楼，这可以算是地球重力场中最低的位置之一了。"

就连卓尔斯都发出了惊叹。"你是说，住在海平面位置的人比住在山顶的人老得慢？"

"是的，你终于明白过来了！"玛丽说道，"在忽略其他因素比如气候和环境对人的影响的前提下，住在高处的人老得比较快。这就是'引力时间膨胀'效应。"

爱因斯坦的预言

1907 年，爱因斯坦以等效原理为理论基础，第一次断言称，光的频率，也即时间的流动受引力场影响。爱因斯坦此番革命性的顿悟实在太过超前，还得等一等发展前进中的科学技术追赶上来，方能验证其正确性。直到 52 年后，引力时间膨胀才被首次证实存在。

哈佛高塔实验

假设现有一频率固定不变的光束，爱因斯坦认为，若从高处向地球发射该光束，地球上的观察者测量得到的光波频率较高；若从地球往高处发射该光束，高处的观察者测量得到的光波频率较低。

1959 年，哈佛大学的物理学家罗伯特·庞德和 G. A. 雷布卡着手实验，以检验爱因斯坦的预言。杰弗逊实验室顶部有一个高 22.5 米的塔

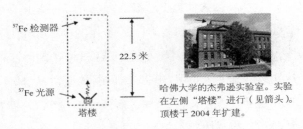

哈佛大学的杰弗逊实验室。实验在左侧"塔楼"进行（见箭头）。顶楼于 2004 年扩建。

图 11.3　哈佛测试验证了引力场红移——较低高度的时钟走得较慢
测试结果与广义相对论的预测相符，精确度高达 99.9%。

楼，他们在塔楼底部放置了一个由放射性铁（^{57}Fe）制成的光源，同时，又在塔楼顶端安装了同样由放射性铁制成的接收检测器。

理论上讲，在光束克服地球重力向上传播的过程中，其频率应有所减少。而两位物理学家就是要对此减少量进行测量（如图 11.3 所示）。

他们还反过来重复了实验——将放射性源放置于塔顶，放射性检测器安装于塔底。如此一来，在光束沿着地球重力场向下传播的过程中，其频率将增加。两位物理学家取两次实验的平均值作为最后的实验结果。

爱因斯坦预测，22.5 米的距离下，地球重力场引起的光波频率变化值应为一千万亿分之二点四五（2.45×10^{-15}）。庞德与雷布卡的实证测量数据与爱因斯坦的预测结果相符，仅有 10% 的误差。1964 年，庞德和 J.L. 斯奈德再次重复实验，将数据误差缩小至 1%。

正如前文所述，我们可以把光的频率当成时钟，换言之，引力红移应等价于引力时间膨胀，用于论证引力场减小光波频率的实验数据同样可用于验证引力场减缓时间流速这一理论假设。

此后，还有许多实验和观测数据证实了爱因斯坦的预言，下文仅罗列二三。

飞行时钟

1971 年深秋，两位科学家用真实（而非存在于思想实验中）的时钟展现了引力时间膨胀效应。来自圣路易斯华盛顿大学的约瑟夫·C. 海福乐

氢微波激射器原子钟

巡航者 −D 火箭发射现场

图 11.4　搭乘火箭的时钟证实了相对运动和引力作用下的时间膨胀效应

1976 年，史密森尼天文物理观测台的罗伯特·维索特和马丁·莱温将地面上的时钟与
巡航者 −D 火箭前锥体中的时钟进行了比较。

以及来自美国海军气象天文台的天文学家理查德·基廷在几架全球环航的
商务飞机上放置了几个极其精确的铯原子钟。

　　他们必须考虑两个效应：（1）狭义相对论的预测，即处于运动状态
的飞机上的时钟走得比在地上静止的时钟慢；（2）广义相对论的预测，
即由于所处高度较高，随飞机航行的时钟走得较快。在这两个影响因素
中，高度居主导地位。海福乐和基廷得出的数据与爱因斯坦的预测相吻
合，误差仅在 10% 左右。

火箭时钟

　　1976 年 6 月 8 日，哈佛大学史密森尼天文物理观测台的罗伯特·维
索特和马丁·莱温在巡航者 −D 火箭上放置了一个最新发明的氢微波激
射器原子钟，并将其与地面上的同款原子钟进行对比（如图 11.4 所示）。
该实验证实了爱因斯坦在狭义相对论和广义相对论中关于时间弯曲的预
测，误差只有百万分之七十！

标准时间

　　如今的原子钟为了达到世界标准时间的精确度要求，必须将引力时
间膨胀效应考虑在内。比如位于科罗拉多州落基山脉大圆石山麓的美国国
家标准局里有一个原子钟，该原子钟所处海拔约为 5 400 英尺（约 1 646

米）；在伦敦泰晤士河畔的大不列颠皇家格林尼治天文台里也有一个一模一样的原子钟，不过，这个原子钟所处的位置几乎与海平面齐平，海拔仅为 24 米。

正如爱因斯坦的广义相对论所预测的那样，所处海拔更高的科罗拉多州原子钟每年比格林尼治的原子钟多 5 微秒（一百万分之五秒）。

全球定位卫星（GPS）

现今的全球定位卫星无时不在验证引力时间膨胀效应。根据广义相对论和狭义相对论，海拔高度和相对运动均会对时间流逝的快慢造成影响，基于此，为与地面的时钟实现同步，卫星搭载的时钟必然需要作出相应调整。假如全球卫星定位系统忽略了这些因素的影响，只需两分钟，其定位就会出现错乱。

实验室

1997 年，三位物理学家——加州大学伯克利分校的霍尔格·穆勒、柏林洪堡大学的阿齐姆·彼得斯以及前加州大学伯克利分校的朱棣文——运用量子技术进行了一系列迄今为止精度最高的实验。实验的测量结果证实了引力时间膨胀效应的存在，其实验误差仅为十亿分之七！

因此，爱因斯坦所言的引力时间膨胀效应的确真实存在，而且，我们还将看到，时间旅行绝不仅是一个有可能实现的未来构想——它时刻都在发生。

与高度有关的时间旅行

"不行，我接受不了！"梅纳尔激烈地反对道，"他们才这么小，一点自保能力都没有。"

"亲爱的，你也知道的，这是法律规定的，双胞胎必须分开，"卡勒布劝慰道，"我们可爱的蒂娜要去的是中子山，那里肯定有许多家庭正翘首以盼孩子的到来，我相信他们一定会像我们一样好好照顾蒂娜的。况且，我们不是还有萨米吗？这是我们必须面对的，躲不掉也逃不掉。来，我们一起帮蒂娜做好出发的准备工作吧。"

富有的地表居民可以设法留下孩子，但梅纳尔和卡勒布家境贫寒，只能无奈接受法律的判决，让萨米和蒂娜这对双胞血亲一出生就经历分离。萨米将与父母继续生活在星球表层，蒂娜则会被送给定居高山进行拓荒的家庭抚养。

他们居住的星体叫中子体（从当地语言翻译成英文是为 Neutronium），是超新星爆炸后的残余物，质量极大，密度极高，因此，该星体表面的万有引力远大于地球表面的引力。该星球表面的最高峰便是中子山，海拔极高。

该星球面临人口爆炸危机，大批居民被迫从星球表面移居到中子山峰顶。然而，由于中子山峰顶与星球表面的高度差过大，万有引力降低过多，定居于此的人们丧失了生育能力。

在该星球，双胞胎非常普遍，因此，法律规定，凡是双胞胎，出生之后只有一个可留在原生家庭，另一个必须送往中子山山顶，交由山顶拓荒家庭抚养。

中子山顶峰与星球表面过大的引力差还造成另一个重大影响——严重的引力场时间弯曲。山顶时钟走得比山脚时钟快两倍，这就意味着，山顶发生的一切与时间流逝有关的事件皆快于星球表面（如图 11.5 所示）。

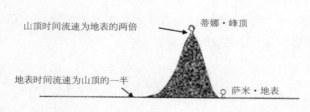

图 11.5　利用高度进行时间旅行。中子体星地表与中子山

星球表面的居民觉得自己所处的时间流速正常，而山顶处的时间流逝过快；山顶居民的看法则恰好相反，认为自己所处的时间流速正常，而星球表面的时间流逝过慢，流速仅为山顶时间的一半。

萨米在星球表面长大成人，他偶然得知自己有一个双胞胎妹妹就住在中子山上，于是他亲切地称呼她为蒂娜·峰顶。蒂娜也了解到她有一个双胞胎哥哥住在星球表面，她也给他起了一个昵称，叫萨米·地表。

按照中子体星的习俗，马上迎来 30 岁生日的蒂娜·峰顶即将正式成年。她富有的养父母十分宠爱她，为她举办了隆重的 30 岁成年礼仪式。

如今已是成人的蒂娜终于可以自己自由做决定，其愿望清单的第一项便是好好看一看这个星球的地表，看看那里究竟是怎样一番风貌。她一次用尽积攒了 30 年的礼品卡，向中子山天文观测台租用其最先进的天文望远镜，只不过她不用它瞭望幽深星空，而是朝下对准了星球表面。

虽说她早有心理准备，但真正目睹这一切还是让她深感震撼。地表的一举一动都仿似慢动作回放，无论是交通工具还是行人，其运动速度都仅为山顶的一半。"原来这就是书上所说的引力时间膨胀啊！"蒂娜·峰顶暗自感叹。

望着这番稍显诡异的画面，蒂娜心底突然涌起一个念头，很想见一见她的亲生父母和双胞胎哥哥。于是，她立马赶回家收拾行李，并且预订了最近一班下山的车票。

蒂娜·峰顶的地表之旅 [①]

虽然蒂娜先前也从书中了解过星球表面的社会状况，但是当她亲身踏足这片土地，其拥挤程度还是令她深感震惊。而且，她发觉身边车辆行人的移动速度并不似她在山上通过天文望远镜观察到的那样迟缓，红移现象也不复存在，事物的颜色显得十分正常。

她立即前往国家档案馆查找自己的出生证明、原生家庭状况以及其

---

① 上下山过程中相对运动对时间的影响忽略不计（狭义相对论）。

亲生父母的现居地。档案馆的工作人员依流程询问蒂娜·峰顶的出生年月，蒂娜回答："3700 年 6 月 19 日。"工作人员的脸上露出了不可置信的表情。这位工作人员才刚入职，此前还未碰到过来自中子山顶的定居者。此时的中子体星地表是 3715 年，这就意味着，按照蒂娜的出生年月，她应该才 15 岁，可她的自报年龄却是 30 岁，而且她看起来也正是30 岁的模样。

蒂娜确定自己生于地表的 3700 年，只不过中子山顶的时间流逝速度是地表的两倍，因此，对于她而言，时光的脚步已然匆匆走过了 30 年，此时应当是 3730 年——然而，地表的年历上却分明写着 3715 年。显然，蒂娜·峰顶穿越了 15 年的光阴，回到了过去。

虽然蒂娜对这些时间效应早有了解，但此刻仍不免感到混乱。她努力恢复镇定，迅速走完程序办好手续，终于获得她想知道的信息——亲生父母的名字和他们现在的居住地址。"没想到手续还挺简单的。"蒂娜暗道。

蒂娜怀着满溢的兴奋和几分忐忑，前往档案馆提供的住址。方一见面，蒂娜的亲生母亲梅纳尔和亲生父亲卡勒布便止不住地掉眼泪，一把抱住了蒂娜。

"我的哥哥呢？"蒂娜·峰顶问道。

"哦，萨米练习微粒球去了，应该快回来了。"

言笑间，萨米·地表回来了。他一进门就发现家里来了一个打扮奇怪的女人。"我是你的双胞胎妹妹。"蒂娜抽泣着自我介绍道。

"双胞胎妹妹？可是……可是你看起来似乎有些老相。"萨米说。

"你现在几岁，萨米？"蒂娜问道。

"马上 15 岁了。"

"我 30 岁了。"蒂娜回答说。

"科学课上老师好像说过什么相对论，难道这就是它导致的？"萨米问道。

"没错，"蒂娜说道，"但无论如何，我们都是双胞至亲。"

萨米点了点头，给了双胞胎妹妹一个大大的拥抱。

蒂娜清楚，自己不能在这里久留。一方面是因为她的身体还无法完全适应地表的强劲引力，陡增的重量压得她筋疲力尽。另一方面是因为她自己也想尽快回归中子山顶的生活。

毕竟，待在山顶的亲朋好友正以两倍的速度衰老，她想在引力时间弯曲效应导致显著差异出现之前回到中子山。

她与定居地表的至亲——告别，而萨米也许诺，会在自己 30 岁生日时到山上看望蒂娜。

萨米·地表的中子山之旅

萨米·地表 30 岁生日的中子山之旅会发生什么故事呢？动身出发之前，他先在地表找了一台天文望远镜观察中子山顶人们的生活。他看到山顶的车辆行人均以飞快的速度穿梭移动，就像一部二倍速播放的纪录片，并且望远镜中的图像都诡异地透着一层蓝光。

不过，待到亲身登上山顶，萨米发现周遭的一切其实都十分正常。事物运动的速度与地表无异，颜色也十分正常，全无蓝移现象。他迫不及待地拜访了双胞胎妹妹蒂娜，此时的蒂娜已是 60 岁的老人。自萨米出生起，山上的岁月已过去了 60 年。

从萨米和蒂娜出生到萨米踏足中子山峰顶，这期间的时间间隔在地表是 30 年，在山顶则是 60 年。对于萨米·地表而言，他仿佛穿越了 30 年的光阴，去了未来！

时间旅行悖论？

不知你是否听说过时间旅行悖论？所谓时间旅行悖论是指，若你通过时间旅行回到你出生之前的某个时间点，然后不小心杀死了你的母亲，但是，如果你的母亲在你出生之前就已经死亡，你又怎么会存在于这个世上呢？假如你不存在，你又如何能够回到过去杀死你的母亲呢？

我们成功地驳倒了伟大的爱因斯坦博士吗？我们竟然找到了他预言

中的逻辑谬误？不，这显然不可能，他可比我们聪明多了。引力时间膨胀理论规避了时间旅行悖论。

根据爱因斯坦的理论，蒂娜·峰顶虽然可以回到过去，但她永远无法回到她离开地表之前的任意时间节点，因此，对于在那之前也即她出生之前发生的一切事件，蒂娜皆无力改变。不管中子体星的质能密度多大，不管引力时间膨胀相应对中子山顶的影响多大，她都不可能穿越回到她离开地表前的任意时间节点。因此，基础的因果逻辑关系得以维护，未遭任何破坏。

与地球有关的思考

当然，这只是一个完全虚构的故事，但它所展露的物理现象却是真实存在的。地球上，引力时间膨胀效应产生的影响微乎其微，因为地球的引力相对微弱。不过，只要我们所处位置的海拔高度发生改变，就会经历与蒂娜·峰顶和萨米·地表一样的时间旅行。只不过它们的效果实在过于微弱，我们无法察觉到它们的存在。

空间又如何呢？引力对空间又会产生怎样的影响？接下来我们就来看一看吧。

欧几里得已经不住在这里了

马克斯·塔木德与爱因斯坦家是世交，他在众多藏书中选中了《欧几里得几何学》，将其送给尚且年幼的阿尔伯特·爱因斯坦。书中展示的精妙逻辑和几何艺术固有的视觉冲击令年仅 12 岁的爱因斯坦如痴如醉，他将其称为"神圣的几何之书"，此后他还写道："如果连欧几里得都无法点燃你的热情，那么你或许生来就不适合当科学思想家。"而彼时尚是青少年的爱因斯坦全然不知，他的伟大成就——广义相对论将彻底倾覆欧几里得几何学这幢恢宏的大厦。

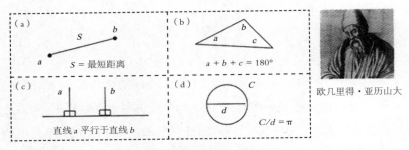

图 11.6　欧几里得几何学示例

（a）两点之间的最短距离是直线；（b）三角形的内角和是 180°；
（c）垂直于同一条直线的两条直线相互平行；（d）圆周长除以直径等于 π。

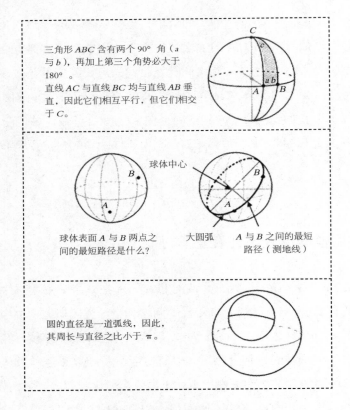

图 11.7　球体表面的几何示例

在牛顿的理论中，欧几里得几何学无往不利（如图 11.6 所示）。1912 年，爱因斯坦从旋转圆盘思想实验得出结论，引力可弯曲空间。这意味着，但凡万有引力存在之处，都会违背欧几里得几何学。

欧几里得平面几何学适用于平面。倘若表面是弯曲的呢？比如图 11.7 中所示的球体，当仔细观察其表面的直线、圆形和三角形，我们发现：（1）三角形的三个内角之和不等于 180°；（2）在平面中原本平行的两条直线相交了；（3）两点之间的最短路径不是直线；（4）圆形周长与直径之比不等于 π。以上种种均与欧几里得平面几何相悖。

爱因斯坦推断，凡是存在万有引力之处都会与欧几里得几何相悖。由于一切物质和非物质能量——包括亚原子粒子、原子、分子、岩石、人、建筑、流星、彗星、小行星、月亮、行星、恒星以及银河系——皆为万有引力之源，因此，我们寄身的世界是一个非欧几里得的世界。

比如，太阳周长与其直径之比要比 π 小百万分之几，因为太阳的存在弯曲了其附近的空间。在质量更大的恒星身上，该效应将更加显著。

1919 年爱丁顿日蚀观测队的观测结果首次验证了引力空间弯曲的存在。我们将在第 15 章中看到，它将证明广义相对论的正确性，并使爱因斯坦声名大噪。

下一章节

时间弯曲了，空间弯曲了。那么，质能影响下产生的翘曲度在数学层面又该如何呈现呢？这个问题难住了爱因斯坦。苦苦思索中，他将目光投向了他的数学老师赫尔曼·闵可夫斯基，投向了四维空间。经过谨慎思考，爱因斯坦决定收起自己无谓的自尊心，接受时空以及时空间隔是表现时间和空间弯曲的最好形式这一事实。这将是下一章节的讨论主题。

第 12 章

缝合时空

时空连续体只在很小的范围内符合欧几里得几
何原理。
——马克斯·玻恩

1912 年夏，阿尔伯特·爱因斯坦已依据等效原理在理论上确认了空间与时间弯曲的存在，眼下他所急需的是为此建立一个合理的数学模型。就在几年之前，他对庞加莱和闵可夫斯基提出的时空概念嗤之以鼻，认为那只不过是好奇心驱动下的纯粹数学产物，与物理毫无关联。

四年之后，爱因斯坦发觉自己错得离谱，他深刻地意识到，以四维时空为数学工具来表示时间与空间在万有引力场中的弯曲实为上佳之选。

同时，他也看出了等效原理的局限性，它只适用于无限时空中的有限区域——空间足够小且时间足够短。爱因斯坦将其称为局部时空区域。

聪明绝顶的爱因斯坦博士不把此理论限制视作阻碍，反而将其，当作发展广义相对论的关键利器。为将万有引力以统一形式进行表述，爱因斯坦提出须在数学层面"缝合"局部时空区域。

爱因斯坦又是如何想到此方法的？它有怎样的深层含义？在本章节，我们将再一次走进爱因斯坦的思想世界，领略他描绘的万有引力的绮丽的新图景。

怎样分辨我们所处的是地球还是火箭飞船

假设大家重返我的课堂，我们仍在试图分辨我们的教室究竟正静止于地球表面，还是身处正以 1-g 的加速度航行于外太空的外星飞船中。

事实证明，只要教室足够大，就有办法分辨我们所处的是地球还是火箭飞船。假设我站在教室的最左端，一名学生站在最右端，我们每人手里都拿着一个小球，之后，我俩同时于同一高度释放小球。

若从火箭内部看，这会是怎样一番情景？

于外太空（零重力）加速航行——两个小球一经释放，瞬间漂浮静止于同一位置，未有位移，我们则与飞船地板一起以 1-g 的加速度朝上加速运动。现在的关键点在于：由于两个小球是自由漂浮于外太空的，因此它们之间的距离不随时间而改变。因为小球所处的外太空不存在万有引力，所以它们将一直飘浮于同一位置，直到向上加速运动的地板与其相遇。

我们身处加速火箭内部，从我们的视角看，我们与火箭地板处于相互静止状态，两个小球看起来则正以 1-g 的加速度朝下加速运动。换言之，在我们看来，两个小球仿佛正同时落向地板。因两个小球只进行垂直方向的自由落体运动，所以它们之间的水平距离保持不变。

若在地球观察这一过程又会如何呢？

静止于地球表面——若在地球表面释放两个小球，毋庸置疑，它们会以 1-g 的加速度落至地面。但是，它们并非垂直下落，而且以微小的角度朝地球中心运动（如图 12.1 所示）。

我和学生离得越远，两个小球下落形成的角度越大。假如教室够大，小球朝向地球中心的向心运动是可以测量的。

因为两个小球同样朝向地球中心下落，因此它们相互汇聚，它们之间的水平距离将随时间的流逝逐步缩小。

太好了！我们终于知道该如何分辨自己身处的是地球还是加速运动的火箭。通过精确测量小球释放之前的水平距离以及落地后的水平距离，我们可能获得以下两种结果：（a）小球之间的水平距离落地前后保持不

图 12.1　两个小球在地球上方水平分开

两个小球不会垂直下落，而是朝向地球中心下落，并随着时间流逝逐渐靠拢。

（右图大幅放大了下落偏角。）

变；（b）小球距离变近了。

　　假如两个小球距离不变，说明我们正于零重力的外太空随飞船加速航行；假如两个小球下落后距离变近，说明我们还在地球。显然，在这种情况下，等效原理——万有引力产生的物理效应等价于加速度产生的物理效应不再成立。

　　但是，要是两个小球之间的间距足够小，它们下落的角度差便会微弱得可以忽略，而它们落体时的交会趋势也将变得微不足道。因此，在足够小的房间中，等效原理依然奏效，人们往往很难分辨自己是在做加速运动还是处于万有引力场中[1]。

垂直间隔

　　下面我们将采用垂直放置的小球来进行这一思想实验。

　　于外太空（零重力）加速航行。我站在椅子上，一手将一个小球举过头顶，一手将另一个小球置于胸前（如图 12.2 所示），两个小球所连成的直线与地板垂直。当我放开双手，由于位于零重力的外太空，两颗小球依然飘浮在原先的位置上——一颗在另一颗上面。

　　现在的关键在于，在零重力的外太空，两个小球被释放后，其距离

———————————

[1]　我们再次忽略地球自转的影响。

图 12.2　两个小球垂直分开

在地球表面，位于下方的小球其下落速度快于上方的小球，因为位于下方的小球离地球更近，所受重力更大，因此，两个小球将逐渐远离。然而，若是处于加速航行于零重力环境的飞船中，在两个小球下落的过程中，其垂直间隔不会发生任何变化。

不随时间而改变。

飞船地板正以 1−g 的加速度向上加速运动，但在我看来，是两个小球加速朝地板趋近，因为我与地板处于相对静止状态。由于两个小球下落的瞬时速度始终保持同步，因此它们之间的间隔依然不变。

静止于地球表面——假如我不在外太空而是在地球表面，情况是否会发生变化呢？如果房间足够高，两个小球之间的垂直间隔将会产生显著变化。高处的小球离地球较远，所受重力较小，因此，其下落的加速度小于处于低位的小球。

相对地，处于低位的小球离地球较近，受到的重力大于上方的小球，下落的加速度更大。所以，在下落过程中，随着时间流逝，两个小球之间的垂直间隔将逐渐增大。

分别精确测量在释放瞬间两球的垂直间隔以及下方小球落地瞬间两球的垂直间隔，若下落过程中两个小球之间的垂直间隔始终不变，说明我们身处于外太空加速航行的宇宙飞船之中；相反，若下落过程中两个小球之间的垂直间隔逐渐变大，说明我们身处某个引力场中——也即地球表面的教室中。

只有两个小球之间的原始垂直间隔足够大，引力差所造成的差异才足够显著，方可测量。如果空间不大，引力差距导致的垂直间隔变化将太过微小而难以测量。

总而言之，在局部时空——空间足够小且时间足够短的小型时空，我们既无从区分两个小球在水平方向是否具有相交趋势，也无从区分两个小球在垂直方向是否具有相离趋势。换言之，我们无法分辨我们到底是身处地球还是身处外太空。因此，只有在局部时空，万有引力才可与加速度等价。

而在全局时空——空间足够大且时间足够长的大型时空，我们可以区分万有引力与加速度。

那么，爱因斯坦是想告诉我们什么呢？爱因斯坦想告诉我们，在局部时空——在小的空间与时间里，万有引力无法显露其作用，只有在全局空间我们方能感受万有引力的作用。

把它缝起来

为了更好地理解爱因斯坦的下一步研究，我们必须再次以时空思维审视眼前的问题。

我们已知，根据狭义相对论，两个事件之间的空间间隔（距离）和时间间隔是相对的——它们受匀速相对运动的影响；而空间间隔与时间间隔在数学层面的结合物，即时空间隔，却是绝对的——它不受匀速运动的影响。

如前所述，时空间隔等于时间间隔的平方与空间间隔的平方之差的平方根。

时空间隔的公式为（以光速作为一个单位，即光速为 1）：

（时空间隔）^{2} =（时间间隔）^{2} –（空间间隔）^{2}

$$\Delta S^2 = \Delta t^2 - \Delta x^2$$

此处：Δt 是两次事件之间的时间间隔；Δx 是两次事件之间的空间间隔。

1912 年，爱因斯坦正式提出，在引力场中，空间和时间将发生弯曲。换言之，相同两个事件，其在引力场中的空间间隔和时间间隔数值与其在零重力、零质能空间中的数值相异。更确切地说，身处远离一切质能环境中的观察者测量所得的空间间隔与时间间隔数据与身处引力场中的观察者测量得到的数据不同。

那时空间隔呢？我们已然知悉，时空间隔是绝对的，丝毫不受匀速运动的影响——注意，是匀速运动。倘若不是匀速运动呢，它是否受加速度的影响？

加速度与时空间隔

勇猛无敌的赛车手克拉什正乘坐火箭加速航行，与待在地球的斯塔迪·艾迪相比，他正在做加速运动。

地球上的斯塔迪·艾迪将观察到什么呢？在任意一个瞬间，艾迪均能测量到克拉什所乘火箭的速度——这就是人们所说的瞬时速度。在那个瞬间，克拉什所乘火箭与艾迪的相对速度是唯一的，因此，狭义相对论对其适用。

所谓"瞬间"其实属于局部时空，并且，在足够短暂的片刻里，克拉什的运动快慢与运动方向是不变的，也就是说，他在进行匀速运动。因此，在任意一个特定瞬间，对于克拉什与艾迪而言，时空间隔是相同的。

那下一个瞬间呢？克拉什处于加速运动状态，其速度势必有所改变，时空间隔的数值也必然随之改变。

因此，对于时间轴上的任意一个瞬间（具有局部性），时空间隔不受匀速运动影响；但是，对于一系列不同的时间点（具有全局性），时空间隔在加速度的作用下发生改变。也就是说，时空间隔受加速度（或非匀速运动）影响。

而依据等效原理，加速度等价于万有引力，所以，万有引力也可影响时空间隔。就如空间间隔与时间间隔：

在引力场中，时空间隔将发生弯曲或改变。

烦请您多花一点时间理解上文所述推断，因为它是我们叩开广义相对论奥秘之门的关键的敲门砖。

局部与全局时空

爱因斯坦发觉，万有引力场中的时空间隔弯曲与万有引力在局部时空和全局时空的不同表现存在着千丝万缕的牵连。足够小的时空区域（即局部时空）不存在引力效应——相同两个事件之间的时空间隔不发生改变；而在足够大的时空区域（即全局时空），时空间隔会有变化。这些想象可总结如下：

局部时空——足够小的空间和时间间隔中不存在可测量的引力效应。在此类时空中，引力场中的自由落体等价于零重力外太空中的自由飘浮；在此类时空中，狭义相对论依然奏效，时空间隔是绝对的。

此类局部时空也被称为"平直"四维时空。

全局时空——在足够大的时空区域中，引力效应是可察觉且可测量的。全局时空中，狭义相对论的种种法则全然崩解——在具备质能的引力场中，时空间隔将发生弯曲，并非一成不变。

由于在全局时空中，时空间隔会发生变化，因此这类时空背景也被称为"弯曲"时空。

局部时空是平直的，全局时空是弯曲的。这就是爱因斯坦对引力场中时空间隔的伟大洞见。

地球表面

以地球表面为例（假设地球是一个完美的正球体）。如图 12.3（a）所示，若两点之间的距离足够小（即为局部时空），其间的地球表面可认为呈平直状；但是，若离远了看（即为全局时空），地球表面显然是一个弧面。从局部看，地球表面是平直时空；从全局看，地球表面是弯曲时空。

若取一系列直线，并将它们"缝合"在一起，可得到一个近似弯曲表面〔如图 12.3（b）所示〕。所用直线长度越小，得到的表面越近似弧面。如若直线长度足够小，那么真正的弯曲表面与由直线线段缝合而成的近似弯曲表面之间的差异将变得极其微弱，甚至可忽略不计。

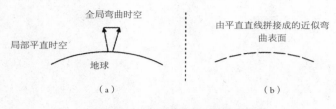

图 12.3　全局曲率与局部曲率示例
（a）地球表面在局部呈平直状，但全局呈弯曲状；
（b）一系列平直直线缝合在一起得到一条近似曲线。

因此，我们可依样画葫芦，将一系列局部直线缝合在一起表示弯曲表面。同样，我们也可将一系列局部时空缝合在一起表示引力场中的全局弯曲时空。

把你的公式拿出来我看看

1912 年夏，阿尔伯特·爱因斯坦在时空理论的框架内，将最新提出的万有引力理论中的核心概念以公式的形式进行表示。

但是，这还不够，他还必须建构出相应的数学等式，清清楚楚、分毫不差地展示出这些概念之间的定量关系。就像在商业世界中，人们常说"先让我看下你有多少资本"，物理世界里的通行语是"把你的公式拿出来我看看！"或许，这就是大多数物理学家都不是富人的原因吧。

33 岁的爱因斯坦已做好准备，正式踏上了将其物理理论数学公式化的伟大征途。他必须弄清究竟怎样的数学公式才能准确描述局部时空间隔的"缝合"，也必须弄清究竟怎样的数学公式才能准确描述质能引力场对全局时空这幅"织锦"（爱因斯坦称其为时空曲率）的影响。

这就是接下来两个章节的论述主题。

第13章

宇宙的"背景"

是什么在掌控着地球绕行太阳的路径？
是什么在空间真空中延伸铺展，将地球牢牢钳
制在其运行轨道上？
——时空曲率（宇宙的"背景"）。

1912年的夏天悄然远去，秋意渐浓，此时的阿尔伯特·爱因斯坦已是苏黎世工业大学的理论物理学教授，眼下他正专心致志地钻研"万有引力问题"，但不久之后，他便遇上了他研究之路上的一个大麻烦。

如何建构一个不断变化的时空坐标

在牛顿物理学中，空间和时间可用一个等间距坐标系来表示。这个简单的方法之所以可行，是因为在牛顿构筑的物理世界中，空间和时间是绝对的。也就是说，对于任何人而言，不管其身处何地，空间中两点之间的距离都是一样的，同时，时间流逝的速度也没有任何差别。

因此，人们可将不变的空间和不变的时间划分为相等的增量——以此来代表宇宙中的空间和时间，而这一等间距坐标系亦就此无限延伸。

时空坐标

爱因斯坦的狭义相对论为这一构想增添了一个变数：由于长度收缩和时间膨胀，匀速运动会对空间间隔和时间间隔造成影响。

假设有一名正在进行匀速运动的观察者（即是说，他正处于一个单一的匀速运动参照系之中），对于这个个体而言，他可使用一系列相同的标尺将空间划分为相等的增量。同样，用于记录时间的时钟也可被划分为相等的增量（此时的标尺和时钟须与观察者保持相对静止）。在狭义相对论中，这名观察者还可将宇宙分割成相等的空间间隔与时间间隔。

对正处于匀速运动的不同人来说，这些间隔的具体数值可以有所不同。因此，每一名处于相对匀速运动状态的观察者都能够各自构建出一个不同的坐标体系来代表空间和时间，且每一名观察者所建立的坐标系中的相等空间间隔和时间间隔都是唯一的。而且，和牛顿的构想一样，每一个坐标系都有可能延展至整个宇宙。

为了更直观地感受这个过程，下面我们就来着手构建一个典型的空间时间示意图（见图 13.1）。（匀速运动）参照系一旦选定，就可将空间和时间划分成相等的增量。

那么，对于时钟、标尺和万有引力，情况又如何呢？现在我们有一个问题亟待解决。爱因斯坦提出的等效原理指出，在万有引力场中，空间和时间均会弯曲，其"单位"会随着地点的不同而发生变化。只要存在万有引力，这样的等间隔网格就无法有效地反映空间间隔与时间间隔，无法准确描述现实情况。

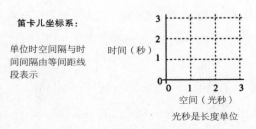

笛卡儿坐标系：

单位时空间隔与时间间隔由等间距线段表示

图 13.1 狭义相对论框架下的等间距时空坐标系

先前我们已然知晓，空间间隔与时间间隔会随着海拔高度的变化而变化。对于身处高层的利瓦伊和他的朋友们来说，他们手中的时钟比位于低矮楼层时（即是说，更加靠近地球）走得慢。随着他们一层一层往下移动，越发接近地球，垂直放置的标尺会被拉伸得越来越长（在远处的观察者看来便是如此）。

假设现有十亿把首尾相连的尺子整齐地摆放在一个巨大的三维网格中，如同一座特大型建筑的横梁。这些尺子长度相等，可在一切三维空间中标画出相同的间隔。

现在，在尺子相接的每个交会点都放上一个时钟，然后，把这个宏伟庞大的结构放到一处远离一切星体的真空区域——即万有引力影响为零的空间。此时，所有尺子测量所得的空间间隔均一致无二，所有时钟的嘀嗒声间隔也都完全同步。

但是，若把这个由尺子和时钟组成的巨型网格放置到某个巨大星体（如太阳）附近——也即放置于万有引力场中，又会有什么不同呢？从远处观察，相同的尺子所标示的空间间隔不再一样，结构部件完全相同的时钟也不再以相同的速率发出嘀嗒声响。它们被改变、被弯曲了，而改变和弯曲的程度取决于它们在引力场中所处的位置。

那么，对于引力场中的时间与空间，我们又该创建怎样的坐标系来表示它们呢？种种物理现象的共同发生背景不再保持静态，不再固定不变。事实上，它是动态的——随空间地点的变化而变化，假如引力源处于运动状态，那么，它也会随时间的变化而变化。也即，物理现象的发生背景随空间地点和时间，即时空的变化而变化。

以太阳系为例，太阳和各行星一直处于旋转运动状态，它们产生的叠加万有引力场自然也处于时刻变化的状态。太阳系中的时间间隔与空间间隔不仅划分不均匀，就连这些不均匀的间隔也在随着时间不断变化。

这就是爱因斯坦在 1912 年遇到的难题——如何建构一个不断变化的时空坐标系以描绘引力场中的空间弯曲与时间弯曲。

局部时空

有一处时空可作为爱因斯坦创立全新万有引力理论的起始点。在这个时空中，时空坐标系的间隔始终相等；在这个时空中，狭义相对论的各个推论依然成立。这处时空是哪里呢？局部时空，也即自由落体与自由飘浮状态下的参考系。

在这个足够小的时空区域中，万有引力是均匀的，大小相等，方向相同，所以在此区域中的所有粒子其运动状态皆一致无差，也因此，此局部时空框架中的万有引力效应可忽略不计。

由于在这个局部自由漂浮参考系中狭义相对论成立，时间和空间均可以相等间隔进行标示，而且，在此处，欧几里得几何学也依旧奏效。

所以，爱因斯坦对闵可夫斯基四维时空和时空间隔的数学表述方式产生了浓厚的兴趣。为什么呢？一方面，在局部时空中，引力场中的时空间隔是绝对的，对于该空间足够小、时间足够短的时空中的一切处于匀速运动状态的观察者而言，它的数值是一致的。这让事情变得极其简单。

此外，还有一个突出优势——时空间隔既包含了时间，也囊括了空间。因此，爱因斯坦可用一个简单的形式来描述引力场中的时间弯曲与空间弯曲。

而正如前文所见，他可将一系列局部时空间隔"缝合"在一起，建构出一个全局的万有引力场。

全局时空

足够大的时空区域里的一系列不同局部的自由飘浮参考系可反映出全局性的万有引力效应。在上一章节中，我们提到了两个在下落过程中逐渐相离的小球，就像那两个小球一样，在全局时空中，粒子受到的万有引力其大小以及（或者）方向各不相同，我们可以轻易分辨出它们正处于引力场之中。

时空间隔又如何呢？从前文可知，从一个局部时空跳跃转换至另一个局部时空时，时空间隔的数值将有所变化，也即，时空间隔在全局时空并非恒定不变。而且，在全局时空，欧几里得几何学再难发挥其神奇的作用。

爱因斯坦深知，他需要一套全新的几何学理论来表示全局时空中的万有引力以及描述时空间隔在全局时空中的变化，这套几何理论必须契合持续变化的时空坐标系。在这个审视宇宙的全新视角下，引力场中三角形的内角和不等于 180 度，圆周长与直径之比不等于 π，原本相互平行的两条直线可以相交。

到底要去哪里才能寻得这样一个与欧几里得几何全然相悖的几何体系呢？这一次，也仅有这一次，爱因斯坦的卓绝天赋、惊人物理直觉与固执也难以支持他顺利地完成这趟寻找非欧几何之旅，因为他缺少解决该问题的必要的数学知识。从前，他总以傲慢的姿态对待数学这门学科，如今，他终究要为此付出代价。

格罗斯曼，你得帮帮我

在我此前的人生中，从未有哪件事情让我如此苦恼郁闷……此刻我的心中溢满了对数学的无限崇敬，其中那些精妙的细节完全是奢侈的享受。与我现在面对的这个难题相比，狭义相对论简直就像小孩子的游戏那样简单。

——爱因斯坦写给马塞尔·格罗斯曼的信

幸运的是，大约 14 年前，爱因斯坦曾上过几节卡尔·弗里德里希·高斯教授的数学课，对非欧几里得几何学尚算稍有了解。1912 年 8 月上旬的某一天，爱因斯坦蓦然回想起，自己曾在高斯教授的课上学习过高斯有关二维曲面的理论模型。他思忖着，或许可用这个模型来描述引力场中时刻变化的时间与空间坐标系，于是，他即刻尝试采用这个方法的

几个基本要素进行计算，但统统失败了。爱因斯坦明白，眼前这座大山
单凭自己恐怕是跨不过去的了。

> 格罗斯曼，你得帮帮我，我已经要疯了。
>
> ——阿尔伯特·爱因斯坦写给马塞尔·格罗斯曼的信

或许是机缘巧合，或许是上帝眷顾，爱因斯坦的大学同窗、亲密老
友、苏黎世工业大学数学系教授马塞尔·格罗斯曼的研究领域竟恰好是
几何学。帮助爱因斯坦在专利局谋得一职、告诉爱因斯坦的母亲她的儿
子有朝一日必将"成为大人物"的也是格罗斯曼。

在苏黎世工业大学上学的那几年，数学课上罕能见到爱因斯坦的身影，
而多亏了格罗斯曼的课堂笔记，爱因斯坦才得以逃脱挂科。那两门几何课，
爱因斯坦最后只得了 4.25 分（满分 6 分），格罗斯曼则满分通过。"他（即
格罗斯曼）很受老师们的喜爱，好像什么都懂似的，"爱因斯坦后来写道，
"我则恰好相反，是个不受欢迎的差生。"格罗斯曼专攻非欧几何，"发表了
好几篇有关这一课题的论文，现在已是数学系的主席。"（见图 13.2）

> 格罗斯曼的博士论文题目与非欧几里得几何学有关，我虽然不太清
> 楚它的具体内容，但一看就知道没什么太大的用处。
>
> ——爱因斯坦写给米列娃·玛丽克的信

图 13.2 阿尔伯特·爱因斯坦与好友马塞尔·格罗斯曼

爱因斯坦只能向老友求助。"格罗斯曼的兴趣瞬间被点燃。"爱因斯坦后来回忆道。这位数学家兴致勃勃地向爱因斯坦详尽介绍了非欧几何的复杂之处和精妙所在。

非欧几何这一数学分支学科起始于 19 世纪，由德国数学家卡尔·弗里德里希·高斯、伯恩哈德·黎曼等发扬壮大，主要适用于曲面。如今，人们将这门学科称为微分几何学。

卡尔·弗里德里希·高斯　　　伯恩哈德·黎曼
（1777—1855）　　　　　（1826—1866）

图 13.3　曲面几何之父

高斯

卡尔·弗里德里希·高斯出生于 1777 年的不伦瑞克公国（现位于德国境内），他一生成就非凡，尤其是在数学领域成绩斐然，与阿基米德、牛顿和欧拉并列为世界四大数学家。

高斯自小就展现出极高的数学天赋。据闻，他在三岁时就能够帮助父亲纠正账目记录的错误。小学自修课上，老师要求大家计算 1 ～ 100 的累加之和，高斯只用了几秒便算出了正确答案。

高斯的计算思路如下：

1 + 100 等于 101

2 + 99 等于 101

3 + 98 等于 101

以此类推。

所以从 1 到 100 共有 50（100/2）组这样的数，因此答案就是 5050

（50 乘以 101）。

天性寡言内向的高斯只有少数几个密友，其中一位就是他的同窗、匈牙利数学家法尔卡斯·玻尔约。法尔卡斯的儿子亚诺什也是一名数学家，他始终执着于发展一套不同于欧几里得的几何体系，这个研究课题难度极高，不过，最后亚诺什还是成功了——他所取得的突破在过去的两千年间从未有数学家触及。

> 我的发现成果实在太过奇妙，连我自己都备受震惊……
> 我仿佛凭空创造了一个诡异的新奇世界。
>
> ——亚诺什·玻尔约写给父亲法尔卡斯的信

高斯早在几十年之前就对非欧几何有所钻研，不过这位完美主义者并未将其研究成果著文出版，因为他觉得那还不是非欧几何的最完美形式。法尔卡斯将他的儿子亚诺什的研究成果寄给高斯，不料高斯竟回信道："我无法对这份研究成果极尽赞美，因为那就相当于在夸赞我自己……它与我的研究内容几乎如出一辙……"

闻此，亚诺什·玻尔约崩溃了，自此，他再没出版过有关非欧几何的论文，最后甚至全然放弃了数学科研工作。法尔卡斯怀疑高斯不当剽窃了亚诺什的研究成果，他与高斯之间的深厚友谊出现了不可修复的巨大裂痕。

亚诺什的呕心沥血没有白费，人们没有忘记他。今天的数学界大多将非欧几何的发展归功于三人，高斯、亚诺什·玻尔约以及俄国数学家尼古拉斯·罗巴切夫斯基（罗巴切夫斯基在 1829 年独立出版了相似的研究成果）。高斯、玻尔约以及罗巴切夫斯基的研究成果表明，并非只有欧几里得公理才能建构出逻辑自洽的几何体系。

在这个全新的几何体系中，三角形的内角和不总等于 180 度，圆周长除以其直径不总等于 π，两条平行直线既可能交会也可能相离。这既是研究范例的革新，也是思维模式的转换；既是数学领域的关键突破，也如爱因斯坦所言,是人类真实观的重大转变。

黎曼的多维几何

伯恩哈德·黎曼出生于 1826 年,在格丁根大学求学期间是高斯的门下弟子。1854 年,黎曼在高斯的出席见证下,进行了一场关于如何将高斯二维几何推广至多重维度(如三维、四维、五维等)的著名演讲。黎曼的数学目光重点聚焦于连续(以及可微分)曲面,包括球面、平面以及双曲面。黎曼几何被赞誉为"数学创造及数学阐释的最佳杰作之一"。

(其研究成果展现出了)耀眼夺目的独创性。

——高斯给黎曼博士论文的评语

黎曼的演讲中有一点令高斯印象深刻,甚至深受震撼。早在三十几年前,高斯就曾向其同事提及,他认为空间本身可能是弯曲的,"我偶尔会笑称,欧几里得几何或许是不正确的"。而眼下,黎曼在演讲中肃然发问,非欧几何是否符合抽象数学逻辑?非欧几何是否可应用于现实世界?

1903 年,爱因斯坦与"奥林匹亚科学院"的伙伴们一起拜读了黎曼的著作《关于以几何学为基础的假设》,九年之后,在探索万有引力相对论的艰辛过程中,爱因斯坦骤然回想起了高斯和黎曼的微分几何。微分几何将成为广义相对论的数学根基,成为实现高斯和黎曼的先见预言(我们身处的是一个非欧几里得的世界)的关键工具。

绘制土豆

高斯在担任汉诺威王国一个大地测量项目的顾问时,曾试过运用非欧几里得几何绘制多丘陵的乡村地貌。在此过程中,他提出了"曲线"(与直线相对)坐标系的概念,将如今被人们称为高斯坐标系的网状系统直接应用于弯曲地面。

为了直观地感受这一概念，可以把它想象成在一个土豆表面覆上一层渔网（该类比由物理学家詹姆斯·哈特尔提出）。这个渔网代表的就是直接应用于土豆表面的"坐标系"（如图 13.4 所示）。

请注意一下土豆表面网格线之间的间距，它们在表面各处各不相同，有的小一些，有的大一些。这便是应用于曲面的时刻变化的坐标系。

若把渔网的间隔划分得细一些，又会出现什么情况呢？如图 13.5 所示，每个局部网格的间距变小了，每个网格覆盖的表面区域也相应变小，并且更趋近于平直表面。

更加细密的网格划分出的间隔相应变小，每个网格覆盖的区域更加趋近于平面。你发现了吗？网格间隔越细密，其覆盖的区域越趋近于平直表面。

每个网格的四条边近似组成一个平行四边形。什么是平行四边形？具有两对平行边的四边形。

正如你所见，网格并不能与平行四边形完全契合，若想提高契合程度，便得把网格划分得更加细密；若想实现完全契合，则网格的间隔划分必须趋向无穷小——不过这就涉及微积分的知识了。

我们可用三个参数来描述每个平行四边形：长、宽和内角。在数学上，它们由三个 "$g's$" 表示——所谓的高斯度量系数。这三个 $g's$，即长、宽和内角，可以清晰地反映出一个平行四边形的大小与比例。

再强调一次，如果网格间隔划分得足够小，其覆盖的区域将趋近于平直表面，因此，在单个区域内，欧几里得的平面几何是适用的。

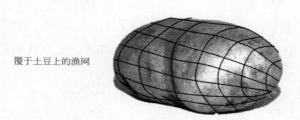

覆于土豆上的渔网

图 13.4　适用于曲面的持续变化坐标系
（此为艺术创作，非严谨数学作图。）

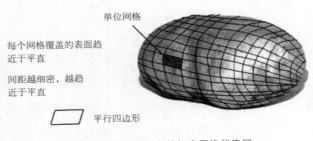

图 13.5 　覆于土豆上的细密网格状渔网
（此为艺术创作，非严谨数学作图。）

假如我们为所有平行四边形网格的三个 $g's$——长、宽和内角列一个表单，并将此表单交付给另外一个人，那么，那个人就可在数学层面将所有局部平直区域缝合到一起，最后构建还原出整个土豆的全局曲面。换言之，根据这一 $g's$，即高斯度量系数的表单，我们可绘制出土豆的整个弯曲表面！

局部平直，全局弯曲，听起来是不是格外熟悉？

适用于任何参考系

如果我们将渔网以另一个角度覆于土豆上，或者平移至另一个位置，抑或直接整个旋转，情况又是否有变化呢？每种情况下得到的网格曲线自然都是不同的。

那么，哪一个才是正确有效的呢？每一个都是。覆于土豆表面的渔网其方向和具体位置具有全然的随机性。

高斯不等距坐标系的这一特性引起了爱因斯坦的关注。爱因斯坦于1905 年提出相对性原理，即一切物理定律在所有匀速运动参考系中都是等价的。转眼到了 1912 年，爱因斯坦正力图将这一原理拓展至一切运动参考系以及任意万有引力场。

换言之，爱因斯坦希望他创建的坐标系以及参考系在任意地点、任意运动状态——无论是处于匀速状态、加速状态，或者是处于旋转状态，抑或是处于引力场中——均可适用，同时，他也希望能以一种完全任意的方式来表现这一在引力场中连续变化的时空坐标系。在数学中，人们称其为广义协变。

这就意味着，物理现象背后的物理机制不会随着地点或时空中坐标系的变换而改变。爱因斯坦将这个看似简单的原理称为广义协变原理。

爱因斯坦深信，无论他将坐标系应用于何处，各物理规则都将保持不变。乍听之下这似乎顺理成章且无关紧要，然而，爱因斯坦并不知道该如何建构符合该原则的数学公式，而这也就是他向马塞尔·格罗斯曼求助的主要原因。

爱因斯坦的这位好友向他详细介绍了伯恩哈德·黎曼的数学理论。我们将看到，如何在数学层面忠于广义协变原理——可将渔网以任意的方式覆于土豆表面——将是爱因斯坦在探索广义相对论的数学表述的道路上所遇到的最严峻的挑战。

致读者：下一节将涉及大量数学知识，若你不喜欢，可直接跳过。

像绘制土豆一样绘制时空

爱因斯坦决定将曲面几何（即高斯和黎曼的非欧几何）运用于时空本身。

绘制时空：二维

在绘制土豆时，三个 $g's$ 系数可悉数反映每个区域网格的 $x-$ 长、$y-$ 长以及内角；而在广义相对论中，三个 $g's$ 系数反映的则是每个局部二维时空的时间间隔、空间间隔以及空间与时间的乘积交叉项，它们可由此定义每个局部区域的时空间隔。

如前文所述，空间中两点之间的距离为空间间隔，两点之间在时间轴上的距离为时间间隔，两个事件之间的时空距离为时空间隔。

局部时空区域（空间足够小且时间足够短）内，万有引力效应为 0，因此，在局部时空区域内，任意两个事件之间的时空间隔均为相同数值。

但是，在处于引力场且跨越许多局部区域的全局区域中，时空间隔是变化的。

在爱因斯坦的建构设想中，高斯几何的三个 $g's$ 系数可用于描述每一个局部时空间隔——一个 g 描述空间间隔，一个 g 描述事件间隔，一个 g 描述交叉项。这就是广义时空间隔。在引力场中，这三个 $g's$ 系数将在时空连续区内随着地点的改变而改变，也即，在全局时空中，它们将发生变化。

广义时空间隔——两个时空维度

（时空间隔）^{2} =（空间间隔项）^{2} + 空间间隔项乘以时间间隔项 +（时间间隔项）^{2}

$dS^2 = g_{xx}dx^2 + 2g_{xt}dxdt + g_{tt}dt^2$

此处：g_{xx}、g_{xt} 与 g_{tt} 均为度量系数，

dx 与 dt 表示区域内时空中任意给定一点的百分比或比率。

绘制时空：四维

为准确描绘四维时空，我们将数学公式拓展至三维空间（x、y、z）以及一维时间（t），因此时空为四维。

此时，$g's$ 的数量应增至 10 个。为什么是 10 个呢？因为四维广义时空间隔一共有 16（4×4）个项：xx、yy、zz、tt 和各自的交叉项。不过，其中有 6 项为冗余项，比如，x 乘以 t 这一项就等同于 t 乘以 x 这一项，因此，最终只剩下 10 个独立项。

因此，四维时空具有 10 个高斯系数，用以描述此四维时空的数学公式具有 10 项。同样，在单个局部区域内，$g's$ 的数值恒定不变；在处于引力场的全局区域内，$g's$ 的数值产生变化，而这就是时空间隔的全局性变化。

广义时空间隔——四个时空维度

（时空间隔）^{2}＝（x空间间隔项）^{2}＋（y空间间隔项）^{2}＋（z空间间隔项）^{2}＋（时间间隔项）^{2}＋所有交叉项

$$dS^2 = g_{xx}dx^2 + 2g_{xy}dxdy + 2g_{xz}dxdz + 2g_{xt}dxdt + g_{yy}dy^2 + 2g_{yz}dydz + 2g_{yt}dydt$$
$$+ g_{zz}dz^2 + 2g_{zt}dzdt + g_{tt}dt^2$$

此处：$g's$ 均为度量系数，dx、dy、dz 和 dt 表示区域内时空中任意给定一点的百分比或比率。

我们为什么不会掉下去

上一节详述了爱因斯坦为描述引力场中时空间隔的全局性变化而建构的数学表达式，这一节将探讨它究竟是如何与时空曲率以及万有引力本身产生联系的。

对于自己居住在一个巨大的球体表面这一事实，你初次得知时便欣然接受了吗？你难道没有心生疑问，为什么我们不会掉下去？又或者，你是否有过这样的疑惑，为什么我们在向上跃起之后，总要落回地表？我们总将这些现象归因于"万有引力"。想必我们中的大多数人都曾在课堂上获得过这样的知识：根据艾萨克·牛顿的理论，万有引力是一种力，一种存在于宇宙万物之间的神秘吸引力。

爱因斯坦却说，这是不对的，万有引力不是一种力。他提出，任何物体（例如地球）的质能都会拉伸空间，并减缓其邻近空间内时间的流逝。他采用时空间隔的全局性变化来描述这一时间和空间的弯曲，同时，爱因斯坦还宣称，就是这种持续变化的时空间隔、这种所谓的时空曲率控制支配着万物在宇宙间的运行轨迹。

因此，是时空曲率将我们的身体牢牢缚在地球表面，是时空曲率用无形之手推动月球绕地球旋转不歇，是时空曲率令众行星绕太阳各自有序运行，是时空曲率使得这个我们称之为"银河系"的涡旋星系中包括太阳在内的几百万颗恒星各安其位。它是宇宙黏合剂，是将无垠宇宙撮合为统一整体的"魔法胶水"。

但是，令物体自由落回地球表面的难道不是万有引力吗？将各行星牢牢钳制在固定轨道绕太阳运行并将各星系黏合在一起的难道不也是万有引力吗？

是的，没错，是万有引力。你看，时间和空间的弯曲就是时空间隔在全局区域的变化，就是时空曲率，就是万有引力！

所有这些名称谈论的都是同一件事情。

由地球质能引起的空间延伸与时间减缓让你此刻可以安然坐在椅子上阅读这本书；所谓的全局时空间隔的变化、时空曲率以及万有引力将你牢牢绑缚于地球表面。这便是爱因斯坦对现实的颠覆性审视。

现在就让我们来了解一下时空曲率发挥效用的机制。

当保龄球落到蹦床表面

我身穿 7 号球衣站在绿草如茵的高尔夫球场上，眼前是一个 3 杆洞，而我还有一次大约 4.6 米的长距离推杆机会，进洞似乎很容易。我拿出推杆，尽量让自己看上去胸有成竹。我弯下腰，盯着眼前的茫茫绿色，发现前面竟不是平直地面，而是起伏的曲面！那么，当我推杆触球，决定高尔夫球走势的将是我击球的力度、击球的方向以及绿地的弯曲起伏程度（摩擦力与球的旋转情况自然也会造成影响）。

假如绿地朝我的右侧弯曲，那么高尔夫球自然也会滚向右侧；如果绿地朝我的左侧弯曲，高尔夫球则会滚向左侧。

我试着挥了一下杆，做好击球准备，然后坚定地推击了一下那颗表面布满粗粝颗粒的小球，但是遗憾的是，我推杆时用的力太大了。小球随着绿色的弯曲地面，先是向左滚去，而后又稍微往右偏移了一点，接着欢跃着直接滚过球洞，顺着一个小斜坡向下掉进了水塘里。

"这一下打得可真好。"我的搭档揶揄道。

有两点十分明显:一是,下次再有人约我外出打高尔夫,我最好还是不要答应,待在家自己玩牌更好;二是,对于运动中的高尔夫球,决定其运动轨迹的是摩擦力和绿地的曲率。

以上是关于时空曲率的一个生活性类比。由于太阳的质能会产生引力场,由于它会弯曲空间和时间,由于它会弯曲时空,因此地球"只能"环绕它运行。地球也想沿直线在太空中驰骋,假如没有太阳的话,地球是可以如愿的(此处暂且忽略其他恒星的作用)。但是,就如那颗沿着弯曲绿地滚动的小球,地球也得跟随弯曲的空间和时间、跟随太阳产生的时空曲率(即万有引力)运行。

想象时空曲率

约翰·阿奇博尔德·惠勒在《万有引力与时空之旅》一书中描述了一种将时空曲率具象化的方式,以及介绍了时空曲率是如何通过真空进行传播的。假设现在有一张蹦床,上面空无一物〔如图 13.6(a)所示〕。此时的蹦床表面是平直的,因为还没有人站在上面——在无质能体以及万有引力场存在时,时空也是平直的。

图 13.6(a)中,蹦床上的直线标画出了规整等距的网格,它代表了一个笛卡儿坐标系,在此处,欧几里得几何完全适用。若把每一个矩形方格视为整个表面的一个"局部"描绘,我们可以看到,所有局部区域都是一致的——既没有相异的间隔,也没有曲率。仔细观察所有矩形会发现,整个全局表面同样也是平直的。

假设此时有一个保龄球落在蹦床上〔如图 13.6(b)所示〕。该保龄球代表太阳。它会令整个蹦床表面朝它所在的位置弯曲,如此一来,各网格线的间隔再也无法保持一致,并将处于持续变化状态。此时,就该高斯坐标系出场了。

请注意网格是如何被拉伸靠近保龄球的。从保龄球所在位置逐步向外看,我们会发现,这种拉伸作用逐渐减弱。在远离保龄球的蹦床边缘处,其表面已几近平直,网格线间隔也近乎相等。

 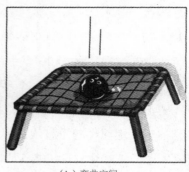

（a）平直空间　　　　　　　　　　　（b）弯曲空间

图 13.6　蹦床结构代表空间
（a）无质能体存在时，蹦床为平直状；
（b）保龄球（质能体）使其临近蹦床表面发生弯曲。

　　同样，太阳的质能会使局部时空朝其所在位置伸展以及弯曲。越靠近太阳，时空曲率越强，不过，当时空曲率通过空间向外扩张时，其延伸程度将逐渐减小。

　　那么，此时空曲率又是如何从太阳传播至地球的呢？时空曲率具有能量，所以，时空曲率可生成时空曲率！

　　当保龄球落到蹦床表面时，它会拉伸其所在位置的织物布料，而这些织物又会反过来拉扯其周围的布料，以此类推，此种效应将一直持续延伸至蹦床边缘。同样，惠勒告诉我们："太阳蕴含的质能会弯曲其所在位置的时空，而它们又会弯曲与太阳毗邻的时空，时空曲率一直朝外扩散其弯曲效应，以此类推，直至地球。"

　　如同蹦床织物上的每一个局部网格，来自太阳的时空曲率也是沿着各个局部区域一点一点逐渐穿越空间并最后抵达地球的。时空曲率从太阳传播至地球的速度多快呢？光速，或更准确地说，与光的传播速度相同。

　　而物体又是如何在时空曲率间运动的呢？它们的运行轨迹被称为测地线。

最省力的曲线

非欧几何认为,曲面上两点之间的最短路径并非直线,而是一道称为"测地线"的弧线。测地线是所有物体在弯曲表面上"自然而然"会遵循的路径,这就是"最省力曲线"。

在完美均衡的平直表面上,小球将沿直线滚动,但是在弯曲表面上,小球将沿弯曲路径滚动,就像先前那个在起伏的绿地上滚动的高尔夫球一样,表面的几何特征决定了小球的行进方向,而弧形路径便是该空间中的测地线。(有关如何构建测地线的简单例子请见附录 D。)

当爱因斯坦将曲面几何应用于时空时,他发现,只要不存在万有引力,物体依旧会在空间中沿直线运动。然而,若存在质能体,若存在引力场,物体便会在空间中沿弧线路径运动。

那么,物体在时空中的路径又如何呢?若存在万有引力,物体会在四维时空中沿直线运动!此时,这道测地线将不再是最短路径,而是时空中的最长路径。换言之,测地线即是固有时(腕表时间)的路径。英国哲学家、数学家伯特兰·罗素将此现象称为"宇宙惰性原理"。

所以,当你从跳水板上一跃而下,时空曲率的几何结构"已为你设定好运动轨迹",就像时空曲率的几何结构决定行星绕太阳运转的轨迹一般。而且,时空曲率对运动路径的设定并非随意而为,而是"精心选取"了弯曲时空中最长的一条路径,也即最具惰性的一条路径。

篮球测地线

为了对时空中的测地线有更直观的感知,你可以想象现在我们正在观看一场 WNBA 篮球比赛。超级巨星坎迪斯·帕克正拿着篮球站在远角处,随后,她转身跑向左侧,而后骤然停住、投篮,动作一气呵成。

让我们分别从两个角度来分析篮球的运动路径:

"不正常"的参考系——坐在看台上的我们看到,篮球先上升,而后落入篮筐。从我们的视角看,篮球进筐遵循的是一道弧线路径〔如图

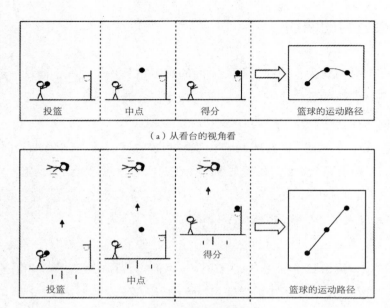

投篮　　　中点　　　得分　　　篮球的运动路径

（a）从看台的视角看

投篮　　　中点　　　得分　　　篮球的运动路径

（b）从自由落体运动的视角看

图 13.7　运动路径是相对的

（a）看台上的观众观察到的篮球运动路径是一道弧线；
（b）处于自由落体运动中的桑迪观察到的篮球运动路径是一道直线。

13.7（a）所示〕。是什么导致了这一曲率？是来自万有引力的神秘力量吗？不，惠勒清楚地告诉我们："这其实是观察者的错觉。"换言之，我们所见的曲率其实是源于我们的视角和我们所处的参考系。

　　自由落体参考系——勇敢的桑迪此刻正攀缘悬挂在球场正上方的横梁上。在帕克投球的那一瞬间，桑迪猝然放手，任自己自由下落至地面。从她自己的视角看，她正处于静止飘浮状态，而整个篮球场以及球场中的所有人、事、物正向上运动，朝她趋近。

　　桑迪观察到的篮球运动路径与我们看到的相去甚远。在处于自由下落状态的她的眼中，篮球是横向沿直线落入篮筐的〔如图 13.7（b）所示〕。

　　我们在地面上，"并不处于'自然的'运动状态"，因此我们见到的是弯曲的路径。另一方面，桑迪处于自由落体参考系，是"自然的"运动状态，所以，在她看来，测地线，也即篮球（或者任何下落物体）的运动轨迹是一条直线。

因此，正如惠勒所指出的，"篮球画出的'弧线'其实只是错觉"。所以，从这个意义上讲，"'万有引力'只是一种错觉，当我们处于自由飘浮状态时，在局部时空里，什么都不存在"。只有放眼全局时空，我们才能感受到万有引力（也即时空曲率）的效应。

全新的万有引力模型

1912 年，阿尔伯特·爱因斯坦提出了一个全新的万有引力模型——不是牛顿所言的神秘之力，而是作为时空曲率本身。爱因斯坦发现，高斯和黎曼的曲面几何是为这一崭新视野建立理论模型的最优之选。

他采用时空间隔的全局性变化来描述空间和时间的弯曲。而且，他意识到，决定物体如何落至地球表面、决定行星以何种方式绕太阳旋转的正是时空曲率。

第 14 章

爱因斯坦的惊世杰作

人们以为，站在巨人的肩膀上，取得进一步成
就似乎是唾手可得之事……然而事实是，探索
者只能在茫茫黑暗中年复一年地摸索探寻，焦
虑与渴望交织，即便精疲力竭但依然怀揣希冀，
一直坚持直至曙光初现——只有那些经历过这些
的人才会真正懂得成功那一刻的喜悦。

——阿尔伯特·爱因斯坦

爱因斯坦与马塞尔·格罗斯曼的著名合作始于 1912 年夏，他们旨在
成功搭建起时空曲率（即万有引力场）与引力来源（即物体的质能）之
间的数学桥梁，核心是实现爱因斯坦新理论的三个宏伟目标。

消失的 43 角秒

爱因斯坦为尚未最终成形的万有引力相对论设定了三个核心目标：
其一，该理论的形式在一切参考系中必须一致无二，也即符合广义协变
原理；其二，该理论必须符合质能守恒定律以及动量守恒定律；其三，
该理论给出的预测必须符合牛顿"弱"万有引力定律以及"低速"运动
定律。

在尝试达成这三个目标的过程中，偶尔会有灵光一现的时刻，此时
问题的解决相对简单，然而，更多时候是困难重重，举步维艰，这使得
爱因斯坦的探索之路充满了懊恼与沮丧。

现在就让我们来分别看一下这三个目标：

广义协变——爱因斯坦预想中的万有引力理论既具有相对性，也符合广义协变原理。该理论必须保证，一切物理规律在一切参考系〔参考系（或坐标系）的方向与位置完全随机〕中均保持相同形式。

爱因斯坦主张，"坐标系并非先验地存在于自然界"，它们只是"人类用于描述自然的工具而已"，因此，坐标系的选择对"基本物理定律的公式化理应毫无影响"。

在爱因斯坦设定的所有目标中，这一个在数学层面最难理解也最难实现。

守恒定律——爱因斯坦希望他所创建的理论满足特定的物理守恒定律，也即质能守恒定律以及动量守恒定律。这一标准极大地简化了广义相对论数学公式的建构，明显地缩小了数学解答的可能性范围。

牛顿理论限制——爱因斯坦深知，他提出的万有引力新理论在以下这两个情况中，必须与牛顿理论契合：弱万有引力以及低速运动（与光速相较而言）。这一点主要针对太阳系中的观测。

为什么呢？因为在过去两个世纪中，人们对太阳、各行星、各卫星以及各彗星运行轨迹的观察与测量十分符合牛顿理论的预测，爱因斯坦的新理论势必要同这些已知的实证结果相吻合。

爱因斯坦期望广义相对论可在太阳系之外，可在那些万有引力强大以及星体物质运动速度与光速成显著比例的宇宙空间取得全新突破。

我们又该如何定义"弱"万有引力呢？其中一个方法是将天体逃逸速度与光速进行对比。在地球上，假如以 11 千米 / 秒的速度朝天上发射某个物体，该物体可克服地球重力，逃逸至外太空。若发射速度小于此速度，物体必然落回地面。

因为质量较大，太阳的逃逸速度约为 618 千米 / 秒，而光速恒定为 299 792 千米 / 秒，因此，太阳的逃逸速度仅为光速的 0.2%。

因此，太阳——我们太阳系中质量最大的天体产生的万有引力依旧十分"微弱"，以至在地球上的所有观测者看来，牛顿的理论与实际数据完美近似。只有当天体的逃逸速度或其相对运动速度与光速的比例十分明显时，爱因斯坦的广义相对论与牛顿万有引力理论相比才会显露出明显差异。

水星测验

在第九章曾提及，在太阳系的弱万有引力场中，有一个现象一直是牛顿万有引力理论难以准确解释的，那就是所谓的水星近日点进动现象。

水星是离太阳最近的行星，因此，它受太阳引力影响最深。由于水星绕日运行的轨道呈椭圆形（其他行星亦是如此），所以它离太阳时近时远。水星绕行轨道上离太阳最近的一点称为近日点（如图 14.1 所示）。

水星绕日运行的椭圆形轨道随着时间流逝，总会发生轻微推移或进动。牛顿理论解释认为，这是因为其他行星的万有引力对水星产生了干扰。如图 14.2 所示，这一进动现象组成了一个近似的"玫瑰图案"。

牛顿理论预测，水星离太阳最近一点每世纪会产生 531 角秒的进动，但天文望远镜的实际观测数据显示，水星近日点每世纪的进动应为 574 角秒。也就是说，牛顿的预测比实际数值小了约 43 角秒，（1 角秒等于 1/60 角分，1 角分等于 1/60 度，因此，1 角秒等于 1/3600 度）。

消失的这 43 角秒实在令人百思不得其解。太阳系其他行星的观测数据与牛顿伟大的万有引力理论均十分吻合，唯有水星近日点的这一轻微

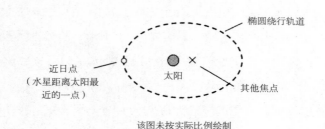

该图未按实际比例绘制

图 14.1　水星绕太阳运行
水星沿椭圆形轨道绕日运行（其他行星亦是如此），太阳位于该椭圆轨道其中的一个焦点上。
近日点指的是水星离太阳最近的一点（极大夸张了该椭圆形轨道）。

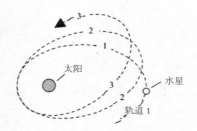

图 14.2　水星绕日轨道的进动
（极大夸张了椭圆形轨道和进动。）

进动偏移长期得不到合理解释。那么，爱因斯坦的万有引力理论是否可以为这一现象提供一个合理的解释——并完美达到那三个目标呢？

消失的年月

我心无旁骛，一头扎进有关万有引力的研究之中，我坚信，有这位精通数学的朋友相助，我一定可以克服这一切困难。

——阿尔伯特·爱因斯坦，1912 年 10 月

第一次尝试

1912 年 8 月，爱因斯坦信心满满地开始尝试建构广义相对论的引力场公式。在格罗斯曼的指导下，他逐渐深入理解非欧几何学的数学原理，并逐步掌握它在时空曲率上的应用。

除了高斯和黎曼，格罗斯曼还向爱因斯坦介绍了微分几何学的最新研究成果，包括 19 世纪德国数学家埃尔文·克里斯托费尔、意大利数学家格雷戈里奥·里奇·库尔巴斯托罗和图里奥·列维·西威塔等人的理论著作。

里奇在黎曼共变张量的基础上进一步发展了表面曲率。格罗斯曼推荐爱因斯坦使用这一所谓的里奇曲率张量来描述时空曲率——质能体导致的时空间隔全局变化。爱因斯坦采纳了这个建议，他的工作开始有所

231

进展。

1912 年末，爱因斯坦完成了第一版广义相对论引力场公式。爱因斯坦幸运地一举成功了吗？爱因斯坦以为如此，然而，当他回头评估这一新公式时，遗憾地发现，在这一公式下，相同的质能竟会得出多个不同的引力场。

换言之，某一质能体在此公式下可以产生多个相异但却又合理有效的时空曲率。这显然是不合理的。若公式无法满足某一既定质能体有且仅有一个时空曲率的条件，那该公式就是无效的。

爱因斯坦只能放弃这组公式，而他对数学手段的信赖也随之有所下降。无奈之下，爱因斯坦在马塞尔·格罗斯曼的帮助下，退而求其次，探求能否在不完全符合广义协变原理的情况下找到解决方案。

第二次尝试：梗概

1913 年 5 月，爱因斯坦发表了一篇题为《广义相对论以及万有引力理论梗概》的论文，主要探讨爱因斯坦－格罗斯曼方案。爱因斯坦在文中坦承，这个理论尚有局限性，仍存在许多重大缺陷。

1914 年的春天悄然临近，爱因斯坦确信，自己已想出了可行的解决方案。然而，一年过去了，他对水星进动现象的计算仍与实际数据相去甚远。于是，他开始怀疑自己的理论。

正处困境的爱因斯坦收到了一封即将给他带来重大影响的邀请函——格丁根大学盛邀他到校开办讲座，而彼时的爱因斯坦博士并不能预知到，这封邀请函竟会让他陷入那样忧虑苦闷的境地。

黎明前的黑暗

在格丁根我欣喜不已，因为我发现，就连那些细节之处他们也透彻地理解了。我被希尔伯特深深吸引了。

——阿尔伯特·爱因斯坦

1915 年 6 月，爱因斯坦在格丁根大学开办系列讲座，向师生介绍其理论构建工作的现有进展。为什么爱因斯坦选择公开宣讲一个尚存在许多问题的未成熟理论？而且，为什么选择向格丁根大学那些拥有最杰出数学大脑的人宣讲该理论？或许是因为爱因斯坦天性并不避讳向世人公布自己的研究信息，又或许是因为爱因斯坦实在难以抗拒这个机会，这个可以进入高斯和黎曼曾走过的大厅的机会。

天真的爱因斯坦将自己的研究方法向听众一一道出，甚至包括他建构的引力场方程。而在听完爱因斯坦的演讲之后，伟大的德国数学家大卫·希尔伯特决定要尝试找出正确的引力场方程。未料及此的爱因斯坦惊慌了，他发现自己竟在不觉间开始了一场与希尔伯特的竞赛，一场找出广义相对论的最决定性理论的竞赛。

同年 9 月初，爱因斯坦又在其"梗概理论"中发现了几处漏洞，他觉悟道，这个数学方法从根本上就存在缺陷。于是，在长达三年的艰苦探索之后，爱因斯坦又一次回到了原点。

难以置信，我竟然自己找出了问题所在，毕竟在这个问题上，我的思维一直处于僵化的迟钝状态。

——阿尔伯特·爱因斯坦，1915 年 9 月 30 日

然而讽刺的是，正是在那个时候，爱因斯坦竟收到了他人生中最负名望的一次工作邀约。

柏林

1913 年 6 月，马克斯·普朗克和瓦尔特·能斯特向爱因斯坦发出一份十分诱人的工作邀请——一份在柏林这一"物理学世界之都"的教授教职和久负盛名的普鲁士皇家科学院的院士资格。到 34 岁那一年，爱因斯坦将正式成为柏林大学的物理学教授，并当选普鲁士科学院——"全欧科学研究前沿阵地"——最年轻的院士。不过，爱因斯坦并不需要担

负具体的教学任务以及任何行政工作。

经过五个月的慎重思考，爱因斯坦决定接受这份邀约。第二年春天，爱因斯坦离开苏黎世工业大学，举家回到他的出生故国。一到柏林，他便记录道：

德国人在我身上下了重注，他们看着我就像看着一只可带来收益的母鸡，不过我并不确定我能不能成功地下出蛋来。

1914年6月28日，爱因斯坦准备于普鲁士科学院发表就职演讲的四天前，一位塞尔维亚民族主义者在萨拉热窝刺杀了奥匈帝国皇位继承人斐迪南大公夫妇，奥匈帝国皇帝弗朗茨·约瑟夫立即以此为借口，在一个月后对塞尔维亚正式发动战争。至此，"以战止战"的第一次世界大战拉开序幕。

7月31日，塞尔维亚的盟国俄国开始纠集军队；第二天，奥匈帝国的盟国德国向俄国宣战；两天之后，德国对法国宣战，之后又向中立的比利时宣战，意图从侧面夹攻法国；作为回应，英国向德国宣战；8月6日，奥匈帝国向俄国宣战。整片大陆瞬间被战火点燃，由此陷入欧洲史上最血腥而又最莫名其妙的一场战争。

1914年9月，德国包括马克斯·普朗克在内的93名杰出的科学家、学者和艺术家共同签署了一份宣言，声明支持德国皇帝发动的战争行为。而阿尔伯特·爱因斯坦立场坚定，拒绝在宣言上签字。两个月后，爱因斯坦在一份反战宣言上郑重地写下了自己的名字，而这份呼吁和平的宣言一共只有五个人勇敢落笔签名。

欧洲大陆已然陷入癫狂状态，匪夷所思的事情正在一件件持续发生，而只有在这样的时刻，人们才能意识到，人类是一种多么可悲的动物。

——阿尔伯特·爱因斯坦

雪上加霜的是，爱因斯坦与米列娃·玛丽克的婚姻在此时也遭遇了危机。随着爱因斯坦名声渐盛，米列娃也开始时常抱怨爱因斯坦花费了太多时间在物理研究以及家庭以外的事务上。

爱因斯坦的表妹艾尔莎·洛温塔尔与丈夫离异，独自住在柏林，有两个已成年的女儿。1912 年春，在布拉格任教授期间，爱因斯坦与表妹重新取得了联系，两人再次熟络起来。在家中郁郁不欢的爱因斯坦与表妹开始了浪漫的书信往来。

在几次努力和解无果之后，米列娃于 1914 年 7 月搬离柏林，与两个孩子回到苏黎世（见图 14.3）。在车站送别儿子时，爱因斯坦"哭得像个小孩"。他在给艾尔莎的信件中这样写道："以前我在家陪他们玩的时候，他们笑得可开心了，那种欢乐感觉都要溢满整间屋子了……可是现在他们都离我而去了。"

爱因斯坦的母亲听到这个消息后欣喜不已，她一向不喜欢米列娃，她甚至跟自己的儿子说："如果你爸爸还在世的话，他听到这个消息肯定也很开心！"

1915 年那个似乎连空气都弥漫着苦涩的夏天，阿尔伯特·爱因斯坦正处于人生的最低谷。就连当年父母移居意大利，让他一人留在慕尼黑路易波尔德中学读书时，都未曾如此沮丧压抑。因食物短缺，身体健康日渐恶化，至亲骨肉又远在苏黎世遥不可及，新万有引力理论的探索也走入了死胡同，如此种种叠摞在一处，如一座大山似要压垮爱因斯坦，彼时，他唯一的慰藉便只剩下艾尔莎的温存关心了。

图 14.3　爱德华·爱因斯坦、米列娃·爱因斯坦和汉斯·阿尔伯特·爱因斯坦
摄于 1914 年。

好在，这只是黎明前的黑暗。

这个理论处处透着无与伦比的美感

1915 年 9 月末，爱因斯坦做了一个或许是他学术生涯中最艰难而又最重要的决定。在爱因斯坦－格罗斯曼方法宣告失败之后，所谓的"梗概理论"也证明它并非通向万有引力相对论的正确道路，爱因斯坦也只能无奈地放弃这一尝试。

爱因斯坦将审视的目光再次投向那个他早在 1912 年便已摒弃的方法——采用黎曼和里奇张量描述时空曲率，并以此为基础建构引力场方程。

在幽深黑暗里苦苦摸索的那些岁月并非全然无用，就是在这个过程中，爱因斯坦对研究问题有了真正深刻的理解，渐渐掌握了运用微分几何和张量分析等复杂数学手段的技巧。而今，经过再一次的检审分析，爱因斯坦发现，根据他提出的广义协变原理，微分几何和张量分析在数学层面和物理层面其实是等价的，而在此之前他并未意识到这一点。换句话说，它们代表的其实是同一种问题解决方案。

如同一块逐渐成形的四维拼图，一切终于就位。这个时候爱因斯坦的学术判断能力有所提升，注意力也空前集中，36 岁的他笃定，胜利就在不远的前方。他一心扑进研究，近乎疯狂，不闻不问外界一切事端，只用了三个月时间，便迈过了这段史诗般伟大旅程的最后一道难关。然而，这一路走来的艰辛是我们穷尽一切想象也无法描绘完全的。

1915 年 11 月 4 日，爱因斯坦在普鲁士皇家科学院进行了系列演讲，每周一次，共进行四周，向学术界介绍其最终解决方案的逐步发展过程。在第一次演讲中，他先指出"梗概理论"存在的各种缺陷，然后详细阐述了采用里奇曲率的新方案构想。在第二次演讲中，爱因斯坦指出，与梗概理论不同，新解决方案具有广义协变性。爱因斯坦一直梦想创建一套适用于一切参考系的真正意义上的广义理论，而眼下的这个解决方案完美地实现了他的梦想。

之后，爱因斯坦继续潜心研究，反复测算检验，力图找出那道可解释水星近日点进动现象的终极引力场公式。每次验算都必须算出十道极其复杂的引力场方程的一级近似解，但无论如何，爱因斯坦还是及时地在第三次演讲之前完成了这个"令人精疲力竭的艰巨任务"。

11 月 18 日，爱因斯坦公布了他的计算结果——水星进动额外偏移的数据是 42.9 角秒！这一结果实在振奋人心！

我激动得快要发狂了。

——阿尔伯特·爱因斯坦

在爱因斯坦的运算中，水星是自发沿椭圆轨道绕太阳旋转的——与来自其他行星的引力摄动无关。也就是说，水星每世纪 8.6 角秒的轨道进动是其自发发生的。所以，水星的固有轨道并非如牛顿所言固定不变，而是一个变化旋转的椭圆形。

其实，该效应并非水星独有，只不过其他行星距离太阳较远，其固有的进动旋转相较水星而言便弱得多。比如，金星的近日点进动偏转每世纪仅为 8.6 角秒，地球为每世纪 3.8 角秒，火星则更小，只有每世纪 1.4 角秒。

在第三次演讲中，爱因斯坦提出了一项新的预测——太阳附近的星光将发生弯曲。他考虑了时间和空间的弯曲，最后演算得出星光偏转的角度应为 1.7 角秒。这是爱因斯坦新理论指导下得出的第一个真正预言——为一个尚未被人观测到的天文现象计算出具体数值。

最后一次演讲

1915 年 11 月 25 日，爱因斯坦在科学院详细阐述了他的解决方案。他骄傲地宣布："广义相对论终于成形，可称得上是一个逻辑严密的理论体系了。"他的方程式组也完全独立于任何参考系，也即独立于坐标系的选择。无论处于何种运动状态，它们的形式皆保持恒定不变。"自然的普遍性原则……就应适用于任何坐标系。"爱因斯坦在后来这样写道。爱因斯坦看重的广义协变原理终于得以满足。

这个理论处处透着无与伦比的美感。

——阿尔伯特·爱因斯坦

爱因斯坦的方程式组满足质能守恒定律与动量守恒定律,同时,在弱万有引力以及非相对论级速度下,方程式组可退化为牛顿重力定律。这趟始于 1907 年(那一年,爱因斯坦提出等效原理)的探索之旅至此终于画上句号,而在终点迎接爱因斯坦的是一个全新的研究范式,一个全新的万有引力模型。

之后,爱因斯坦给远在瑞士的 11 岁儿子写了一封信:

我以后一定会努力每年抽出一个月的时间陪你,你要明白你的父亲其实也是非常爱你的……几天前,我刚刚完成了我人生中最出色的论文之一,等你大一些,我再给你讲一讲。

在狂喜之中,爱因斯坦得知大卫·希尔伯特已在他进行最后一次演讲之前的四天,即 11 月 21 日在格丁根一本科学杂志上发表了他自己对于引力场方程的解法。

希尔伯特在最后时刻反戈一击战胜了爱因斯坦吗? 1997 年一个学术团队研究得出,希尔伯特的原始方程组其实并不具备广义协变性。显然,希尔伯特在看过了爱因斯坦的正确解法之后,修正了自己的解法,不过他的论文明确标示了"由爱因斯坦首次提出"。

即便如此,爱因斯坦还是感觉受到了背叛,并毫无遮掩地向希尔伯特表达了自己的感受,而值得赞扬的是,大卫·希尔伯特落落大方地给出了回应。他诚恳地承认,爱因斯坦才是广义相对论的唯一作者。不过,这次风波之后,爱因斯坦对于提早公布未发表成果已变得十分谨慎。

阿尔伯特·爱因斯坦向普鲁士皇家科学院阐释广义相对论引力场方程的那一天注定是人类科学编年史上具有开创性的一刻——那是爱因斯坦十年艰苦奋斗的结晶。这是爱因斯坦最欢欣的一次胜利，是他一生中最伟大的成就，是他献给世界的杰作。

下面就让我们一起来领略一番爱因斯坦的卓越之作。

宇宙的方程

当我向学生介绍爱因斯坦的惊世杰作时，我总感觉得给它配上一曲气势磅礴的交响乐——就如电影《2001：太空漫游》的开场：

小号：嗒，嗒，嗒……嗒嗒……
鼓声：咚咚……咚咚……咚咚……咚咚……咚咚……[①]

我清楚我可能有些过于夸张了，不过我想也是情有可原的吧。毕竟，这些方程式向世界第一次呈现了我们寄身的宇宙其起源、结构以及演化过程。实际上，它们就是宇宙的方程。

让我们来看一下爱因斯坦引力场方程的最简形式：

$$时空曲率 = 质能密度$$

相对论主义者约翰·阿奇博尔德·惠勒以简洁（且有少许修改）的语言阐述称：

质能支配着时空，告诉它该如何弯曲。时空支配着质能，告诉它该

---

① 诚意推荐您在阅读此小节时播放此音乐。链接为：http://www.youtube.com/watch?v=SLuW−GBaJ8K.

如何移动。

换言之,质能产生时空曲率(万有引力)。更确切地说,质能密度的分布以及它在时空中的运动生成了时空曲率,即万有引力场。

而时空曲率反过来又支配着质能体的运动。更确切地说,时空曲率支配着物质和其引力场中非物质能量的运动。

在牛顿构筑的宇宙中,一个物体对另一物体产生力的作用;而在爱因斯坦构筑的宇宙中,一个物体导致时空弯曲,而"作为对该曲率的回应",另一物体发生了运动。比如地球的质能导致了其邻近时空的弯曲,将一个物体往上抛,它便会沿着该弯曲时空中的固有路径——测地线进行运动。

爱因斯坦方程

爱因斯坦的引力场方程可用张量符号速记为一个称为爱因斯坦方程的单一等式:

曲率张量等于常量乘以能量 – 动量张量

简单来说,张量指的是一个符合某些转换规律的数学阵列。

致读者:这一小节接下来的内容涉及较多数学概念,如愿意,可直接跳至下一小节。

爱因斯坦方程包含一组共 10 个等式。如果要把它们全部详细写下来,"即便用最小的字体也得写满三大页纸"。直至今日,物理学家们仍能从这些极度复杂高难的方程式中汲取学术养分。

在数学层面,爱因斯坦方程可表示为:

$$G_{ab}=KT_{ab}$$

此处：G_{ab} 为具有 10 个组成成分的曲率张量，代表时空曲率；

K 为常数，$8\pi G/c$ 代表引力场常数；

T_{ab} 为具有 10 个组成成分的能量－动量张量，代表质量密度、能量密度以及动量密度。

曲率张量可进一步表示为：

$$G_{ab}=R_{ab}-1/2\,Rg_{ab}$$

此处：R_{ab} 为里奇张量，代表时空曲率的变化速度（二阶导数）；

R 为里奇纯量，代表该时空曲率的曲率半径；

g_{ab} 为度规张量（10 个 g's 代表所有"缝合在一处"的局部时空间隔。）

下标的 a 和 b 分别指代四个时空坐标系，x、y、z 和 t，如 xx、xy、xz、xt 等。

（关于爱因斯坦方程的详细信息、历史发展以及它具体是如何代表空间和时间曲率的，请详见附录 E。）

下面就让我们来看一看爱因斯坦方程的两侧具体代表什么。

等式左侧

爱因斯坦方程左侧的曲率张量描述的是时空曲率（万有引力）以及时空曲率随地点转变（空间中）和时间流逝（时间上）的变化规律，也即时空曲率随时空变化的规律。它包含了时空间隔的全局性变化。

等式右侧

爱因斯坦方程右侧的能量－动量张量是万有引力，也即时空曲率的来源。更确切地说，能量－动量张量代表的是物质和非物质能量的分布以及它们在时空中的运动。

什么是能量－动量？它是数学表达式中质量、相对论性动量以及相对论性能量的整合。而且，就如时空曲率，能量－动量的大小不受匀速运动的影响。质能守恒定律与动量守恒定律合为一体，变成了能量－动量守恒定律。

（有关能量－动量的详细阐释见附录 C。）

能量－动量张量包含了万有引力或时空曲率的三个来源：质量密度、能量密度以及动量密度。

质量密度——这一时空曲率来源是粒子质量（或相当于粒子的静止能量），所谓质量密度，指的是一定体积空间内含有的质量总和。

能量密度——无论何种形式的能量都是时空曲率的来源。

动量密度——动量，即物质和非物质能量在空间中的运动，它也可产生时空曲率。

根据爱因斯坦方程，能量－动量密度越大的天体，其在表面产生的时空曲率就越大（万有引力越强）。以中子星这一极端情况为例。

中子星是大质量恒星演变到最后的超浓缩天体。由于受到极度压缩，它的大部分电子和质子被挤压在一处，形成了中子。中子星的密度大得惊人，可达太阳的一百万亿倍。为了逃脱中子星引力的束缚，从其表面发射的物体其逃逸速度须达到 539 130 239 千米／小时，约为光速的一半。

时空曲率的剧烈增长也会影响中子星表面的时间流速。置于中子星表面的时钟每年要比静止于零重力外太空的时钟慢大约一个月，而太阳表面的时钟每年只比零重力外太空的时钟慢 6 秒。

爱因斯坦的引力场方程还包含了一个在牛顿宇宙中未曾提及的显著征象。物理学中，粒子动量的变化便是其压强，而由于动量是时空曲率的来源，那么，压强自然也是时空曲率的来源。因此，压强可产生万有引力场！

这里所说的压强和令汽车轮胎充气膨胀的压强是同一概念吗？是的。根据爱因斯坦方程，空气压强越大，轮胎的重量越大（虽然只增加极微量）。

动量以及压强的产生源于粒子在空间中的运动，就如轮胎中空气分子的运动。但是，与光速相比，轮胎中粒子的运动实在过于缓慢，此处压强对时空曲率的影响极其微弱。

那么，压强的影响在何处才会变得显著呢？在粒子运动速度达到相对论级的情况下——比如超大质量恒星的内部坍缩。压强对引力效应的影响对了解超大天体坍缩以及坍缩形成的中子星和黑洞具有重要意义。

万有引力的另一来源——其本身！

爱因斯坦的引力场方程极其难解。为什么呢？因为正如前文所言，时空曲率具有能量，而能量本身就是时空曲率的来源之一。因此，时空曲率本身亦可叠加产生时空曲率。也就是说，万有引力本身可创造万有引力！如今，人们常用计算机以及超级计算机来解决非线性的广义相对论方程。

问题解决

在此章开头我们提到，对于这一全新的万有引力理论，爱因斯坦设定了三个主要目标，而他的引力场方程完全符合这三个目标：

广义协变——曲率张量和能量－动量张量的变换规则是一致的。换言之，从一个坐标系（参照系）变换到另一个坐标系时，两个张量遵循相同的数学规则。因此，当我们在某一特定坐标系中令曲率张量等于能量－动量张量，这一等价关系在"一切想象得到的坐标系"中均自动成立。广义协变原理得到满足，爱因斯坦引力场方程适用于所有参考系！

守恒定律——引力场方程既符合质能守恒定律，也满足动量守恒定律。

弱万有引力——对于弱万有引力和非相对论级速度，如我们居住的太阳系，爱因斯坦引力场方程的预测与牛顿的理论几近一致。

牛顿的万有引力问题

在第九章中，我们指出牛顿的万有引力理论存在三个主要问题，而爱因斯坦的广义相对论一举解决了这些问题：

超距作用——牛顿理论无法解释万有引力究竟是如何进行传播的，比如，到底是什么从太阳穿越了相距 1.5 亿千米的空间来到地球，伸出它无形的双手将地球稳稳钳制在其运行轨道上？牛顿从未对此作出回答。那么，爱因斯坦给出的答案是什么呢？时空曲率。

正如我们所知，太阳的质能会使其所在位置的时空发生弯曲，而这些弯曲反过来又会使其外围的时空亦发生弯曲，并以此类推。所以，如同被保龄球压弯的蹦床织物表面一样，时空曲率从一个局部区域相继传递至另一个毗邻局部区域，从太阳向四周扩散，直至到达地球以及更远的远方。

长度收缩——广义相对论是如何处理相对距离这一概念的？在爱因斯坦的构想中，并不需要考虑从太阳到地球的全局距离，因为时空曲率具有局部性。

时空间隔从局部自由落体参考系到毗邻局部自由落体参考系的变化是一点一点从太阳传播至地球的，也就是说，从一个局部参考系到另一个局部参考系的"时空缝合"最终产生了全局性的引力场。

瞬时引力——广义相对论引力场方程一经完成，爱因斯坦便立即着手研究确定时空曲率的传播速度。令他兴奋的是，演算结果显示，万有引力并非如牛顿所言是瞬时传播的，而是以光速进行传播的！

爱因斯坦的宇宙

爱因斯坦的万有引力相对论虽在一开始并未受到大多数物理学家的重视，但随着时间的推移，它最终还是取得了令世人瞩目的成功。自艾萨克·牛顿之后，再没有一个科学家像爱因斯坦这样，几乎仅凭一人之力，便如有神助般构筑出一个精确而意义深远的现实模型。广义相对论很快便成为 20 世纪宇宙革命的最核心理论根基。

爱因斯坦取得重大突破的那个时刻距今已有一百多年，在这期间，广义相对论的各项预测几乎都已得到了直接或间接的实证证明。在最后两个章节，我们将讨论爱因斯坦一手构筑的那个令人惊叹的全新宇宙以及它所蕴含的深刻内涵。

第 15 章

展现真容的宇宙

霍雷肖，你可知晓，天穹和地底所蕴藏的奥秘
远多过你哲学里的畅想。
——威廉·莎士比亚，《汉姆雷特》，第一幕第五场

....

1916 年 3 月 20 号，阿尔伯特·爱因斯坦完成了他对广义相对论的著名阐述，其手稿刊登于《物理学年鉴》。十年之前，爱因斯坦也在这本享誉世界的德国物理学杂志上发表了自己的狭义相对论。

物理学界对爱因斯坦的新理论反响如何？大多持怀疑态度。没错，他的理论确实修正弥补了牛顿万有引力理论中的一些缺陷和不足，如水星的近日点进动偏转问题。但是，在过去的两百年间，牛顿的万有引力定律也成功地解释了地球上物体和天体的运动规律。

"我们是否应该因为这一点小偏差就决定从此抛弃艾萨克·牛顿的伟大理论？"他们发出疑问。毕竟，爱因斯坦提出的第一个理论，即极具颠覆性的狭义相对论，尚未受到学界的全面认可，而如今，这个疯狂的引力相对论理论所作出的种种预言也均未得到任何实质证据的支持。

"预言"是这里的关键词。苦思冥想出一套数学方程去契合已知的现象，如广义相对论推算出了水星进动偏转的数值是一回事，而为尚未施行的实验预测结果又是截然不同的另外一回事情了。毕竟，科学家大都十分擅长为已得数据建构数学模型。

作预测是一件很困难的事情，特别是对未来的预测。

——尤吉·贝拉

当一位科学家根据其新理论作出一个预测，其他一些科学家便会通过详尽的观察与严谨的测量独立验证该预测是否为真。

爱因斯坦曾在马克斯·普朗克公式的理论基础上提出，光是量子化的能量，并由此点燃了量子革命的燎原烈火；后来，爱因斯坦对光传播速度的思考又引领他创建了狭义相对论；如今，他的广义相对论已作出第一个预言，而这个有关引力场中光线弯曲的预言正亟待实质证据的检验。

艾萨克爵士，请原谅我们吧

1919 年 5 月 29 日，英国天文学家亚瑟·爱丁顿———个反战主义者和爱因斯坦引力理论的狂热拥护者——带领一支远征探险队赶赴西非几内亚湾的普林西比岛。此次出发的目标是，测量出在全日食期间太阳引力场中星光的弯曲偏角。

同时，爱丁顿还派遣了另一个由天文学家安德鲁·克罗姆林带领的小队，作为后备小组前往位于巴西北部亚马孙热带雨林中的索布腊儿尔观测此次日全食。

为什么要选择在日食期间进行观测呢？因为在寻常白天，太阳的光芒太过耀眼，天上的星星难以观测，尤其是那些距离太阳很近的星星，所以爱因斯坦建议那些想检验其光线弯曲理论的天文学家最好选择日全食期间进行观测，在那期间，即便是白昼也可明显捕捉到星星的影迹。

星星发出光线，掠过太阳边缘传播至地球，牛顿万有引力定律预测，此光线的偏转角度为 0.875 角秒，爱因斯坦依据广义相对论推算得到的结果则是 1.75 角秒———半源于时间弯曲，一半源于空间弯曲（如图 15.1 所示）。

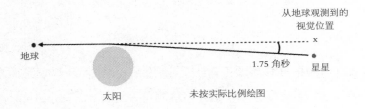

图 15.1　太阳引力作用下的星光弯曲
牛顿万有引力定律预测偏转角为 0.875 角秒,
爱因斯坦依据广义相对论推算得出的结果则是 1.75 角秒。

　　十分凑巧的是,日食发生的 1919 年,太阳正好位于非常少有的一片亮星——毕星团之中。毕星团大致处于金牛星座的正中位置。

　　爱丁顿的计划并不复杂:将日食期间(有太阳)拍摄的毕星团照片与六个月前在英格兰夜间(无太阳)拍摄的毕星团照片进行对比,以观察太阳附近的星团位置是否有明显改变(结果见表 15.1)。

表 15.1　1919 年日全食观测结果

测量地点	有效照片	照片中星星数量	偏转(角秒)
普林西比岛	2	5	1.60 ± 0.31
索布腊儿尔	8	至少 7	1.98 ± 0.12
		牛顿的预测	0.875
		爱因斯坦的预测	1.75

观测数据较为符合爱因斯坦的预测结果。

　　普林西比岛的观测数据显示,弯曲角度的平均值为 1.6 角秒;索布腊儿尔的观测结果则高一些,平均为 1.98 角秒。爱因斯坦预测的 1.75 角秒正好落于两个观测数据之间,误差在 20% 左右。爱丁顿在日食期间所得的观测数据由此成为支撑爱因斯坦新引力理论的第一个实证证据。

　　那么,爱因斯坦获悉此事后又做了什么事情呢?他向母亲发了一封电报:

亲爱的母亲——今天发生了一件很值得庆贺的事情。洛伦兹打电报告诉我，英国的探险家证实了我先前预言的太阳附近的光线偏转。

1919 年 11 月 6 日，爱丁顿在伦敦伯灵顿府的宏伟大厅就此次考察的科研成果作正式汇报，会议尾声，皇家学会主席、电子的发现者 J.J. 汤姆孙发表了如下讲话：

这次科学考察的研究成果是自牛顿时代以来，在引力理论方面所取得的最重要结果……倘若爱因斯坦的推断与理论是正确的……那么它绝对称得上是人类思想史上所取得的最伟大成就之一。

他补充道："我必须承认，至今尚未有人能够清晰地阐释爱因斯坦理论的真正内涵。"据说，在发表完此番演讲之后，汤姆孙转身面向高悬于大厅上方的艾萨克·牛顿肖像，恳切地说道："艾萨克爵士，请务必原谅我们，您的宇宙已被推翻。"

1919 年 11 月 7 日，伦敦《泰晤士报》在头版报道了爱丁顿的研究报告，同时在当天报纸第 12 页刊登了以《科学革命：爱因斯坦 vs 牛顿》为题的文章。隔天，《纽约时报》也对此进行了报道。这则消息很快传遍了全球。

崇拜者的各种各样的请求如潮水般涌向爱因斯坦，对于这突如其来的阵势，爱因斯坦一方面觉得挺有意思，但另一方面又感觉有些烦躁。这位早已学会享受孤独的科学家觉得自己快忍受不了这种铺天盖地的关注目光了。

新闻报道如泛滥的洪水，层出不穷，各种各样的问题、邀请、挑战也随之而来，叫人应接不暇，疲于应对，我甚至梦见自己被困于地狱烈火之中，难以脱身……这个世界简直就像个嘈杂无比的疯人院……每个人都想知道我正在干什么。

——阿尔伯特·爱因斯坦

接下来的几年间，爱因斯坦忙于到世界各地，包括欧洲、美国和远东出席各种公开活动，宣扬其新理论，这位"时代的天才"以幽默诙谐的语言、机智敏捷的反应以及谦逊有礼的魅力征服了一批又一批的听众。这种成为名人的状态无疑极大地满足了爱因斯坦的虚荣心，但同时却也掠夺了他专心于科研所必需的私人空间。

这盛大的名气让我变得越来越愚蠢，不过对此我并不感到惊讶，因为这本来是一个相当普遍的现象。

——阿尔伯特·爱因斯坦

大众已将爱因斯坦奉为"新时代的哥白尼"，对此马克斯·普朗克已早有预言。不过，科学界对于爱因斯坦理论的正确性依然有不确定的意见。有些人对爱丁顿实验的精确性提出了质疑，包括星星照片的清晰度以及测量手段等，如美国天文学家、利克天文台主管威廉·华莱士·坎贝尔就曾说过，"英国人的观测数据可没给我留下什么好印象"。

为了得到更为精确的测量数据，坎贝尔决定带领团队前往位于澳大利亚西部、荒无人烟的金伯利地区，观测 1922 年 12 月 21 日的日食。坎贝尔使用业已精心改良过的天文望远镜，在四张照相底板上记录下星星的位置，每张底板上的星星数量为 62 ~ 85 颗。而最终测量所得的平均偏移角度为 1.720.11 角秒——与爱因斯坦的预测结果高度吻合。来自多伦多大学的另一组观测数据结果与之相似，不过精确度不如坎贝尔的实验。

1919 年日食的观测结果震动世界，1922 年的这一次观测数据更是令大多数科学家对爱因斯坦的广义相对论彻底信服。

现代无线电干涉测量为广义相对论提供了更为精确的测量证据。在 1975 年的一次实验中，物理学家测得的光弯曲角度为 1.750.019 角秒；2005 年天文物理学家爱德华·弗马龙和他的同事们利用特产基线电波干涉仪（VLBA）观测四个遥远的类星体，结论再次证实了爱因斯坦的预言，此次实验的误差仅为三百分之一。

种种铁证都在掷地有声地告诉我们，这个世界并不是我们以往所想象的那样。空间是"弯曲的"，时间也是"弯曲的"。正如阿尔伯特·爱因斯坦所精准预测的那样，"无形的"时空曲率在天体光线偏转现象中显露无遗。

现在，就让我们把讨论的焦点转移到爱因斯坦的另一个预言上。

旋转之感

爱因斯坦的广义协变原理将他的相对论从匀速运动参考系成功地推广至一切运动状态参考系。这也就是说，一切物理规律在一切参考系均保持不变。

或许你会想，"无论采取何种视角，物理规律都应该保持不变，好吧，即便如此，那又有什么大不了的吗？"事实证明，它确实很重要。自广义相对论对广义协变原理的依从可推导出一个意义深远的预言。

让我们一起来思考一个叫作"牛顿的水桶"的思想实验（改编自布莱恩·格林所著《宇宙的结构》）。

将一个圆桶盛满水，放在转盘上，并让转盘开始旋转。桶里的水一开始并没有太大动静，但水与旋转桶壁之间的摩擦力很快就使水随着圆桶旋转起来，渐渐地，水开始沿着桶壁向上攀升，圆桶中心也开始形成下沉的洼地。旋转的水面现在已变成凹形。

艾萨克·牛顿用此实验来捍卫空间是"绝对的"这一主张。他问道："水桶是相对于什么在做旋转呢？"他的回答是："相对于绝对的空间。"

爱因斯坦却说，世上根本没有绝对空间这回事。他告诉我们，不管我们选择以地面为参考系还是以桶内为参考系，我们都将看到相同的凹形水面。他的广义协变原理要求每一个视角做出的预测都呈现一致的结果。

那就让我们从不同视角来看看爱因斯坦所说的情况。

地面参考系——假设穆菲特小妹妹正端坐在小椅子上，静止于地面，从她的视角看，圆桶和水都在旋转，因此，桶里的水面呈下沉凹形〔如

图 15.2（a）所示〕。

圆桶参考系——假设汤姆正坐在桶壁上，从他的视角看，圆桶和里面的水均处于静止状态，世界的其余部分则正在疯狂旋转。但是，他眼中的水面也呈凹形〔如图 15.2（b）所示〕。

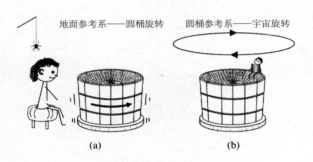

图 15.2　任意参考系皆成立
（a）坐在地面的穆菲特看到圆桶在旋转，正是圆桶的旋转使水面变成凹形。
（b）对于坐在桶上的汤姆而言，圆桶和水均处于静止状态，旋转的是外部
　　　世界，但是，水面依然呈凹形。

怎么会这样呢？从汤姆的视角看，以他自身为参考系，圆桶和水均为静止，旋转的是外部世界，那么，是什么令水面下沉形成凹面呢？

除此之外，还有一个疑问。汤姆同样能感觉到似有某种力量企图把他向外推移，远离水桶中心，但是，假如水桶是静止的，那么这股把汤姆向外推的力又是从何而来的呢？

牛顿会说："这正是我想说的。"按照牛顿的理论，显然，水桶在旋转，桶里的水亦是如此，这就是水面呈凹形的原因，而这也是汤姆之所以感受到有股力正把他向外推的原因。你不能采用任意参考系，如坐在桶中的汤姆所在的参考系就不能采用，你必须采用穆菲特的参考系。为什么呢？因为在这个参考系中，物理学的解释行得通；在这个参考系中，方程式可代表正在发生的现实状况。这是一个特殊的参考系，这个参考系与绝对时空保持相对静止[1]。

———————————

① 忽略不计地球自转与公转所造成的微弱影响。

然而，根据爱因斯坦的广义协变原理，一切参考系都是平等且有效的。这就意味着，所谓的特殊参考系是不存在的，汤姆所在的参考系与穆菲特所在的参考系一样有效。

那么我们要向爱因斯坦提出的问题是：假如水桶真的处于"静止"状态，而旋转的是外部世界，那么桶中水面真的仍会呈凹形吗？

我的意思是，如果水桶并没有进行任何形式的运动，只是放在那里纹丝不动，而是整个外部世界不知怎的开始绕着水桶反方向旋转，那么，桶里的水依旧会形成凹面吗？毕竟，在汤姆看来事实便是如此。

这听起来似乎有些荒谬对吧？我们真的可以就此驳倒爱因斯坦吗？或者，至少我们已经成功地利用爱因斯坦自己的逻辑体系将他困住了吧？这显然不可能。这位大师再次从一个看似无可避免的难题中成功脱身。只不过，他的解释乍听之下可能会有些怪异。

爱因斯坦的引力场方程确实认为，在汤姆的参考系中，是水桶外部世界的旋转使得水面呈凹形！所以，根据广义相对论，无论是在穆菲特的参考系还是在汤姆的参考系，桶中的水均会形成凹面。

这是如何做到的呢？让我们通过一个称为"惯性系拖曳效应"的广义相对论预言来回答这个问题。

惯性系拖曳效应

1918 年，奥地利物理学家约瑟夫·伦泽和汉斯·蒂林运用广义相对论做出了一个非比寻常的预言：由于物体可弯曲空间和时间，旋转的物体可拖曳周围的空间和时间——就如糖浆桶里旋转的石头。

假设有一质量极大的旋转物体，一个巨大的空心球体（一个壳）。牛顿会认为，在空地旋转的球体不会对其周围的事物产生一丝影响。然而，组成这个空心球体的那些粒子正在空间中运动，粒子一旦运动便会产生动量，而根据爱因斯坦的理论，动量是时空曲率或引力的来源之一。广义相对论方程清楚地指出，空心球体内部和外部的空间和时间（或时空）均会受到球体旋转运动的拖曳。换句话说，就如物体动量可弯曲周围时空一样，物体的旋转动量也会使周围时空一起发生旋转。

因此，空心球体内部和外部的空间都将随球体一起沿相同方向旋转。所以，假如我们把装满水的圆桶放在旋转球体内部，旋转球体将会对静止水面施加力的作用，而这反过来也会导致水面形成凹状。

下面，最令人惊叹的部分来了！计算结果显示，对于这个球体以及宇宙中与球体质能相等的质能体而言，拖曳效应产生的水面下凹效果与宇宙静止而水桶旋转的情况相同。所以，关于究竟是水桶在静止宇宙中旋转还是宇宙在围绕静止水桶旋转的争论就无关紧要了，因为它们产生的结果都是一样的！

下一次若你想原地旋转，请务必记得，在你自己的参考系中，你是静止的，从你的角度看，你在旋转过程中感受到的晕眩，其实是外部世界的质能在做旋转运动而产生的。

这就是爱因斯坦广义协变原理的威力——一切参考系都可行！

拖曳效应是真实存在的吗？

在我们居住的太阳系中，拖曳效应极其微弱，因此很难测量发现。不过，如今物理学家们手头已掌握一些证据，或可证明拖曳效应的真实存在。

2004 年，引力探测器 B 发射升空至地球上方约 644 千米处，该探测器旨在测量地球质能引起的时空曲率以及地球旋转引起的拖曳效应。2008 年 12 月，探测器团队报告，测量所得的时空曲率——即所谓的测地线效应——与广义相对论的预测数据相符，误差在千分之五以内。

之后，经过数年艰辛的数据分析，团队终于在 2011 年 5 月正式对外公布拖曳效应的实验数据。广义相对论预测，地球旋转引起的拖曳效应可导致机载陀螺仪每年偏转 0.0392 角秒，而探测器测得的平均数据为每年 0.0372 0.0072 角秒，这与爱因斯坦的预测大致符合，统计误差约为 18%。

虽然该误差范围尚称不上十分精确，但是这个实验结果依然举世瞩目，毕竟要测量一个效应如此微弱的物理现象实非易事。实证再一次证明，爱因斯坦构筑的怪异宇宙就是我们身处的宇宙——真空本身竟也会随着远处的旋转物体一同旋转。

更多宇宙奇迹

广义相对论还预言了许多诡异现象的存在，比如引力透镜与引力波。

引力透镜

假设遥远处有一个类星体，在类星体和地球之间有一个巨大的星系。在我们看来，位于前方的星系将远处的类星体藏在了后方，犹如宇宙"日食"。

根据广义相对论，就像星光经过太阳会受到弯曲一样，来自遥远类星体的光线将在介于中间的星系时空曲率（即引力）的影响下发生弯曲。因此，来自类星体的光线将围绕星系的弯曲偏折，产生从地球看来十分诡异的光学现象。图 15.3 便是此宇宙光错觉现象，即引力透镜现象的示例。

左边图像便是引力透镜 B1938+666。这里的背景星系和前景"透镜星系"均与地球呈一条直线排列。因此，来自背景星系的光线被扭曲成了一个围绕前景星系的巨大光圈。而这个效应被称为爱因斯坦环。

若星体之间不呈完美直线排列，则可形成多种背景星体图像。在引力透镜 G2237+0305（见图 15.3 右侧）中，类星体距离地球约 80 亿光年，在距地球 4 亿光年的透镜星系的作用下，在地球可观测到此类星体的四种不同影像，此效应被称为爱因斯坦十字架。

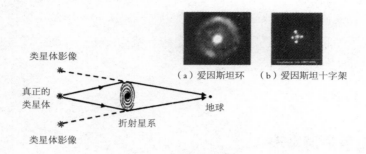

图 15.3　引力透镜

从地球观测：（a）遥远星系形成一个围绕中间星系的光环。（b）在中间的涡旋星云的作用下，同个类星体可产生不同影像。

引力波

　　1916 年，爱因斯坦在广义相对论方程中发现了一处就算是在牛顿最荒诞不经的梦境里也未曾出现过的物理现象——引力波。爱因斯坦所说的引力波指的是时空弯曲中的涟漪，它们以光速在真空中传播。

　　爱因斯坦经推算预言，任何处于加速状态的质量体——以球状或圆柱状进行对称运动的物体除外——都可产生引力波。引力波不是在时空中传播的波，而是"时空结构本身产生的波"！

　　引力波经过物体时，要么会对其产生挤压，要么会对其进行拉扯（如图 15.4 所示）。为什么我们此前从未注意到该效应的存在呢？因为时空本身是个十分僵硬的媒介，即便引力波蕴含大量能量，它们导致的挤压或拉伸效果也极其微弱，所以很难被我们察觉。

　　我们正身处引力波研究的开创性时代。许多敏感度极高的探测器已建成投入使用，希望能直接探测到引力波，比如美国的 LIGO，意大利的 VIRGO 以及德国的 GEO，除这些之外，全球还有其他许多采用最新技术的设备正准备投入使用。

　　引力波为什么值得我们如此大费周章检测其存在？除了为广义相对论的预言提供实质证据，这些检测还可帮助我们更深入地了解双子星系、超新星爆炸以及黑洞以及更好地探寻宇宙的起源。假如我们真的能够检测到宇宙大爆炸后瞬间生成的宇宙引力波背景，那么又会有怎样的新奇

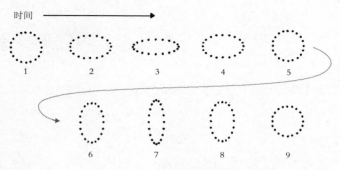

图 15.4　引力波时间顺序

这一圈滚珠承轴均处于同一平面，引力波经过时，滚珠结构或被挤压，或被拉伸，
间或成为向这一方向拉伸的椭圆，间或成为向另一方向拉伸的椭圆。

迹在等待着我们呢？

下面让我们把目光转投到被史蒂芬·霍金称为"宇宙间最神秘的事物"——黑洞上。

时间静止的地方

爱因斯坦引力场方程在数学层面的细节极其复杂，远超本书所能涵盖的范围，况且仅凭作者的能力也绝无可能将其完全厘清。一位德国陆军中尉、著名天文物理学家为爱因斯坦的广义相对论撰写了一个简化注释版本。

第一次世界大战爆发之时，卡尔·史瓦西这位 41 岁的德国犹太人第一时间便志愿报名加入德意志陆军部队，入伍之后，史瓦西被分配到炮兵部队并被派往俄国。1915 年末，史瓦西设法找到了爱因斯坦在普鲁士科学院所做的关于广义相对论的报告，短短两个月后，史瓦西就给爱因斯坦写了一封信，并在信中提出了他对爱因斯坦引力场方程的第一组精确解。

我从没想过，竟然有人能以这么简单的方式，用这么简洁的公式表示这个问题的精确解。

——阿尔伯特·爱因斯坦

为了简化解题思路,史瓦西仿效牛顿的质心法,假设天体(如太阳)的所有质能都集中于中心一点。不过,还有一个问题。史瓦西的解法显示,正如天文物理学家约翰·格里宾所指出的:"任何集中于某一点的质量都会致使时空大幅度扭曲,质量体附近的空间会极大地收拢至质量体周围,令它与余下宇宙分割断裂。"

史瓦西发现,这个所谓的"分割断裂"会扩散到天体区域——包括质量集中的那一点。在这个区域中,没有任何东西可逃逸至外部世界。并且,质能越集中于一点,其周围的隔断区域就越大。

卡尔·史瓦西竟在无意中发现了后来被约翰·阿奇博尔德·惠勒称为黑洞的这类天体在数学层面的立足根基。

什么是黑洞?我们来看一个最简单的例子:既不进行旋转又不带电荷的黑洞。在其中心是一个极小极小的点,叫作奇点。广义相对论认为,这个奇点非同寻常,它具有无穷大的质能密度以及无穷大的时空曲率。

这意味着什么呢?当你解出的答案为无穷,那就意味着你的原始方程式是不成立的,是无效的。广义相对论——人类迄今为止最受认可的引力理论——无法告诉我们黑洞中心的情况。(对于这个问题我们或许需要一个新的物理理论。)

不管奇点具体具有何种特征,有一点是我们可以确定的,那就是它会被隔离天区团团包围。所谓隔离的天区其实就是视界,一种单向球形阻隔,可将时空中的一部分区域与外部宇宙隔离开来。发生在隔离天区中的任何时空事件都无法为外部世界所察,也没有事物有能力从视界中逃逸离开,即便光也不例外。它之所以被称为"水平面",是因为它就如地球上的水平面,我们无法看到超越它之外的景象(如图 15.5 所示)。

为什么黑洞是"黑"的?因为其无穷大的引力来源引发了极限情况下的引力红移,黑洞视界范围内所有光线的频率均被拉伸为 0!(见图 15.6)

图 15.5　非旋转黑洞
非旋转黑洞的所有质能均集中于一点，该点名为"奇点"（外部世界不可见）。奇点周围的球形
边界便成为"视界"。任何物质均无法逃出视界，即便是光也不例外。

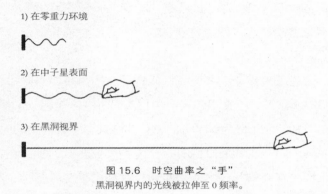

图 15.6　时空曲率之"手"
黑洞视界内的光线被拉伸至 0 频率。

　　这对于时间又意味着什么呢？在之前章节我们已讨论过，光线电磁
波规律性的上下波动相当于时钟，所以，光线频率为 0 意味着时间也为
0，因此，从远处观察，黑洞视界中的时间是凝固静止的！

　　这些在你听来或许就如科幻小说般匪夷所思，若你果真感觉如此，
那么恭喜你，你的想法与爱因斯坦、史瓦西不谋而合。他们也认为，黑
洞只不过是一个存在于数学层面的建构，并不具备实质性物理意义。他
们的看法是正确的吗？换言之：黑洞是否存在？

黑洞是否存在？

　　根据现代宇宙理论，当质量约为太阳 20 倍或更大的恒星将其内部核燃
料消耗殆尽时，"垂老的"核反应堆所产生的热量和向外的压力再也无法抵

抗其自身引力产生的向内挤压的作用力，此时，恒星将发生内爆，核心也会开始坍缩，其外层将以冲击波的形式来回反弹，最终引发壮观的超新星爆炸。

假如坍缩形成的核心质量是太阳质量的 1.4 ～ 2 倍，那么新形成的星体是中子星；但是，假如核心质量是太阳质量的 2 倍以上（具体数值不可确定），那么新形成的星体便是黑洞。

在形成黑洞的过程中，恒星内爆的挤压重力过于巨大，使得其核心可以克服一切原子力和核力，并经受一连串"永不停歇的坍缩反应"，最后形成一个无穷小的点，即奇点——至少广义相对论和量子力学是这样告诉我们的。

那么，这些黑洞究竟在哪里呢？依凭现今的科技水平是不可能直接观测到黑洞的，这无异于在黑色夜空中用肉眼寻找一个遥远的黑色圆盘。所以，天文学家们是如何为看不见的物体找寻其存在的证据的呢？

假设灌满了肥皂水的浴缸中有一个无形的排水孔，那么，你该如何判断这个无形排水孔的开闭状态呢？通过观察肥皂泡的移动、肥皂水的涡流以及鸭子玩具的运动轨迹。它们将围绕那个看不见的排水孔打转，然后掉进这个时空曲率的"引力井"中。此时，你便可间接得知，这个排水孔是打开的。

同样，许多现代天文观测都给出了引人注目的证据——尽管是间接证据——证明黑洞确实存在，包括：（1）毗邻恒星的气体和尘埃粒子冲向无形黑洞时的运动轨迹；（2）这些超高速运动的天体材料发射出的高能电磁辐射；（3）附近星星环绕这些高质量无形物体运转时的超高速度。

关于黑洞最激动人心的证据存在于类星射电源也即类星体之中。一个类星体辐射的光线比数十亿恒星加起来都多，因为给类星体提供能量的是质量为太阳的数十亿倍的特大质量黑洞。在哪里可以观察到这些可怕的怪物的踪迹呢？在那些宇宙起源之初便已形成的巨大星系的中心。

而且，与史瓦西描绘的理想化黑洞不同，这些黑洞会旋转。为什么呢？因为它们保有其组成物质的角动量。当物质坍缩形成黑洞时，其旋转速度会越来越快。

依据惯性系拖曳效应，旋转的黑洞会拉动其周围的空间围绕其旋转，这反过来又会使周遭的弥散物质围绕黑洞旋转，形成吸积盘。吸积盘中的物质旋转速度极快——通常可达到每小时数百万英里——因此其内部摩擦力可产生惊人的热量。扭结的磁场推动这些炽热的物质加速向外移动，产生巨大的物质喷流，这些喷流与吸积盘互相垂直，以近乎光速的超高速喷射进入太空。

图 15.7 所呈现的是一个在处女座星系发现的、由超高光度类星体产生的黑洞喷流。根据在地球测得的类星体距离（红移）以及光线数量，天文物理学家推算认为，此类星体的能量输出竟高达太阳光度的上万亿倍。这个抽象数据意味着什么呢？它意味着，它比银河系所有恒星加起来还要亮一百倍。

3C 273 类星体和其喷流

图 15.7　黑洞喷流观测图
智利拉西拉天文台 ESO 新技术望远镜记录下的 3C 273 类星体内的黑洞喷流。

最近，NASA 的钱德拉 X 射线天文望远镜和其他巡天观测告诉我们，假如我们能像超人一样拥有 X 射线透视眼，那么在幽深的夜里，只要我们抬一抬眼，便能看到亿万闪烁的光点——那是众多遥远星系的中心处，物质落入超大质量黑洞时所发出的超高能耀眼光辉。

宇宙中有多少个黑洞？NASA 的天文物理学家估计，每个星系的中心通常都存在一个超大质量黑洞以及数亿个恒星黑洞。而在我们可观测的宇宙中，大约有超过 1000 亿个星系，这也就是说，仅在我们可见的宇宙空间中，就存在大约 10 亿亿个黑洞。

黑洞果然很怪异吧？还有更诡秘的呢！接下来就让我们一起来了解一下广义相对论预言的另一个奇特现象吧——虫洞。

虫洞与嵌入图

为了帮助我们更直观地了解虫洞，我们先来看一看物理学家们所说的嵌入图。

假设一维空间中有两个点，由一条直线连接〔见图 15.8（a）〕，现在我们在两点中间直接放入一个天体，如太阳，那么，根据爱因斯坦的理论，此时两点之间的空间会弯曲，也就是说，从远处观察，由于太阳的存在，这两点之间的距离受到了拉伸。

我们该如何表示这一距离上的增加，也即所谓的空间曲率呢？其中一个方法就是在两点之间画一道曲线〔如图 15.8（b）所示〕，此时从 A 点到 B 点之间的线变长了，这是因为由于空间曲率、由于太阳的存在，A 点与 B 点之间的距离变长了。

事实上，A 点与 B 点之间的这条线并不是真的向下弯曲了，它弯曲进入的是一个虚构的数学空间，称为超空间，所以，我们所见的是一个一维的真实空间和一个一维的超空间。这就是嵌入图的一个示例（我们也可把线画成向上弯曲，其方向没有实质影响）。

三维空间中的太阳嵌入图——现在，我们把目光拓展至二维真实空

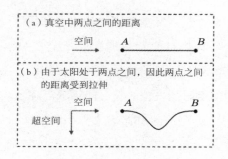

图 15.8　二维嵌入图

如何表示由于质能存在而产生的距离增加（即空间曲率）。

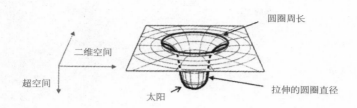

图 15.9　三维嵌入图——空间中围绕太阳的圆圈
由于太阳质能对空间的拉伸，圆圈直径变长，周长则不受影响，因此周长与直径之比不等于 π。

间以及第三维超空间。若无太阳存在，空间不发生弯曲，平整犹如一张白纸，但是，如图 15.9 所示，太阳的存在会扭曲周围的空间（此示例图描画的太阳是史瓦西为解决广义相对论引力场方程而假构出的理想化太阳——正球体、均匀分布、无旋转以及不带电荷）。

　　假设现有一个巨大圆圈正围绕着这个理想化的太阳，那么，太阳的存在会对这个圆圈造成什么样的影响呢？空间中与太阳表面平行的距离（正切）不会受太阳存在的影响，因此，圆圈的周长保持不变。

　　但是，空间中与太阳表面相互垂直的距离（径向）则难以避免影响，它们将受到太阳质能的拉伸，因此，从远处观察，由于空间的拉伸，圆圈的直径变大。所以，若我们用圆圈周长除以其拉伸后的直径，所得数值将小于 π。也就是说，欧几里得几何体系对太阳周围的空间不适用。

　　广义相对论预测，由于空间的拉伸，太阳的直径将被拉长大约 4 千米。对于质量较小的地球，其直径拉伸长度大致为 2.5 毫米。

　　现在我们就来看看不旋转的黑洞会对其周围空间造成什么影响。

　　三维空间中的黑洞嵌入图——广义相对论在其方程中体现了一种"对时空的独特见解"，它预言，黑洞内部的时空结构将敞开与某个喉管（即虫洞）连接。而这个所谓的虫洞或许是连接宇宙中另一时空点的通道。

　　图 15.10 的史瓦西黑洞嵌入图显示，如果宇航员可在某种手段的庇护下抵御黑洞的挤压重力，并成功通过其虫洞，那么他将抵达宇宙的另一个时空点——更有物理学家认为，将抵达另一个宇宙！不过，在梦想搭乘飞船穿越虫洞之前，我们必须清楚一件事，那就是恒星的坍缩远比史瓦

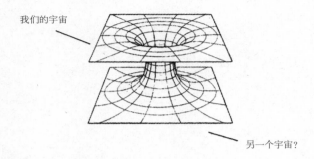

我们的宇宙

另一个宇宙？

图 15.10　黑洞嵌入图
广义相对论方程预言了"虫洞"的存在。

西的理想模型复杂难懂。科罗拉多州立大学的物理学教授安德鲁·汉密尔顿就曾指出："当现实的恒星坍缩成黑洞时，并不会产生虫洞。"

著名的相对论研究者罗格·潘洛斯分析认为，即便史瓦西虫洞真实存在，我们也无法利用它穿越至另一个宇宙。为什么呢？因为电磁辐射和量子效应会被黑洞增速放大，并最终"摧毁较小的封闭宇宙"（宇航员就更不在话下了）。

这可真煞风景！我还梦想着要去另一个宇宙看看呢。

创造

广义相对论最意义深远的贡献或许就是清楚地告诉我们，宇宙在时间和空间中具有一个有限的起点。大爆炸这个创造了宇宙的事件究竟是什么？是什么导致了大爆炸的发生？我们的宇宙真的仍在持续膨胀吗？如果是这样的话，那它最终会膨胀到何种程度？什么是暗物质和暗能量？它们就是决定宇宙未来的关键因素吗？

下一章，也即本书的最后一章，将集中讨论这些问题。

第16章
起初

起初，神创造天地。
——《创世记》1.1

起初，只有特佩坞和古库玛兹，他们坐在一起，
思索、畅想，想到什么，什么就会出现。
——玛雅创世神话

起初，地球只是一片笼罩于茫茫黑暗的荒原，
没有生命，没有死亡，太阳、月亮、群星，均
在地表之下沉沉昏睡。
——澳大利亚土著居民:《黄金时代》

起初，世上只有黑暗、
流水以及伟大的神明，本巴。
——波肖构，中非班图部落

某个晴朗的静夜，群星在幽黑夜幕里闪烁如宝石。当我们仰望这片星空，心底总会不自觉地涌出如潮的探问：我们人类到底是如何发展到今天这样的状态的？亘古至今，宇宙是否总是如今日这番景象？宇宙的未来又会走向何方？这一章节，我们将以大爆炸理论（人类历史上首个探索宇宙起源、结构及演变的可实证化的科学理论）为根基对这些问题进行探讨。

大爆炸理论的发展离不开许多人的贡献——未拿报酬的实验室助理、法学院毕业的西班牙语老师、看门人、才智超人的俄国数学家、天主教牧师、爱开玩笑的物理学家等等。当然，那位名为阿尔伯特·爱因斯坦

的前专利局雇员是肯定不能落下的。这个故事是由他们共同创作的。

宇宙有多大

1917 年，爱因斯坦尝试以广义相对论做理论框架为整个宇宙建构模型。爱因斯坦根据当时掌握的天文观测数据对整个宇宙的平均质能密度进行了测算，然后又以此结果为基础，利用广义相对论估算了宇宙的整体时空曲率。（彼时，人们知晓的所谓"整个宇宙"其实只有银河系。）

演算的结果令爱因斯坦深受折磨。他的等式分明告诉他，这个包含质能的宇宙不可能永远保持同一大小，要么膨胀，要么收缩，就如把皮球抛向天空，皮球要么往上升，要么向下落，不可能保持在固定位置。

这一"非静态"宇宙理论与过往的普遍观点背道而驰。那个时代的科学家，包括爱因斯坦，均认为我们的宇宙必将亘古永存——在无垠的过去，它是这般形态；在永恒的未来，它的大小也必然固定不变。

由于尚无实证观测数据支持，爱因斯坦不愿接受这个由引力场方程告知他的信息，他断然将其拒之门外。为此，他还在理论中引入了一个物理学史上最著名的"假想系数"——宇宙常数。由此，爱因斯坦引力场方程建构下的宇宙方才呈现固定静态。

修订后的引力场方程为：

曲率张量加宇宙常数等于常数乘以能量－动量张量

若以张量符号表示，则为：

$$G_{ab} + \Lambda g_{ab} = K T_{ab}$$

此处：G_{ab} 依然表示曲率张量，Λ 为宇宙常数，g_{ab} 表示度规张量，K 依然表示常数 $8\pi G/c$，其中 G 为引力常量，T_{ab} 依然表示能量－动量张量。

这个所谓的宇宙常数到底起何种作用呢？它为方程引入一个向外压力项，以平衡时空曲率（即引力）的向内挤压重力。爱因斯坦为宇宙常数设定的数值十分巧妙，使得方程的最终计算结果指向一个恰好平衡、既不会收缩也不会膨胀的静态宇宙。而且，该宇宙常数数值很小，在银河系范围内可忽略不计，只在极大宇宙距离下才有显著意义。

爱因斯坦的宇宙常数"绝妙地修正了"引力场方程——一个终将令他后悔莫及的决定。

宇宙之尺码

让我们把时间的齿轮暂且拨回 1895 年。彼时，16 岁的爱因斯坦在意大利乡间想象着搭乘光束遨游天际。而在另一片大陆，一个名叫亨丽爱塔·斯旺·勒维特的年轻女学者正被位于马萨诸塞州剑桥市的哈佛学院天文台聘用，担任"计算机"一职，负责计算每片照相底板上的星星数量。而在她记录的众多天体中，就有造父变星。造父变星尺寸极大，其光亮度随时间变化——它们以规律性时间间隔发生脉动，一个周期从几天到几个月不等。

勒维特注意到，造父变星的亮度与其脉动频率呈相关关系：造父变星的脉动速度越慢，其亮度越大。勒维特在 1908 年发表了她的观测结果，但遗憾的是，这份意义重大的报告终其一生也未受到学界重视。

在勒维特发现造父变星的光度规律之前，天文学家惯用视差法来测定恒星与地球的距离。天文学家通过望远镜为恒星拍摄一张照片，六个月后再为该恒星拍摄另一张照片，通过对比两次拍摄时地球的位置以及与天体形成的角度，再运用基本的三角几何原理，便可粗略地计算出恒星与地球的距离，此种估算方法的适用范围仅为一百光年左右。

1913 年，丹麦天文学家埃希纳·赫茨普龙对"勒维特定律"进行了校正。由于赫茨普龙意图测量的第十三号造父变星距离地球太远，视差法无法有效发挥作用，因此他必须转而采用另一种方法。他通过恒星的蓝移效应或红移效应来测算其整体速度，之后，他再仔细检视星图集以进一步确定恒星在天际运动的速度。

在恒星本身运动速度保持不变的前提下,它与我们(即地球)离得越近,在我们看来它便运动得越快;它与我们离得越远,在我们看来它便运动得越慢。利用这一原理,赫茨普龙估测了每颗造父变星与地球的距离,并以此修正了勒维特观测并总结所得的造父变星脉动频率与光度关系。

如今,天文学家只须测量造父变星的脉动频率以及视亮度,便可确定其真实亮度并据此估算造父变星与地球的近似距离。这其中的原理是什么呢?恒星的视亮度指的是恒星在我们的天文望远镜里呈现的亮度,它随距离平方值的增加成比例减弱;真实亮度指的则是恒星在源头处真正发出的光度。通过对比造父变星的视亮度(天文台观测所得)与其真实亮度(根据观测所得的闪烁频率和勒维特定律推算得到),天文学家可确定造父变星与地球的实际距离。

由此,造父变星成为新的"标准烛光",将人类可测算的天文距离一举扩大至一千万光年!

哈勃的突破

在那时,大多数天文学家深信,银河系便是整个宇宙。其实,他们也曾在望远镜里窥见过丝缕幽微的螺旋状星光。那么,这些散发着微光的所谓星云究竟是什么呢?只是星际幽浮的尘埃吗?又或许是某个新太阳系的边缘?不过,无论它们具体为何物,天文学家大都认定,它们在银河系范围内。

当然,其中也有一些微弱的反对之声。美国天文学家希伯·柯蒂斯、维斯托·西里弗和其他几位同行提出了相反的意见,他们认为,这些星云是"岛宇宙"——独立于银河系之外的星系。

1924 年,美国天文学家爱德温·哈勃,这位法学院毕业生、前运动员、西班牙语教授以及罗德学者,将加利福尼亚威尔逊山上新建的天文望远镜对准了一团名为"仙女座"的微弱螺旋状"星云"(见图 16.1)。

图 16.1　爱德温·哈勃（1889—1953）

他经观测发现，在银河系之外的宇宙中，尚存在其他许多星系。

这座当时世界上最大的天文望远镜显示，在这些被大多数人认为只是一团星际尘埃的物体边缘，悬浮有几颗独立的恒星。

这些恒星便是造父变星！哈勃随即依据勒维特的频率—光度关系，推算确定这些恒星与地球的距离。演算结果表明，它们距离地球竟有一百万光年之远，而我们的银河系宽度仅为几十万光年。因此，哈勃断论，仙女座不可能位于银河系之内（现代观测数据显示，仙女座星系与地球的距离为 250 万光年）。

随后，哈勃又开始在其他星云搜寻造父变星。距离测算表明，这些星云皆远在银河系之外。因此，他认为，柯蒂斯和西里弗的主张是正确的——这些星云属于其他星系。

曾经，哥白尼告诉我们，地球并非宇宙的中心；此时，哈勃告诉我们，我们定居的星系，只不过是几千亿个星系（这还仅是我们可观测的宇宙）中的一个罢了。

弗里德曼的动态宇宙

1922 年，正是苏联成立的那一年，苏联数学家亚历山大·弗里德曼发表了他对爱因斯坦广义相对论引力场方程的解。其解显示，我们的宇宙"可能膨胀、收缩、坍缩，甚至可能诞生于一个奇点"。换言之，弗里德曼建构的是一个动态的宇宙，一个其大小会随时间变化的宇宙。

对此，爱因斯坦又给出了怎样的回应呢？他认为，弗里德曼的非静态宇宙"问题颇多"。虽然后来爱因斯坦撤回了这番尖刻的评价，但他依然坚定地认为，弗里德曼的解在物理层面是毫无意义的。

1925 年，亚历山大·弗里德曼因伤寒不幸离世，享年仅 37 岁。遗憾的是，他未能活着亲眼看到支持其膨胀宇宙理论的实证证据，也未能亲自听到爱丁顿爵士的观测数据掷地有声地宣布，爱因斯坦的静态宇宙模型是站不住脚的。

勒梅特

乔治·勒梅特是一位来自比利时的罗马天主教神父，同时他也是比利时天主教鲁汶大学的物理学教授，还曾师从爱丁顿爵士。勒梅特未曾获悉弗里德曼的研究成果，并自己独立提出了爱因斯坦引力场方程的动态解，只不过与弗里德曼的解相比，勒梅特给出的结果在某些方面稍显不足。1927 年，他在法国一本无名气的比利时期刊上发表了自己的研究结论。

以自己解出的模型为基础，勒梅特提出，星系距离与其红移现象之间存在线性关系。这是什么意思呢？这意味着，星系的距离越远，其光线的红移现象越显著（即频率越低）。

那么，又是什么导致了光线在光谱上的移动呢？勒梅特认为，在光线穿越广阔宇宙来到地球的漫长路途中，宇宙空间本身的膨胀拉伸了星系光线的频率。光线传播的距离越长，宇宙膨胀的程度便越大，光遭受拉伸——也即红移——的程度也就越大。

勒梅特还以实证证据支持了他的理论。他结合天文学家维斯托·西里弗和古斯塔夫·斯特隆伯格记录的星系红移数据以及哈勃观测推算的星系距离数据，认为两者之间存在相关关系。数据表明，星系距离越远，观测到的红移现象越显著，这与勒梅特的理论吻合。这位神父完成了一

图 16.2　乔治·勒梅特与阿尔伯特·爱因斯坦

项意义深远的重要发现：宇宙处于膨胀之中。

同年，爱因斯坦在布鲁塞尔出席了享誉学界的索维尔物理学会议，会上，激动万分的勒梅特抓紧机会向这位伟大的物理学家阐释了自己建构的宇宙模型。对于勒梅特的研究结论，爱因斯坦做出了如下回应："你的数学计算无疑是正确的，但你对物理的理解却十分差劲。"（见图 16.2）

两年之后，爱德温·哈勃——就像其他大多数科学家一样，他也未曾拜读过勒梅特的论文，开始了他自己对星系红移与距离的调查研究。他负责测定 24 个星系与地球的距离，天文学家米尔顿·赫马森则负责检测红移。赫马森从前是一位赶骡人，只完成了八年级的课程便中途辍学，在天文台当看门人，此后，他刻苦自学，并最终成了哈勃的助手。

1929 年，哈勃将他们的研究成果正式发表，这是一篇具有里程碑意义的论文。他们的观测数据清楚地呈现了一个总体趋势：遥远星系的距离与其红移成正比。由于天文学界鲜有人知悉，在哈勃之前勒梅特已得出过类似研究成果，因此，他们误将此关系定名为"哈勃定律"。

基于勒梅特与哈勃令人难以辩驳的实证证据，爱因斯坦承认，他犯下了学术生涯最大的一次错误。他引入的修正因素，即宇宙常数，是毫无必要的。1931 年，谦逊的爱因斯坦前往威尔逊山天文台，亲自向爱德温·哈勃致谢，感谢他把自己"从愚蠢的泥沼中解救出来"。

哈勃定律（非相对论性公式）在数学层面可表示为：

退行速度等于哈勃常数乘以星系距离

$V = H_0 \times d$

此处:$H_0 = 67.15 \pm 2km/sec/Mpc$ 且 $V = zc$(z 为红移,c 为光速)

因此,星系退行远离我们的速度等于哈勃常数和星系与我们的距离的乘积。

当退行距离比光速之比显著(即退行距离为相对论级速度),哈勃定律变为:

$$V = [(z+1)^2 - 1]c / [(z-1)^2 - 1]$$

膨胀的宇宙

所以,宇宙中的一切事物都在膨胀吗?不尽然。空间的膨胀只对星系团之间的距离有影响。星系团由几十甚至几百个星系因相互引力约束聚合而成,各个星系团之间存有近乎真空的广阔空间。

膨胀扩展的力十分微弱,在星系团内部,可被引力轻易抵消。所以,银河系乃至我们本星系群内部的空间都不会膨胀。膨胀力只在星系团之间的巨大天文距离下才具有显著作用,在这些空间,宇宙膨胀切实发生。

但是,宇宙会膨胀至何种状态呢?和其他所有相对论预言一样,这个问题的答案同样透着无尽的怪异与诡秘。根据爱因斯坦的推断,因为宇宙囊括了所有时空,也即所有空间和所有时间,因此,宇宙"将不会膨胀变成任何其他东西"。

根据广义相对论,宇宙的膨胀是"度量式"的膨胀,这意味着,在远离星系或星系群的空间中,两点之间的局部距离将随着时间的流逝而增加。假设在真空空间中,有两个小球处于相对静止状态,随着时间的推移,它们将逐渐远离对方,但小球本身并无运动,这是因为它们之间的局部空间正被持续拉伸——空间本身固有的效应。

比光更快?

等等,是不是有哪里不太对劲?根据哈勃定律,随着星系距离的增加，其退行速度（即远离我们的速度）也会成比例增加，那么，当星系的退行距离增加至一定程度，岂不是会超越光速？是的。但是，爱因斯坦不是说过，没有什么物体的速度可快过光速吗？难道爱因斯坦的逻辑大厦即将就此崩塌？

当然不会。爱因斯坦再一次设法避开了这一棘手难题。根据狭义相对论，在空间中，任何物体的运动速度只能无限接近光速，而无法超过光速；但根据广义相对论，空间本身的膨胀速度是不设限的，空间可以超越光速的速度膨胀。

离我们极遥远的星系团退行远离我们的速度确实快于光速，但实际上，那并非由星系团本身的运动导致的，而是星系团之间的空间在膨胀。根据布莱恩·格林所言："总体而言，星系（团）在空间中几乎不发生位移，它们的运动几乎都是源于空间本身的膨胀。"而这种空间的拉伸膨胀在速度上是没有上限的。

现在就让我们来看一看宇宙膨胀还具有怎样的深层意义。

宇宙蛋

1927 年，爱因斯坦向勒梅特介绍了弗里德曼的动态宇宙论文，四年之后，这位比利时神父提出，我们的浩瀚宇宙始源于一个"单量子"。倘若宇宙处于不断膨胀状态，那么，倒回过去，它势必越缩越小，因此，它必然具有一个有限的开端。"我们可以把宇宙的源头设想成一个独一无二的原子形态，"勒梅特写道，"这个原子蕴含了整个宇宙的总质量。"

学界对勒梅特的主张反应如何呢？对于这个由天主教神父提出的宇宙起源假说，许多物理学家持怀疑态度。这个假说与《圣经》中《创世记》的故事过于相似，而令情况更加糟糕的是，庇护教皇出面宣称，勒梅特的理论证实了《圣经》中有关宇宙创世的描写。勒梅特为自己辩解，这纯粹只是一个科学理论，无关其他，他也无意确认或否定宗教信仰中的任何描述。之后他这样写道：

据我所见,这样一个理论已全然超越任何形而上或宗教问题的讨论范畴……虽然它与《以赛亚书》中有关上帝以及宇宙开端的描述相一致。

——乔治·勒梅特

1933 年,勒梅特与爱因斯坦一起在加利福尼亚举行了系列演讲。对于自己先前反对的观点,爱因斯坦公开承认自己犯下了大错,并称赞勒梅特的理论是"迄今为止我所知悉的有关宇宙起源的众多解释中,最美丽也最令人信服的一个"。

1964 年,天文学家观测发现了宇宙背景辐射,勒梅特的假说得到证实。1966 年,勒梅特的继承人将这一发现告诉了病榻上的勒梅特,当时勒梅特因心脏病发作正在圣皮埃尔医院住院治疗,两周之后,这位"大爆炸理论之父"不幸离世,享年 71 岁。

宇宙大爆炸

1948 年,旅美俄裔物理学家乔治·伽莫夫扩展了勒梅特的理论。伽莫夫提出,宇宙诞生于一次巨大的爆炸——此后被学界称为"大爆炸"。依据伽莫夫的理论,所谓大爆炸,并不是有什么类似炸弹的物质在宇宙中心爆发,大爆炸指的是空间自身的爆炸。

那么,大爆炸又是发生于宇宙何处呢?发生于此处,发生于那处,发生于每一处、每一个角落。它发生在你的鼻尖,发生在中国,发生在猎户座参宿四恒星,发生在仙女座星系,发生在宇宙的另一端。浑圆的气球表面不存在"中心点",同样,宇宙也不存在中点。神秘的大爆炸事件其实就是"一次发生于每一个地方的空间爆炸"。(不管宇宙是有限的还是无限的,这一点都无可辩驳。)

重要的是,伽莫夫的合作伙伴拉尔夫·阿尔菲做出了一个可量化的预测。他们的理论提出,早期宇宙热度极高,密度极大,随着膨胀,宇宙也逐渐冷却。大爆炸发生后大约 38 万年,宇宙终于冷却到一定程度,使得原子核(质子和中子)可以捕捉电子以组成形式最简单的原子——

大多数是氢原子，少部分为氦原子、锂原子和铍原子。

光子第一次实现了自由传播。为什么呢？早期宇宙充满了游离的质子和电子，光子容易被这些带电粒子吸引。而眼下，宇宙空间中剩存的基本上是不带电粒子，极大地降低了光子被吸收的概率。所以，大多数光子摆脱了"在粒子间来回跃迁"的处境，开始在宇宙间自由穿梭。这些自由游离的原始光子使宇宙充满了高能光线。

阿尔菲预言，这些光线从未曾消逝，一直存在至今。不过，由于数以亿计的漫长岁月里的空间膨胀，这些高能光线的频率已被宇宙极大拉伸，变成了低能微波。阿尔菲与美国天文学家罗伯特·赫尔曼推算出，如今，这些古老光线的温度应该只有零上 5 开氏度左右。

第一缕光

1965 年，贝尔实验室的美国物理学家阿尔诺·彭齐亚斯与罗伯特·威尔逊使用位于新泽西州含德市的超灵敏低温微波接收器研究来自银河系的射电辐射。测试期间，接收设备持续收录到一个恼人的背景射频噪声，他们想尽一切办法也无法将它去除，不管他们如何调整接收器的方向，这个噪声总是存在。

他们排查了城市无线电噪声、季节变化，甚至连 1962 年的核试验遗址也没有放过。无奈之下，他们连周围的鸽子都全部赶跑了，以防它们就是"嘶嘶"噪声的来源。但是，无论他们怎么做，这个噪声总是无处不在。

彭齐亚斯和威尔逊联系了邻近的普林斯顿大学实验室，试图获得他们的帮助，并与物理学家罗伯特·迪克取得联系。这位物理学家与其实验团队恰好正在苦心寻找阿尔菲所预言的古老宇宙光子。"看来有人抢在咱们前头了。"迪克无奈告知其同事。彭齐亚斯与威尔逊竟在不经意间发现了迪克团队一直苦心搜寻的那缕光——来自大爆炸发生后约 38 万年的微波辐射。所谓的"宇宙背景辐射（CMB）"终于揭开面纱，露出真容。（如果断开电视的电缆线，并将电视调整至天线模式，再调到任意一个没有信号的频道，此时，屏幕上 5% 到 10% 的雪花和噪声就来自 CMB。）

　　彭齐亚斯和威尔逊测量得出，CMB 的温度数值略低于 3 开氏度，与阿尔菲原先预测的 5 开氏度近似。这是人类有关宇宙起源和演化的科学理论第一次获得实验证据的支持。

　　如今，大爆炸理论作为对宇宙几何结构、物质构成以及演化历史的综合阐释，已得到多数物理学家的认可。为什么呢？因为已有大量来自不同独立观测源的测量数据证实了大爆炸理论的预测，且精确度已达到 10% 以上。这是来自大约 138 亿年前的挑战，而人类欣然应约。

　　大爆炸理论的现代证据包括：宇宙的整体同质性、宇宙的膨胀、宇宙中氢氦以及其他轻元素的充沛数量、CMB 以及 CMB 的波动、宇宙的大尺度结构、恒星的年龄、星系的演化以及其他许多深奥的测量结果等。

　　好的，我们已然知晓，支持大爆炸理论的证据相当充分，令人信服。那么，又是什么导致了大爆炸的发生呢？这个问题高悬于所有人的心间，但遗憾的是，目前尚无人有能力站出来振声做出回答。大爆炸理论告诉我们的是大爆炸发生之后的状况，但是对于事件发生的零时零刻，它不得而知。广义相对论的方程再一次于奇点崩塌——其解为无限。因此，是什么导致了宇宙的诞生，或者说在大爆炸之前发生了什么（如果有的话），对于这类问题，物理学界尚未有定论。

　　如今的科学还无法将宇宙起源的那一刻清晰地呈现在我们眼前，那么，对于宇宙未来的图景，他们又做出了怎样的描绘？

宇宙的几何形状与未来

　　据约翰·阿尔奇博德·惠勒所言，时间每过一秒，我们的宇宙便会膨胀增加"数十亿立方光年的空间"。请注意，十亿光年约等于 60 万兆（1 亿亿 =1 兆）英里或 100 万兆千米。

　　那么，问题来了：我们的宇宙会持续无限制地膨胀下去吗？还是它会最终停止于某个时间节点，并从此保持那个尺寸？抑或，它会像漏气的气球一样，在停止膨胀后便开始逐渐收缩，直到将所有物质和能量压缩至一个点，最后形成一个新的奇点——即所谓的宇宙大收缩论？又或者会有其他命运在等待着我们的宇宙？

根据广义相对论，宇宙的未来取决于它的整体质能密度。为什么呢？因为整体质能密度决定了宇宙的整体时空曲率。而令人惊奇的是，在弗里德曼－勒梅特模型中，宇宙的整体"几何形状"仅存在三种可能的曲率：正曲率、平直以及负曲率。

下面我们来看一个二维类比（如图 16.3 所示）。球形地球表面代表正曲率，假设现有两艘帆船正从赤道平行向北航行，倘若它们一直朝同一个方向行进，由于地球的曲率，它们将随着时间的推移逐渐趋近，并最终相遇。

平直表面代表的是零曲率。此处也假设有两艘帆船正沿同一方向平行航行，在此表面上，它们的距离将始终保持恒定不变。马鞍状表面代表的是负曲率。在这一表面上平行航行的船只将愈行愈远，逐渐相离。

若我们向宇宙发射两道平行光束，又会出现什么情况呢？如果宇宙的时空曲率为正，两道光束终将交会于一点，我们将此种情况下的宇宙称为"封闭式宇宙"。（在这一几何形状中，单一光束将绕行整个宇宙一周，返回击中你的后脑勺！）

如果宇宙的时空曲率为零，两道光束将从始至终保持平行，这种情况下的宇宙为"平直式宇宙"。如果时空曲率为负，则两道光束分岔相离，距离逐渐增大，这种情况下的宇宙为"开放式宇宙"。

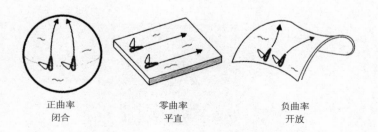

正曲率　　　　　　零曲率　　　　　　负曲率
闭合　　　　　　　平直　　　　　　　开放

图 16.3　宇宙几何形状类比图

两艘帆船平行航行，方向恒定不变。在球形表面，随着时间推移，它们终将相遇；在平直表面，它们始终保持平行；在马鞍状表面，随着时间推移，它们逐渐相离。

依据广义相对论，宇宙的整体时空曲率不仅决定其几何形态与最终命运，它还能告诉我们宇宙的范围，即宇宙究竟是有限的还是无限的（总结见表 16.1）。

表 16.1　宇宙的整体质能密度决定宇宙的形状构造与未来

质能密度	整体曲率	形状构造	大小	宇宙的未来
小于临界	负	开放式	无限	以相同速率持续膨胀
等于临界 ($10g/m^3$—$23g/m^3$)	零	平直式	无限	随着时间推移膨胀逐渐减缓
大于临界	正	封闭式	有限 （但无尽头）	膨胀停止，宇宙收缩

根据现代宇宙学模型，密度为每立方米 10 ～ 23 克的宇宙质能密度产生的整体时空曲率为零——一个平直的宇宙。此密度下，每立方米空间中大约有 5 个氢原子。物理学家将这一密度称为临界密度。若宇宙整体密度超过此临界密度，其曲率为正；若宇宙整体密度小于此临界密度，其曲率为负。

平直的宇宙？

宇宙的整体曲率是多少？天体物理学家在宇宙背景辐射（CMB）中觅得了答案。空间的几何形状将影响 CMB 中热点和冷点的观测大小，

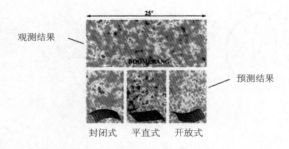

图 16.4　宇宙微波数据（上）vs. 封闭式宇宙、平直式宇宙与开放式宇宙预测（下）
CMB 中的热点、冷点观测数据与平直式宇宙预测最为吻合。图片由 NASA/JPL 提供。

对热点和冷点变化的测量结果显示，我们可观测的宇宙呈平直状，观测误差不到 1%（如图 16.4 所示）。其他许多观察数据也支持这一观点。

我们可观测的宇宙究竟有多大呢？由于光速是有限的，光线须耗费相应的时间方能从最遥远的天体处穿越广阔的空间抵达地球。有些天体过于遥远，它发出的光尚没有足够的时间到达地球，因此我们看不到它们的存在。而可观测宇宙范围内的物体其发出的光有足够时间到达地球，因此我们可观察到它们的存在。

前文我们提及，科学家预测，宇宙自起源伊始，至今已有大约 138 亿年，所以，你或许会理所当然地认为，我们可观测的最远物体距离地球应近似于 138 亿光年，但是，由于空间的膨胀，我们如今可观察到的宇宙已远超这个距离。物理学家估算，现在人类可观测宇宙的边缘应距离我们约 470 亿光年。

但是，我们的可观测宇宙为何是平直的呢？为什么它的整体质能密度恰好等于临界值，产生零时空曲率？它只须增高一点，时空曲率便为正；减少分毫，时空曲率便为负。可它偏偏是这个数值，使得时空曲率正好是零。看起来，这似乎是一个超乎想象的伟大巧合。这一宇宙问题的回答来源于一个疯狂的理论——宇宙膨胀论。

膨胀理论

膨胀理论是大爆炸理论的修改版本。该理论提出，在大爆炸发生后的瞬间，大约在零时零刻后的 10^{-23} 秒，宇宙开始以指数形式膨胀——眨眼之间便增长超过十亿十亿十亿十亿十亿十亿十亿十亿倍。

想象一下，现有一个（无论如何都不会破的）气球在骤然间膨胀增大了 10^{78} 倍。假设你正坐在这个超级无敌大的气球表面，如同一只在美国邦纳维尔盐碱滩表面奋力爬行的蚂蚁，你眼中所见的只是这个超大表面的极小部分，因此，你看到的表面呈平直状。

这就是膨胀理论的主张。在极为短暂的瞬间里，宇宙空间被某个巨大的因素拉伸开去，而我们今日可见的只不过是这个庞大宇宙中的微小一隅。整个宇宙或许是弯曲的，但可见的宇宙——我们所见的那一部分，看起来应是平直的。

既然我们可观测的宇宙是"平直的"，那么它的质能密度按理也应为临界值。但是，威尔金森微波各向异性探测器（WMAP）以及普朗克太空望远镜最近测得的数据显示，我们可观测的各恒星以及其他天体等普通物质的总体质量大约只占临界密度的 5%。那么，剩余的质能到哪里去了呢？

看不见的物质

20 世纪 30 年代，美国物理学家弗里茨·兹威基提出了一个革命性的假说，他主张，星系含有大量看不见的物质。基于自己对"后发座星系团中星系"运动情况的研究，兹威基认为，可见物质不足以约束聚集这些高速运动的星系，他推断，必然存在某些看不见的物质，而这些物质在空间中产生了额外的引力。他把这些看不见的物质称为暗物质。然而，由于他一向偏好一些颠覆性理论，再加上其本人性格争强好胜不甚讨喜，兹威基总是难以得到学界的重视。

此后的 30 年间，有关暗物质的证据开始涌现。20 世纪 70 年代，美国天文学家维拉·鲁宾、W. K. 福特和其他团队成员在观测一些个体星系的旋转情况时，"解决了问题"，他们发现，星系外缘恒星的旋转速度极快，按公式推算，以这个速度，它们本应脱离轨道飞向太空——如果仅依靠可观测到的恒星所产生的引力，而不存在其他物质把它们束缚住的话。因此，必然存在其他更多物质，产生更大的引力，具备更大的时空曲率。

此后，许多天文研究证明，星系中的恒星以及星系团中的星系，它们的速度远高于它们应有的速度。引力透镜也显示，宇宙中存在大量看不见的物质。对此，物理学家们提出了众多假说，但无一可清晰阐释这些额外引力的来源，阐释这类暗物质究竟是什么。

目前一种被广泛接受的理论认为，组成暗物质的是"弱相互作

弗里茨·兹威基　　　　维拉·鲁宾

用有质量粒子（WIMP）"，这些"质量巨大、运动缓慢且不带电荷的粒子"可能是通过弱作用力相互作用的。许多科学家致力于寻找这种神秘粒子。近来，意大利的 DAMA、明尼苏达州的超级 CDMS、CoGent，以及来自国际空间站的阿尔法磁力分光仪均捕捉到了疑似 WIMP 效应的踪迹，希望接下来即将落成的几个超灵敏大型检测器可为我们带来更多数据，以早日揭开暗物质的神秘面纱。

暂且不论暗物质具体为何物，来自普朗克天文望远镜的数据估计，暗物质约占可观测宇宙总物质的 27%。也就是说，临界密度中的 5% 来自普通物质，大约 27% 来自暗物质，那么，剩下的 68% 呢？

神秘的能量

我们的宇宙在变大，而且是在加速变大。

——罗杰·彭罗斯

20 世纪末的物理学家普遍相信，如果可观测宇宙是平直的，也即其总体时空曲率为零，那么，根据宇宙学模型，引力应当会减缓宇宙的膨胀。不过，他们尚需要一些实质性的观测数据来证实这一理论预测。

1998 年，两个独立科研团队——其中一个由劳伦斯·伯克利国家实验室的索尔·珀尔马特带领，另一个由来自空间望远镜科学研究所、约翰·霍普金斯大学的亚当·G. 里斯带领——均试图测量引力对宇宙膨胀的减缓影响。然而,所得数据令他们大吃一惊。

在仔细分析了来自大约 100 颗超新星的观测数据之后,天体物理学家发现,这些遥远的超新星比他们预计中的要黯淡、微弱得多。这就意味着,它们的实际距离比理论推算的距离远。也就是说,宇宙膨胀的程度远超我们的预期。经过反复计算、评估、对比,两个团队均得出结论,认为在大爆炸发生后的 70 亿年间,宇宙膨胀的脚步确实有所放缓,但是,此后,宇宙膨胀的速度一直在加快!

最近,来自超过 200 颗超新星的数据以及其他一些观测分析均佐证了珀尔马特 - 施密特 - 里斯的测量结果:宇宙确实在加速膨胀!那么,是什么使得膨胀加速呢?对于这个问题,物理学家无从回答。许多人提出假设,认为我们的宇宙中充斥着一种"排斥能",后来,芝加哥大学的天体物理学家迈克尔·特纳将其命名为暗能量,并将其称为"一切科学中最神秘莫测的存在"。

爱因斯坦曾坦言,引入宇宙常数是他一生中犯下的最大错误。如今,为了描述这股所谓的暗能量,为了描述宇宙的加速膨胀,一个数值更大的宇宙常数似有必要重见天日。对于爱因斯坦这样的卓越天才,他似乎连犯错都是正确的。

暗能量的作用原理是什么呢?随着普通物质延伸铺开,其向内的引力逐渐减弱,但是宇宙常数的向外排斥推力并不会随着膨胀而减弱,因此,起初膨胀会减缓,等到向外的暗能量超过向内的引力,膨胀便开始加速。

根据普朗克天文望远镜提供的数据,暗能量约占目前可观测宇宙临界密度的 68%。5% 的"普通"物质,加上 27% 的暗物质,再加上 68% 的暗能量,恰好等于 100%。

换言之,我们在可观测宇宙测量所得的普通物质、暗物质以及暗能量,三者相加正好等于每立方米 10 ~ 23 克的宇宙整体质能密度,也即形成平直可观测宇宙所必须达到的临界密度。太不可思议了!

在我们欢呼雀跃、庆贺胜利之前,我们必须清醒记得,对于暗物质和暗能量的具体构成,我们依然一无所知。

那么，这又将带领我们走向何方呢？

宇宙的未来

> 这便是世界结束的方式
>
> 这便是世界结束的方式
>
> 这便是世界结束的方式
>
> 并非轰然的巨响，而是细声的呜咽。
>
> ——T. S. 艾略特,《空心人》, 1925

斯隆数字巡天计划至今已观测了超过 35% 的天空，检视过大约 5 亿颗天体。过去十年的观测数据告诉我们，一个恒定不变的宇宙常数或许是描述暗能量的最好方式。如果在未来，暗能量依然保持目前这种作用模式（不得不说这实在是一个大胆的假设，毕竟我们连暗能量究竟是什么都尚未弄清）宇宙模型预测，我们的宇宙将永远膨胀下去。

在这种情况下，宇宙最可能面临的命运或许是这样的：

宇宙将持续加速膨胀。大约 1 千亿年后，即便是距离我们最近的星系，其退行速度也增长超越了光速，如此一来，它们将永远退出我们的可观测范围。大约 1 万亿年后，恒星的生成将耗尽宇宙中的所有氢气和氦气，由于燃料耗尽，新的恒星也不再出现，星系将逐渐暗淡，浩荡宇宙将只剩下垂死的恒星、冰冷的行星以及耗尽能量的陨星等等。

天体间的随机碰撞将降低许多恒星的星系运行轨道，使它们向星系中心逐渐聚拢。恒星围绕星系中心的黑洞运动时，会发出更加强劲的引力波，这种能量的流失会使恒星越来越靠近黑洞，直至最后被黑洞卷入吸收。当宇宙的年龄达到一百兆（1 兆 =1 亿亿）岁时，各个星系大概只会剩下数量庞大的黑洞以及围绕黑洞运行的死行星。

读者朋友们，你们也不必彻底沮丧——我们的宇宙还是有一丝生机的。

结束（或是开始？）——预计在未来 10^{97} 到 10^{106} 年间，由于霍金辐射，黑洞将会蒸发。而根据霍金的理论，在蒸发的最后时刻，这些黑洞可能会变成白洞，并"以一种不可预知的方式向宇宙注入新物质"。因此，至少在理论上，我们的宇宙或许还可能以一种全新方式得以延续。

不过，我们须谨记，这些对于宇宙未来的种种预测都尚属半成品，仍有许多关键问题悬而未决，比如暗物质和暗能量究竟是什么、宇宙膨胀是否会再次发生等等。

未来物理学领域的研究和观测或许能进一步向我们揭示大爆炸的形成以及宇宙的最终命运，但是，在我们对暗能量有更加深刻的了解或者有新理论取代广义相对论和量子力学之前，我们对宇宙未来的构想最多只能停留在猜测阶段。

关于未来，敬请期待。

洛伦兹变换

假设两个参考系正处于相对匀速运动状态，其相对运动速率为v，方向沿x轴。现时空中有两个事件，这两个事件在第一个参考系S中的三个空间间隔与一个时间间隔分别为：

$$\Delta x, \Delta y, \Delta z, \text{ 与 } \Delta t$$

在第二个参考系S'中，相同两个事件的三个空间间隔与一个时间间隔表示为：

$$\Delta x', \Delta y', \Delta z' \text{ 与 } \Delta t'$$

沿用以上的符号，四维伽利略变换公式为：

伽利略变换：

$$\Delta x' = \Delta x - v\Delta t$$

$$\Delta y' = \Delta y$$

$$\Delta z' = \Delta z$$

$$\Delta t' = \Delta t$$

使用相同的符号，四维时空的洛伦兹变换公式为：

洛伦兹变换：

$$\Delta x' = (\Delta x - v\Delta t)/F$$

$$\Delta y' = \Delta y$$

$$\Delta z' = \Delta z$$

$$\Delta t' = ((\Delta t - v\Delta x/c^2)/F$$

此处，洛伦兹因子 F 为：

$F = sqrt(1 - v^2/c^2)$，以及 c = 光速

此处的速率 v 以标准单位如千米/秒等表示，而非如文章中，是以与光速的比例表示。在标准单位中，光速 c 不等于 1，因此必须包含在等式中。

在低速下，伽利略变换近似于洛伦兹变换：

在与光速相比的低速条件下，伽利略变换是洛伦兹变换的完美近似。比如，假设现速度仅为光速的 5%，则有：

$F = sqrt(1 - v^2/c^2) = sqrt（1 - 0.05^2）= sqrt(1 - 0.0025) = sqrt(0.9975) = 0.9987$

因此，洛伦兹变换方程的求解为：

$\Delta x' = (\Delta x - v\Delta t)/F = (\Delta x - v\Delta t)/0.9987 = 1.001(\Delta x - v\Delta t) \approx \Delta x - v\Delta t$

这便是第一个伽利略变换等式。

在此情况下，求解时间的洛伦兹变换等式为：

$$\Delta t' = (\Delta t - v\Delta x/c^2)/F = 1.001(\Delta t - x\Delta v/c^2)$$

$= 1.001〔\Delta t - (0.005/c)x〕= 1.001(\Delta t - 7.5 \times 10^{-11}x) \approx \Delta t$

此处 c 的单位为千米/小时。

所以 $\Delta t' \approx \Delta t$

这便是最后一道伽利略变换等式。

时间膨胀

时间膨胀等式来源于洛伦兹变换，具体如下：

时间膨胀（在一个空间维度中）

如果两个事件发生于参考系 S 中的同一地点，则：

$$\Delta x = 0$$

因此，第四道洛伦兹变换等式变为：

$$\Delta t' = (\Delta t - v \Delta x / c^2) / F = [\Delta t - v(0)/c^2] / F = \Delta t / F$$

$$\text{或者，} \Delta t' = \Delta t / sqrt(1 - v^2/c^2)$$

在光速等于 1 的单位体系中，等式变为：

$$\Delta t' = \Delta t / sqrt(1 - v^2)$$

$$\text{或者，} \Delta t = sqrt(1 - v^2) \Delta t'$$

这便是文章中所用的等式形式。

长度收缩

长度收缩等式来源于洛伦兹变换，具体如下：

长度收缩（在一个空间维度中）

如果两个事件发生于参考系 S 中的同一时间点，则：

$$\Delta t = 0$$

第一道洛伦兹变换等式变为：

$$\Delta x' = (\Delta x - v \Delta t) / F = (\Delta x - 0) / F = \Delta x / F$$

$$\text{或者，} \Delta x' = \Delta x / sqrt(1 - v^2/c^2)$$

经修正，可得：

$$\Delta x = sqrt(1 - v^2/c^2) \Delta x'$$

这便是文章中所用的沿运动方向的长度收缩等式形式。

合成速度

让我们将爱因斯坦的方式与牛顿的方式进行对比。

按照伽利略／牛顿理论将速度直接相加：

$$V=v_1+v_2$$

此处 v_1、v_2 为原来的速度，V 为两个速度的合成结果。

按照爱因斯坦理论合成速度：

$$V=\frac{v_1+v_2}{1+v_1\,v_2/c^2}$$

此处 v_1 与 v_2 为原来的速度，c 为光速，V 为两个速度的合成结果。

从洛伦兹变换得到爱因斯坦的合成速度公式。

若将第一道洛伦兹变换等式除以第四道等式，F 将相互抵消，可得：

$$\Delta x'/\Delta t'=(\Delta x-v\Delta t)/(\Delta t-v\Delta x/c^2)$$

令等式右侧所有项除以 Δt，可得：

$$\Delta x'/\Delta t'=(\Delta x/\Delta t-v\Delta t/\Delta t)/(\Delta t/\Delta t-v\Delta x/\Delta t)/c^2)=(\Delta x/\Delta t-v)/(1-v\Delta x/\Delta t/c^2) \qquad ①$$

现在，代表的是参考系 S 中物体在时间间隔的平均速度。当趋近于 0，此参考系中的平均速度则相当于瞬时速度，$u'=dx'/dt'$。

所以，等式①变为：

$$dx'/dt'=(dx/dt-v)/(1-vdx/dt)/c^2)$$

$$或者，\ u'=(u-v)/(1-uv/c^2)$$

将等式右侧的分母移到左侧作分子，可得：

$$u'\,(1-uv/c^2)=(u-v)$$

$$因此，\ u'-uu'v/c^2=u-v$$

移项可得：

$$u'+v=u+\ uu'v/c^2=u(1+u'v/c^2)$$

求 u，可得：

$$u=\ (u'+v)/(1+u'v/c^2) \qquad ②$$

这就是相对论的速度合成公式。

如果我们改换一些符号，令 $u = V$, $u'=v_1$, $v=v_2$，那么等式②将变为：

$$V= (v_1+v_2)/(1+v_1\ v_2/c^2)$$

在光速等于 1 的单位体系中，我们可得：

$$V=(v_1+v_2)/(1+v_1\ v_2)$$

这就是文章中所用的等式形式。

附录 B
时空间隔分类

　　共有三种时空间隔种类：类时时空间隔、类空时空间隔以及类光时空间隔。它们可用于测量两个事件在时空中的距离。对于类时时空间隔，只要两个事件你皆置身其中，你便可利用所戴腕表的流逝时间直接确定其时空间隔（正如第八章所讨论的那样）。

　　对于类空时空间隔，只要两个事件发生于同一时间点，便可直接在两个事件的发生地点之间放置一把直尺，并由此直接确定其时空间隔。对于类光时空间隔，时空间隔始终为零。具体推导细节如下。

　　假设时空中有两个事件，我们按习惯将两个事件之间的时间间隔表示为 Δt，将两个事件之间的空间间隔表示为 Δx，并用 ΔS 来表示两个事件之间的时空间隔。

　　（为简化等式，启用光速为 1 的单位体系，即为光年 / 年。）

类时时空间隔

　　此处，时间间隔始终大于空间间隔，即有：

$$\Delta t > \Delta x$$

比如，假设需要花费 5 年时间方能从地球抵达某个距地球 2 光年之远的恒星（以地球为参考系），因此 Δt 为 5 年，Δx 为 2 光年，时空间隔则可如下推算[①]：

时空间隔 = sqrt（时间间隔平方 — 空间间隔平方）

$$\Delta S = sqrt(\Delta t^2 - \Delta x^2)$$

由于在此种类下，时间间隔始终大于空间间隔，因此称为类时时空间隔。

图 B.1 所示是一个类时时空间隔的时空图。因为我们以等价单位（如光年和年）来表示空间和时间，因此，世界线与水平线的夹角总是大于 45°。

如图 B.1 左侧所示，两个事件（图中的两个点）处于任意参考系中。此时，Δt 大于 Δx，所以，当我们取两者平方，相减，再取其平方根，可得一个数值为正的时空间隔。

类时时空间隔允许因果关系，这意味着，其中一个事件可能会对另一个事件造成影响，因为在空间中从一个事件到另一个事件的速度必须小于光速，必然有足够的时间供某物或某人从一个事件运动至另一个事件。

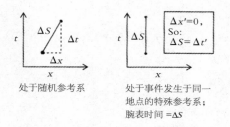

图 B.1　类时时空间隔
时间间隔大于空间间隔：$\Delta t > \Delta x$。

若两个事件发生于同一地点，对于这样的特殊参考系，情况又如何呢？就像第八章中所讨论的，这属于你穿越时空时随身携带的"个人"

[①]　使用兼容单位，比如，以光年为距离单位，年为时间单位，所以光速为 1。若以传统单位，等式应为：$\Delta S = sqrt(c^2 \Delta t^2 - \Delta x^2)$。

参考系，如图 B.1 右侧所示。

　　在你的个人参考系中，你处于静止状态，其他事物与你处于相对运动状态。此时，由于两个事件你皆置身其中，因此两个事件之间的空间间隔或空间距离为 0，也因此，你的腕表时间就等于时空间隔。这就是物理学家所称的固有时。

类空时空间隔

此处，空间间隔始终大于时间间隔，即有：

$$\Delta x > \Delta t$$

这叫类空时空间隔。时空间隔计算如下：

时空间隔 = sqrt（空间间隔平方 —— 时间间隔平方）

$$\Delta S = sqrt(\Delta x^2 - \Delta t^2)$$

时间间隔与空间间隔调换了位置，因此所得之差依然为正。

　　图 B.2 所示的是类空间隔的时空图。因为以光速为 1 的单位（即光年 / 年）表示空间和时间，因此，代表类空间隔的世界线与水平线的夹角总是小于 45 度。如图左侧所示，两个事件标绘于任意参考系，特殊参考系的情况如图右侧所示，在特殊参考系中，两个事件发生于同一时间

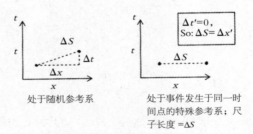

处于随机参考系

处于事件发生于同一时间点的特殊参考系；尺子长度 =ΔS

图 B.2　类空时空间隔

空间间隔大于时间间隔：$\Delta x > \Delta t$。

点。在这种情况下，只需要在两个事件之间放置一把直尺，便可直接测量得到时空间隔。这就是物理学家所称的固有距离。

在类空时空间隔分类下，从一个事件到另一事件速度必须大于光速，然而由于任何事物的运动速度都不可能超过光速，因此，在类空时空分类中，没有任何物体或信号可从一个事件到达另一个事件。因此，在类空时空间隔中，事件之间不存在因果关系。

假设月球上装有一个爆炸装置，可从地球通过无线电信号进行远程控制（为了简便运算，假设地球和月球处于相对静止状态）。两个事件：

（1）无线电信号由地球传往地球上的爆炸装置；

（2）0.5 秒后，月球上的装置发生爆炸。

第一个事件不可能导致第二个事件的发生。为什么呢？因为无线电信号（运动速度为光速）需要花费 1.28 秒才能从地球传播至月球。一定是别的东西触发了爆炸装置。由于没有事物的运动速度可超越光速，因此，这两个时间必然不存在因果关联。

在地球－月球参考系中，两个事件之间的空间间隔为 1.28 秒，大于其时间间隔（0.5 秒），所以，此两个事件的时空间隔为类空间隔。

类光时空间隔

图 B.3　类光时空间隔
时间间隔等于空间间隔：$\Delta t = \Delta x$，因此 $\Delta S = 0$。

如果空间间隔等于时间间隔呢？比如两个事件在空间上的间隔为 5 光秒，在时间上的间隔为 5 秒，两者的平方差为 0（见图 B.3）。

由于我们选择光速为 1 的单位体系，因此，在类光间隔时空图中，两个事件之间的世界线角度始终等于 45 度。此处：

对于类光时空间隔，$\Delta x = \Delta t$

因此,$\Delta S = sqrt(\Delta x^2 - \Delta t^2) = 0$

若一个粒子要在 5 秒内穿越 5 光秒的距离,那么其运动速度必然为光速 c,因此,只有无质量的粒子,如光子(电磁力信使粒子)和胶子(强作用力信使粒子),才可能经历时空中事件之间的类光时空间隔。对于这些粒子,时空间隔始终为 0。

总结

三种时空间隔类型总结如表 B.1 所示。

表 B.1　三种时空间隔分类。只有在特殊参考系中,才可直接测量得到时空间隔

种类	关系	时空间隔	度规	直接测量手段 特殊参考系
(a) 类时	$\Delta t > \Delta x$	$sqrt(\Delta t^2 - \Delta x^2)$	事件之间携带的腕表	事件发生于同一地点
(b) 类空	$\Delta x > \Delta t$	$sqrt(\Delta x^2 - \Delta t^2)$	事件之间放置的直尺	事件发生于同一时间点
(c) 类光	$\Delta t = \Delta x$	0	—	—

附录 C

能量 – 动量

在时空物理中，质量、能量以及动量有一个统一的表达，能量 – 动量，它是一个矢量（既有大小，又有方向）。由于时空有四个维度（三个空间维度和一个时间维度），因此，能量 – 动量矢量也有四个维度，通常称为能量 – 动量四维矢量。

能量 – 动量的图示见图 C.1（为简便，只取一个空间维度）。它包含：

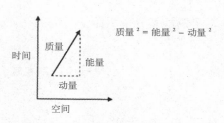

图 C.1　能量 – 动量矢量（二维）

能量和动量随相对运动状态的改变而改变，但质量保持不变。

能量 – 动量矢量

· 能量 – 时间分量

· 动量 – 空间分量

·质量－能量－动量矢量的大小

能量－动量矢量的大小

能量－动量矢量的大小就是粒子的静止质量。由于静止质量不随运动状态的改变而改变，因此，对于某一给定粒子，其能量－动量的大小是固定不变的。

〔在现代时空阐释中，质量总是指静止质量。从现在开始，当我们使用术语"质量（mass）"，默认指的是粒子的静止质量（rest mass）。〕

能量－动量矢量的方向

粒子能量－动量矢量的方向便是粒子在时空中的方向，也即其世界线的方向。

计算能量－动量的各分量

能量－动量矢量的能量和动量分量可从能量－动量矢量中独立分离出去。对于处于自有飘浮参考系中的两个近距离事件，其能量－动量的时空间隔可分解为四个不同分量：

·实验室时间（观察者参考系中的时间）

·三个相互垂直的空间方向

能量：能量－动量的能量分量为粒子质量乘以其在时间轴上的运动位移，可表示为：

$$能量 = 质量 \times （坐标时间 / 固有时）$$

此处：

坐标时间是惯性参考系中的时间间隔，以及固有时是时间单位上的时空间隔。

因此，能量是能量－动量矢量的时间分量。

动量：能量－动量的动量分量等于粒子的质量乘以其在空间轴上的运动位移，可表示为：

x 中的动量分量＝质量 × x 中的位移 / 固有时间隔

〔与动量（y）和（z）相似。〕

因此，动量是能量－动量矢量的空间分量。

能量－动量公式

能量－动量矢量中质量、能量与动量的关系与时空间隔相似 1，为：

质量平方等于能量平方减去动量平方

$$m^2 = E^2 - p^2$$

粒子的能量－动量独立于任何惯性参考系而存在，因为它是恒定不变的（与恒定不变的时空间隔类似）。不过，其能量分量与动量分量是相对的，不具有绝对数值——它们随相对运动状态的改变而改变。换言之，根据不同的参考系，能量－动量具有不同的能量和动量分量，但总保持相同的大小（质量）。

能量－动量矢量的动量和能量分量公式如下所示。

动量公式：

粒子的动量大小就等于牛顿动量除以洛伦兹变换因子：

$$P = mv/sqrt(1-v^2)$$

能量公式：

对于静止的粒子而言，其静止能量 E_0 等于其质量：

$$E_0 = m$$

对于在给定（惯性）参考系中处于运动状态的粒子而言，其总能量等于其质量乘以该粒子在时间轴上的位移，可表示为：

$$E = E_0 \, dt/d\tau$$
$$= E_0/sqrt(1-v^2)$$
$$= m/sqrt(1-v^2) \qquad ①$$

此处：t 为坐标时间（给定惯性坐标系中的时间间隔）

τ 为固有时（时间单位中的空间间隔）

v 为相对速度

在此基础上,我们可推导出动能(即粒子运动的能量)的相对论性公式,具体如下。

动能(牛顿理论)

在牛顿物理宇宙中,动能 K 等于二分之一乘以粒子质量再乘以其速度的平方:

$$K=1/2mv^2$$

动能(相对论)

根据爱因斯坦的理论,静止的粒子含有的能量不为零,$E_0=m$,因此,粒子的总能量应等于其静止能量加上由于运动产生的动能 K。粒子的总能量 E 等于:

$$E=E_0+K=m+K$$

求 K,可得:

$$K=E-m$$

代入等式①,可得相对论性动能公式:

$$K=m/sqrt(1-v^2)-m=m\left[1/sqrt(1-v^2)-1\right]$$

在"传统"单位制中,光速 $c \neq 1$,因此,相对论性动能为:

$$K= mc^2/\left[sqrt(1-v^2/c^2)\right]-mc^2$$

附录 D

建构测地线

为了更直观地感受测地线是什么样子，可拿起一张 22cm×28cm 的纸张，然后：

（1）剪出一条长矩形纸条；

（2）将纸张放在平直表面，并在上面标示出两个点；

（3）在两点之间画一条直线；

（4）把纸条长的两端合在一起，组成一个圆柱状；

（5）用贴纸将两端贴在一起。

如图 D.1 所示。

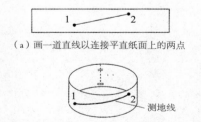

（a）画一道直线以连接平直纸面上的两点

（b）将纸张卷成圆柱状，并将两端贴在一起

图 D.1　建构测地线

（a）平直表面上，从点 1 到点 2 的最短路径就是那条直线；

（b）在弯曲表面上，从点 1 到点 2 的最短路径是曲线，与平直表面的那条直线一样，两者均为测地线。

在平直纸面上，两点之间的最短路径自然为直线，这就是平直表面的测地线。

一旦纸张卷曲成圆柱状，两点之间的那条直线立即变为曲线，这条曲线依然是两点之间的最短距离。这就是弯曲表面的测地线。

爱因斯坦引力场方程

一点历史

1912 年，爱因斯坦提出原始引力场方程，其中，以里奇张量代表时空曲率，表示如下：

里奇张量等于常数乘以能量 – 动量张量

$$R_{ab}=KT_{ab}$$

为什么爱因斯坦选择用里奇张量来表示时空曲率呢？为了满足广义协变原理，爱因斯坦和格罗斯曼苦心研究了黎曼几何，以寻觅"广义协变"的数学元素，也即不会随坐标系（参考系）变化而变化的表达式。只有两个元素符合此条件：一是弯曲空间的体积，二是曲率（称为里奇曲率）。里奇张量描述的就是这两个量，因此，里奇张量也是广义协变的。

如十四章所述，爱因斯坦在 1912 年放弃了里奇张量，因为他错以为对于同一个质能，它可给出多个解。

1915 年 9 月末，当爱因斯坦重新拾回这些引力场方程时，他发现还有其他问题。它们违背了能量守恒定律与动量守恒定律，也不符合"弱"

引力和非相对论级速度下的牛顿万有引力定律。经过一番思索，他做出了"一点修正"。他在等式左侧增加了一个项，公式变为：

里奇张量减去 1/2 曲率不变式等于常数乘以能量 − 动量张量

$$R_{ab}-1/2\,Rg_{ab}=KT_{ab}$$

现在，等式左侧包括里奇张量减去二分之一里奇纯量与度规张量的乘积，这个新等式表明，能量 − 动量守恒定律必须包含时空曲率的来源——质能。（更确切地说，来源是能量 − 动量，而它是动量能量守恒定律必须包括的项。）

新公式符合弱引力与非相对论级速度下的牛顿定律。

若以简单形式，我们可将"爱因斯坦引力场方程"表示为：

$$G_{ab}=KT_{ab}$$

此处：$G_{ab}=R_{ab}-1/2\,Rg_{ab}$

时空曲率：牛顿 vs 爱因斯坦

第十章中的自由落体电梯思想实验只考虑了时间弯曲，空间弯曲忽略不计。若只利用爱因斯坦引力场方程计算时间弯曲，得到的引力场方程的解将与牛顿的解一致。

起初，爱因斯坦以为，考虑空间弯曲将违反弱引力情况下的牛顿理论，但事实上，它恰恰是区分爱因斯坦引力与牛顿引力的唯一手段。现在，让我们从时空曲率方面来审视这一问题。

平直时空（零重力）中的时空间隔就等于狭义相对论的闵可夫斯基度规。

时空间隔：零时间弯曲或空间弯曲

（时空间隔）^{2} =（空间间隔）^{2} −（时间间隔）^{2}

$$ds^2=(dx^2+dy^2+dz^2)-(dt)^2$$

（单位取光速等于 1，如光年 / 年）

假设现有一个密度均匀分布、不发生旋转且不带电荷的球体恒星（即史瓦西理想天体），在此理想天体的影响下，时空曲率会发生何种全局变化呢？如若只考虑时间曲率，从牛顿理论和爱因斯坦引力理论均可得到下文的公式。

引力场中的时空曲率：只考虑时间弯曲（牛顿与爱因斯坦）

$$ds^2=(dx^2+dy^2+dz^2)-(1-2GM/r)(dt)^2$$

此处 G 为引力常数，M 为牛顿恒星的质量，r 为恒星至空间中某一点的距离。

若同时考虑时间曲率与空间曲率，可得爱因斯坦引力场方程的完整解，而它也不再符合牛顿理论。在笛卡儿坐标系中，史瓦西度规近似为下文公式。

引力场中的时空曲率：同时考虑时间弯曲与空间弯曲（仅爱因斯坦）

$$ds^2=(1+2GM/r)(dx^2+dy^2+dz^2)-(1-2GM/r)(dt)^2$$

因此，令爱因斯坦公式不同于牛顿公式的是空间间隔。

时间曲率与空间曲率的效应

让我们一起来看看，与牛顿对同一物理现象的预言相比，时间弯曲和空间弯曲是如何影响爱因斯坦的前两个主要预言的。如图 E.1 所示是两个时空图（空间与时间由等价单位表示，如光年和年）。

行星轨道：时间弯曲处于支配地位——行星绕太阳运行的世界线如图 E.1（a）所示（实曲线）。图上的垂直虚线代表太阳的世界线（在此参考系中，太阳处于静止状态）。

注意行星轨道与垂直虚线的距离有多近。这告诉我们，行星大多通

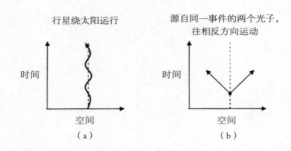

图 E.1 时空图 运行的行星与光子
（a）行星大部分穿越时间运动，仅小部分穿越空间。（b）光子在时间和空间中的运动情况相等。

过时间运动，只有极小部分通过空间运动，这是因为与光速相比，行星的运行速度极慢，所以对于一个给定的时空间隔，它们的 dx（空间间隔）数值很小，dt 项（时间间隔）占支配地位。

水星预言——就像其他所有行星一样，水星绕日运行的轨道主要是由时间曲率决定的，因此，牛顿定律（与只考虑时间弯曲的情况等价）预测的水星绕日运行轨道与实际情况十分接近。

但是，爱因斯坦同时考虑时间弯曲和空间弯曲的完整演算显示，水星的绕行轨道多了大约 0.1 角秒。由于水星在 100 地球年里大约绕太阳 415 次，因此有：

0.1 角秒 / 圈 × 415 圈 = 41 角秒 / 世纪

此处的粗略计算已与爱因斯坦水星近日点进动偏移的测算结果，即每世纪 43 角秒，十分接近。

太阳影响下的光线弯曲：时间弯曲和空间弯曲起相同作用——图 E.1（b）所示的是平直时空（零重力）中两个光子的世界线，它们由统一时空地点发射（事件），朝相反方向运动。

因为空间和时间以等价单位（如光年与年）表示，两个光子都以 45 度角在时空中运动。据物理学家伯纳德·舒兹所言，光子以光速 c 传播的事实意味着，"dx（空间间隔）对时空间隔项的贡献与 dt（时间间隔）相差无几"。

因此，对于引力场中的光线弯曲，空间弯曲与时间弯曲所起的效用相等。因此，牛顿预测（等价于只考虑时间弯曲的情况）的太阳影响下的星光弯曲只为爱因斯坦预测数值的一半——爱因斯坦同时考虑了时间弯曲和空间弯曲。

牛顿和爱因斯坦的预测数值分别为 0.875 角秒与 1.75 角秒。爱因斯坦的预言与观测数据高度吻合，证实质能的存在确实可同时弯曲时间和空间。

牛顿万有引力定律等价于只考虑时间弯曲的情况，而这也解释了为何牛顿万有引力定律可在太阳系中成立。因为与光速相比，太阳系中的天体运动速度（及其逃逸速度）十分低缓，因此，只考虑时间弯曲的预测与其实际引力情况十分接近。